动物常见病特征与防控知识集要系列丛书

羊常见病特征与防控知识集要

袁维峰　主编

中国农业科学技术出版社

图书在版编目（CIP）数据

羊常见病特征与防控知识集要 / 袁维峰主编 . —北京：中国农业科学技术出版社，2015. 1

（动物常见病特征与防控知识集要系列丛书）

ISBN 978 - 7 - 5116 - 1855 - 9

Ⅰ. ①羊… Ⅱ. ①袁… Ⅲ. ①羊病 - 防治 Ⅳ. ①S858. 26

中国版本图书馆 CIP 数据核字（2014）第 241113 号

责任编辑 徐 毅 褚 怡
责任校对 贾晓红

出 版 者 中国农业科学技术出版社
北京市中关村南大街 12 号 邮编：100081
电 话 (010)82106631(编辑室) (010)82109702(发行部)
(010)82109709(读者服务部)
传 真 (010)82106631
网 址 http://www.castp.cn
经 销 者 各地新华书店
印 刷 者 北京富泰印刷有限责任公司
开 本 880mm ×1230mm 1/32
印 张 8. 875
字 数 220 千字
版 次 2015 年 1 月第 1 版 2016 年 12 月第 2 次印刷
定 价 22. 00 元

动物常见病特征与防控知识集要系列丛书

《羊常见病特征与防控知识集要》

编 委 会

编委会主任 史利军

编委会委员 史利军 袁维峰 侯绍华
胡延春 曹永国 王 净
刘 锴 秦 彤 金红岩

主 编 袁维峰

副 主 编 阳爱国 曹永国 郭 莉

编 写 人 员 (以姓氏笔画为序)
马力克·艾则孜 王秋生 文 豪
邓永强 刘佳丽 刘 莉 李文良
汪 洋 陈 冬 努斯来提
金红岩 郝福星 贾 红 程素萍

序

我国家畜、家禽及伴侣动物的饲养数量与种类急剧增加，伴随而来的动物疾病防控问题越来越突出。动物疾病，尤其是传染病，不仅影响动物的健康生长，而且严重威胁到了畜主、基层一线人员自身的安全，该类疾病的发生引起了社会的广泛关注，所以，有必要对主要动物疾病有整体的了解与把握。由于环境的改变、饲料种类与质量的变化等因素造成的动物普通病，严重制约了当前农村养殖业的稳定持续协调健康发展，必须高度重视这些问题。

为使全国广大养殖户及畜主重视动物疾病的防控，掌握动物疾病防控的基本知识和最新进展，并有针对性地采取相关措施，拟编写该系列丛书。该丛书让养殖户、畜主等基层一线读者系统全面地了解动物疾病防治的基础知识以及病毒性传染病、细菌性传染病、寄生虫病、营养缺乏和代谢病、普通病、繁殖障碍病等的临床表现与症状，找出治疗方法，正确掌握动物疾病的用药基本知识，做到药到病除。

该系列书从我国目前动物疾病危害及严重流行的实际出发，针对制约我国养殖生产水平、食品安全与公共卫生安全等关键问题，详细介绍各种动物常见病的防治措施，包括临床表现、诊治技术、预防治疗措施及用药注意事项等。选择多发、常发的动物普通病、繁殖障碍病、细菌病、病毒病、寄生虫病进行详细介绍。全书做到文字简练，图文并茂，通俗易懂，科学实用，是基层兽医人员、养殖户一本较好的自学教科书与工具书。

该系列丛书是落实农村科技工作部署，把先进、实用技术推广到农村，为新农村建设提供有力科技支撑的一项重要举措。该系列丛书凝结了一批权威专家、科技骨干和具有丰富实践经验的专业技术人员的心血和智慧，体现了科技界倾注“三农”，依靠科技推动新农村建设的信心和决心，必将为新农村建设作出新的贡献。

丛书编写委员会

2014 年 9 月

前　言

我国养羊业的历史悠久，早在夏商时代就有文字记载。我国拥有世界上最大数量的绵羊和山羊，达一亿多只，在畜牧经济发展和人们生活水平中均占据极其重要的地位，随着人们生活水平的不断提高，对羊肉、羊奶、羊毛、羊皮等需求量日益增高，不断从国外引进各种羊种，更是促进了养羊业的高速发展。

我国幅员辽阔，草地面积达 60 亿亩（4 亿公顷），占国土面积的 40%，展望未来，养羊业的发展前景十分广阔。但是，目前中国人占有羊肉不足 2.5 千克，比起其他肉类的人均消费量还存在巨大潜力，但随着集约化、规模化的不断发展以及国外优良品种的引进，羊的疾病，特别是传染病、寄生虫病以及繁殖障碍等疾病的发生率也在不断上升，对养羊业的健康发展造成严重威胁。

在科技兴农的新形势下，群众对科技知识的需求也在日益提高，也需要养病防治方面的科普读物和指南。为了更好的防治羊病，做好羊的健康养殖，我们组织了一批拥有科研、教学和临床经验的人员编写了本书。

本书分为羊的传染病、寄生虫病、内科普通病及繁殖障碍病共四章，包括国家中长期动物疫病防治规划（2012—2020 年）优先防治的口蹄疫、布鲁氏菌病、包虫病和绵羊痒病、小反刍兽疫等重点防范的外来动物疫病，也包括常见的其他疾病。每章分别从病原、病因、临床症状、诊断及防治进行阐述，力求通俗易懂、言简意赅。

参与本书编写的作者来自以下单位，中国农业科学院北京畜牧兽医研究所（袁维峰、贾红），吉林大学动物医学学院（曹永国），河南科技大学动物科技学院（汪洋），四川动物疫病预防控制中心（阳爱国、郭莉、邓永强、文豪、陈冬），新疆维吾尔自治区动物卫生监督所（马力克·艾则孜、努斯来提依布拉衣木），吉林省动物卫生监督所（刘佳丽），江苏省农业科学院兽医研究所（李文良），江苏农牧科技职业学院（刘莉、郝福星），西藏职业技术学院（金红岩），海安县畜牧兽医站（王秋生、程素萍）。

本书可作为从事兽医、畜牧生产工作者，畜牧兽医教学、科研人员的参考。

本书的编写得到中国农业科学院科技创新工程”兽医公共卫生安全与管理创新团队（ASTIP－IAS11）、国家“863”计划“结核病、布鲁氏菌病、衣原体感染等人畜共患病分子诊断技术研究与产品研制”（2012AA101302）和“棘球蚴病综合防控技术集成与示范”项目的资助，在此表示感谢。

在本书的编写过程中，参考和引用了大量文献资料，再次表示感谢。

由于本书涉及内容广泛，编者水平有限，不足之处在所难免，敬请广大读者批评指正。

编者

2014 年 9 月于北京

目 录

第一章　羊的传染病

第一节　羊的病毒性传染病

一、小反刍兽疫

小反刍兽疫是由小反刍兽疫病毒引起山羊、绵羊等小反刍兽的一种急性、热性、接触性传染病，又称羊瘟，也有人称之为假性牛瘟或肺肠炎等，其中，以山羊最为易感。小反刍兽疫被OIE规定为法定报告动物传染病，我国农业部制定的《法定动物疫病病种名录》中也将该病列为Ⅰ类动物疫病。该病主要引起小反刍动物的发热、口腔坏死性内膜炎、肺炎和肠炎，具有较高的发病率和死亡率。严重爆发时其发病率和致死率分别能达到100%和90%，如果伴发其他疾病如山羊痘，死亡率也可高达100%。此外，小反刍兽疫具有经空气传播的特性，且其易感动物是小反刍动物，尤其是野生小反刍动物不受国界限制，很容易造成全球性蔓延。

1. 病原

小反刍兽疫病毒与牛瘟病毒、麻疹病毒和犬瘟热病毒等病毒均为副黏病毒科、麻疹病毒属成员，其基因组为单股、负链、不分节段的RNA病毒，共编码核衣壳蛋白（N）、磷蛋白（P）、膜基质蛋白（M）、融合蛋白（F）、血凝素蛋白（H）和大蛋白（L）六种结构蛋白和C、V两种非结构蛋白。

2. 流行病学

1942 年在非洲西部象牙海岸的科特迪瓦首次发现小反刍兽疫病例，以后在大多数非洲国家广泛流行。1984 年在苏丹发现该病，随后蔓延到中东、伊朗、南亚次大陆和土耳其；至 1987 年，在亚洲的印度南部出现，之后又在我国周边的一些国家包括老挝、孟加拉国、印度和尼泊尔等暴发疫情，对我国周边地区造成严重威胁。1987 年在野生小反刍兽体内也发现疫情，之后又在骆驼、水牛等动物体内检测到小反刍兽疫病毒的存在。频繁的动物贸易，加之野生小反刍动物的活动范围不受国界限制，该病最终突破了自然地理屏障—喜马拉雅山脉，2007 年 7 月，在我国西藏自治区日土县发生小反刍兽疫，在 2014 年国内再次暴发。

小反刍兽疫病毒易感动物主要是绵羊和山羊等小反刍动物，通常山羊最为易感，绵羊偶见严重病例。一些野生偶蹄动物，如骆驼、南非大羚羊、努比亚野山羊、美洲白色长尾鹿等也可感染，也有报道猪、牛感染后，表现亚临床症状或无症状，牛能够产生抗体，猪不带毒也不排毒。

小反刍兽疫的传播方式以直接接触为主，也可通过间接接触传播。病畜的分泌物和排泄物中都含有病毒粒子，可作为传染源。当病畜咳嗽或打喷嚏时，其分泌物中的病毒粒子被排放到空气中，空气中的病毒粒子被其他健康动物吸入，引起感染，此即飞沫传播；此外，被病畜排泄物污染的饲料、饮水以及垫料等也是重要的传播媒介。感染小反刍兽疫病毒后，动物精液或胚胎中可检测到小反刍兽疫病毒粒子的存在，推测还可能通过交配或胚胎移植等进行传播。

3. 临床特征与病理变化

小反刍兽疫病毒感染后，潜伏期通常 4 ~ 5 天，长的可达 21 天。病畜体温升高，最高时可达 42℃，出现精神沉郁、食欲减退等普通症状。之后，病畜口腔溃疡甚至出现糜烂，继而发生坏死成干酪样，眼结膜潮红，齿龈充血，口鼻出现脓性分泌物。后期开始出现腹泻症状，严重时呈水样血便，并伴有难闻的恶臭气味。发病率通常为 100%，严重感染时死亡率可高达 100%，温和感染时死亡率较低，一般低于 50%。剖检可见病畜脾脏坏死、淋巴结肿大、尖叶肺炎等症状，在病畜肺尖叶或心叶末端，可观察到肺炎灶或支气管肺炎灶，大肠，特别在盲肠、结肠结合处，呈特征性线状出血或斑马样条纹。

4. 诊断

由于设施条件、技术水平、兽医服务和疫苗防疫等存在地区差异，因此各地对 PPRV 的检测、预防和控制的方法也各不同。小反刍兽疫病毒抗体的检测一般是通过 ELISA 技术，OIE 推荐使用的是针对 H 蛋白的竞争性 ELISA（cH-ELISA）和病毒中和试验。另外，还有其他一些检测方法如针对 N 蛋白的 c-ELISA、免疫过滤法、血凝试验、乳胶凝集试验。小反刍兽疫病毒抗原的检测也有多种不同的方法，包括免疫捕获 ELISA、对流免疫电泳法以及琼脂扩散试验。

免疫荧光和免疫组化可用于尸检样本中病毒的检测，如结膜涂片和组织样本。用细胞进行病毒的分离也是一种不错的方法，主要使用狨猴淋巴母细胞（B95a）、羔羊肾脏原代细胞和非洲绿猴肾脏（Vero）细胞也可以用于病毒的分离。分子生物学检测方法中，针对 PPRV 的实时定量 RT-PCR 分析和环介导等温扩增技术已经有取代标准 RT-PCR 的趋势。为了对一个新的病毒分离株进行序列分析和随后的进化特征分析，必须获得标准 PT-PCR 产物。在成为 OIE 认可的 PPRV 检测方法之前，必须对这些诊断技术进行广泛的验证。

5. 防制

目前，尚无有效的方法治疗小反刍兽疫。首次发生小反刍兽疫的国家和地区，通常立即封锁隔离，并建立疫区隔离带，扑杀深埋已感染动物及同群动物，之后对疫点进行彻底消毒处理，之后对小反刍兽疫流行地区进行免疫接种是控制该病最有效的途径。目前，我国主要使用 PPR Nigeria 75/1 疫苗株制造的疫苗进行免疫接种。

二、羊痘

羊痘是由羊痘病毒引起羊的一种急性、热性、接触性传染病，是家畜中发生最严重的一种痘病。具有典型的病程，一般初为红疹、丘疹，后变为水疱、脓疱，最后干结成痂，脱落而痊愈。在绵羊及山羊都可发生，绵羊易感性比山羊大，但绵羊痘和山羊痘互不感染。绵羊痘对羔羊及细毛羊的易感性强。本病因病羊或带毒羊与健康羊接触而被感染，污染的饲料、饮水，用具等也是传染源，呼吸道和损伤的皮肤黏膜是感染的途径。本病全年均可发生，但以春秋两季比较多发。

1. 病原

病原为痘病毒科的羊痘病毒。病毒主要存在于病羊皮肤与黏膜的丘疹、脓疱以及痂皮内，病羊鼻分泌物、发热期血液内也有病毒存在。本病毒对直射阳光、酸、碱和大多数常用消毒药（酒精、红汞、碘酒、来苏尔、福尔马林、苯酚等）均较敏感，对醚和氯仿也较为敏感。该病毒耐干燥，在干燥的痂皮内能成活数月至数年，在干燥羊舍内可存活 6～8 个月。

2. 流行特点

自然条件下，绵羊及山羊都可发生，绵羊易感性比山羊大，但绵羊痘和山羊痘互不感染。病羊和带毒羊为主要传染源，本病主要通过呼吸道传染，水疱液和痂皮易与飞尘或饲料相混而吸入呼吸道。病毒也可通过损伤的皮肤或黏膜侵入机体。饲养人员、用具、毛、皮、饲料、垫草等，都可成为间接传染的媒介，试验证明通过昆虫的叮咬也可传播山羊痘，本病主要在冬末春初流行。羔羊发病，死亡率高，妊娠母羊可发生流产，故产羔季节流行，可招致很大损失。气候严寒、雨雪、霜冻、枯草季节、饲养管理不良等因素都可促进发病和加重病情。

3. 临床表现与特征

潜伏期2~12天，平均6~8天。发痘前，可见个别病羊体温升高到41~42℃，食欲减少，结膜潮红，从鼻孔流出黏性或脓性鼻漏，呼吸和脉搏增快，经1~4天开始发痘，以后逐渐蔓延至全群。痘疹多发生于皮肤、黏膜无毛或少毛部位，如眼周围、唇、鼻、颊、四肢和尾的内面、阴唇、乳房、阴囊以及包皮上。开始为红斑，经1~2天形成丘疹，突出于皮肤表面，坚实而苍白。随后，丘疹逐渐扩大，变为灰白色或淡红色半球状隆起的结节。结节在2~3天变为水疱。在此期内，体温稍有下降。由于白细胞的渗入，水疱变为脓性，不透明，成为脓疱。化脓期间体温再度升高。如无继发感染，则几日内脓疱干缩成为褐色痂块，脱落后遗留微红色或苍白色的瘢痕，经3~4周痊愈（图1-1、图1-2）。

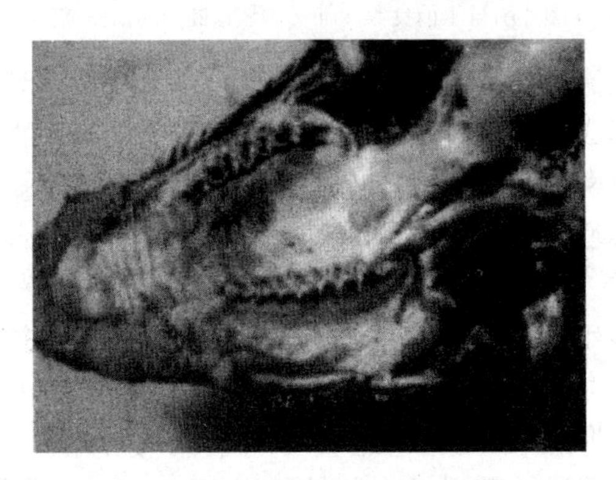

图1-1　唇部、齿龈部及硬腭部可见大片损失

（图片引自丁伯良等文献《羊病诊断与防治图谱》）

图 1-2 阴囊、会阴部出现痘疹

（图片引自丁伯良等文献《羊病诊断与防治图谱》）

在羊痘流行中，由于个体的差异，有的病羊呈现非典型经过，如在形成丘疹后，不再出现其他各期变化；有的病羊经过很严重，痘疹密集，互相融合连成一片，由于化脓菌侵入，皮肤发生坏死或坏疽，形成较深的溃疡，发出恶臭，全身病状严重；甚至有的病羊，在痘疹聚集的部位或呼吸道和消化道发生出血。这些重病例多死亡，病死率可达 25% ~50%，尸体前胃和第四胃黏膜往往有大小不等的圆形或半球形坚实结节，单个或融合存在，严重者形成糜烂或溃疡。咽喉部、支气管黏膜也常有痘疹，肺部则见干酪样结节以及卡他性肺炎区。一般典型病程需 3 ~4 周，冬季较春季为长。如有并发肺炎（羔羊较多）、胃肠炎、败血症等时，病程可延长或早期死亡（图 1-3）。

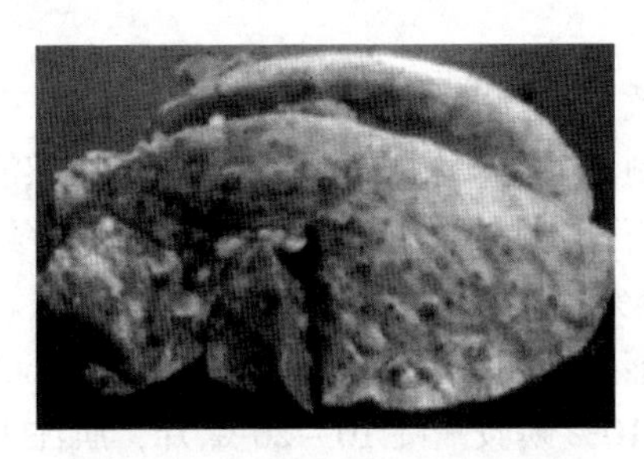

图 1－3　肺部可见暗黑色痘疹

（图片引自丁伯良等文献《羊病诊断与防治图谱》）

4. 临床诊断

根据流行病学，典型病程和特异皮肤病灶作出诊断。对非典型病例，可结合羊群不同个体发病情况作出诊断。如有怀疑，可将损害的痂皮或活检组织放在电镜下观察，如发现病毒包涵体，则诊断是无疑的。

鉴别诊断：与羊传染性脓疱的鉴别：又称羊口疮，是绵羊和山羊的一种由口疮病毒引起的传染病，全身症状不明显，病羊一般无体温反应，其特征为唇部及口腔（蹄形和外阴型病例少见）部位皮肤和黏膜形成丘疹、脓包、溃疡和结成疣状厚痂，很少波及躯体部皮肤，痂垢下肉芽组织增生明显。

与螨病的鉴别：螨病的痂皮多为黄色麸皮样，而痘疹的痂皮则呈黑褐色且坚硬。此外，从疥癣皮肤患处以及痂皮内可检出螨。

5. 防制

（1）预防。冬春季节要适当补饲，做好防寒过冬工作。在羊痘常发地区，每年定期预防注射。羊痘鸡胚化弱毒疫苗，大小羊一律尾内或股内侧皮内注射 0.5 毫升，山羊皮下注射 2 毫升。

（2）治疗。当羊发生羊痘时，立即将病羊隔离，将羊圈及用具等进行消毒。对尚未发病的羊群，用羊痘鸡胚化弱毒苗进行紧急注射。

本病无特效的治疗药物。主要以预防为主，对症治疗为辅，特别应注意控制继发感染。皮肤上的痘疮可涂碘酒或紫药水，如水疱或脓疱破裂，先用3%石炭酸洗涤，再涂紫药水；对黏膜上的病灶先用0.1%高锰酸钾洗涤，然后涂紫药水。对细毛羊、羔羊为防止继发感染，可以肌注青霉素80万~160万单位，每天1~2次；或用10%磺胺嘧啶10~20毫升，肌注1~3次。

三、蓝舌病

蓝舌病是由蓝舌病病毒（BTV）引起，媒介昆虫（如库蠓等）传播的一种反刍类动物急热性疾病。蓝舌病病毒属于呼肠孤病毒科、环状病毒属病毒，其血清型众多，目前，已确认存在26个血清型，主要感染动物为绵羊、牛、山羊等次之，骆驼和许多野生反会动物（如鹿和铃羊等）也感染此病。该病被世界动物卫生组织（OIE）列为法定通报性疾病，在我国被列为一类动物疫病。该病是阻碍反刍动物国际贸易和生产的重大疫病，平均每年在全世界造成超过30亿美元的经济损失。

1. 病原

蓝舌病病毒属于呼肠孤病毒科环状病毒属成员。蓝舌病病毒粒子呈二十面体对称，无囊膜，直径为70~80纳米，核酸由10个节段的双股RNA组成。蓝舌病病毒血清型众多，到目前为止，已经确认在全世界有26个血清型，不同血清型之间缺乏交叉免疫保护作用。我国于1979年在云南首先发现并分离出BTV以来，目前，已经分离鉴定出7个血清型的BTV，分别是1、2、3、4、12、15和16型。

2. 流行病学

所有反刍动物都可以感染BTV，其中，绵羊的临床症状表现最为明显。牛由于其病毒血症的时间较长，在通常情况下牛感染

BTV只表现出亚临床症状，不过2006年在欧洲暴发的由BTV-8引起的蓝舌病疫情中，牛感染BTV后也表现出明显的临床症状。山羊、骆驼、鹿以及一些野生反刍动物也可感染BTV，并可长期带毒，在蓝舌病流行的间歇期内充当着病毒储藏宿主的角色。

蓝舌病主要是通过库蠓属的蠓类传播的，在所有的1 300多种库蠓中，只有约30种库螺是BTV的传播媒介。除库蠓外，某些节肢类动物也可起到传播媒介的作用，有研究人员曾经从蜱和蚊子中也分离到BTV。BTV可以通过胎盘屏障进行传播，在牛、绵羊以及犬类动物都有相关的研究报道。公牛在感染BTV并出现病毒血症时，如果精液中含有红细胞，BTV则可以通过公牛精液进行传播。最近的研究显示，BTV也可以通过初乳感染新生牛，目前，尚无足够的证据表明BTV可以经过库蠓虫卵进行垂直传播。

蓝舌病主要分布在全世界的温带和热带的大部分地区，通常情况下BTV的分布范围在北纬40°至南纬35°，这刚好与传播BTV的某些特殊种类的库蠓分布地域相一致。1979年，中国云南省首次报道绵羊蓝舌病，随后湖北（1983）、安徽（1985）、四川（1988）、山西（1991）也相继报道本病。这五省区的个别绵羊饲养场发现临床病例，其地理位置为北纬35°至37°以南的局部孤立地区，特别是山西省两个地区绵羊、山羊蓝舌病的暴发与流行的相关报道，将本病发病范围首次突破了长江防线，进入黄河以北的华北地区。同时，广东、广西壮族自治区、内蒙古自治区、河北、江苏、天津、新疆维吾尔自治区、甘肃、辽宁、吉林等省、市、自治区均呈动物蓝舌病血清学阳性成分。至此，该病分布于全球大多数热带地区，并散发于弧热带、温带地区，成为名副其实的世界性危害的虫媒传染病。

3. 临床特征与病理变化

动物感染蓝舌病后的临床症状通常情况下取决于感染动物的

种类、品种、年龄以及感染病毒的毒株和血清型。在临床表现上差别很大，有最轻微的无临床症状的隐性感染，也有最严重的发病死亡。有研究认为，年老的动物更易感染 BTV。

绵羊感染 BTV 后通常病毒潜伏期为 4～8 天，之后开始出现发热、充血、水肿和因病毒性血管损伤而引起的出血，出现浆液性血性鼻分泌物，并在鼻周围出现结痂状物，呼吸困难并伴有严重的肺水肿和口腔黏膜溃疡，因蹄冠充血而出现跛行和肌肉坏死；怀孕母畜感染蓝舌病会出现流产、死胎或胎儿先天性异常（如脑积水、脑囊肿、视网膜发育不良等）（图 1－4、图 1－5）。

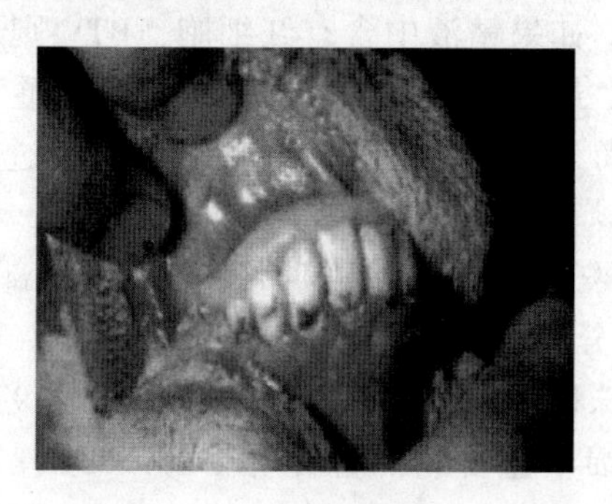

图 1－4　口腔黏膜充血

（图片引自丁伯良等文献《羊病诊断与防治图谱》）

患病绵羊剖检后，在上呼吸道黏膜可见出血、充血和馈病；淋巴结水肿、出血；皮下组织出血；肺动脉血管内膜下出血，肺水肿、胸膜积液、心包积液；面部、下颌、颈部水肿；骨骼肌和心肌（特别是左心室乳头肌）坏死。组织学观察可见毛细血管内皮肥大、血管周围水肿；心肌和骼豁肌出现巨噬细胞、淋巴细胞浸润，出现因血管充血梗死而产生的上皮组织缺氧和细胞脱落。

山羊感染 BTV 很少出现明显的临床症状，即使有临床症状出现也比绵羊感染 BTV 时的症状轻微。主要症状有产奶量突然下降，高热，头部和嘴唇出现水肿，流涕并在鼻、唇部出现结

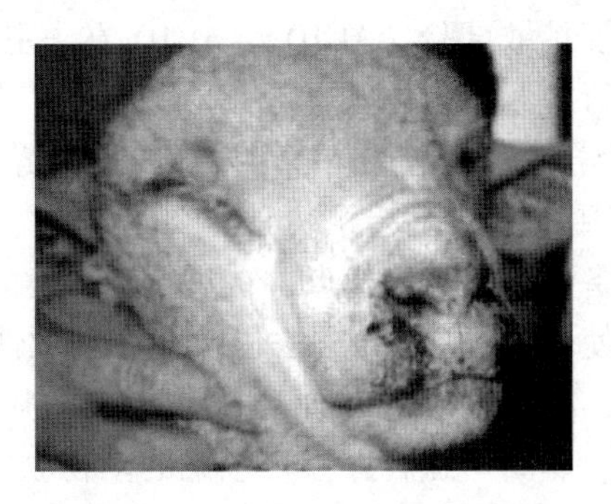

图 1－5　眼和鼻孔周围形成结痂

（图片引自丁伯良等文献《羊病诊断与防治图谱》）

痂，乳房皮肤出现红斑等。

4. 诊断

对蓝舌病的确诊，一般需要在结合临床症状、剖检以及流行病学调查结果的基础上进一步开展实验室诊断，蓝舌病的实验室诊断主要可以分为病毒的分离鉴定以及血清学检测技术和病原学检测技术。

（1）病毒的分离。BTV 可以在鸡胚、细胞以及绵羊身上获得增殖。一般使用 9～12 日龄的鸡胚通过静脉接种病料来进行 BTV 的分离鉴定。可以使用昆虫源性细胞（如 KC 细胞、C6/36 细胞等）进行分离鉴定，也可以用哺乳动物源性细胞（如 BHK-21 细胞、MDCK 细胞、Vero 细胞等）进行分离鉴定。哺乳动物源性细胞通常在接种 BTV 后 3～5 天出现细胞病变，主要表现为细胞变圆、折光性增强等。

（2）血清学检测。蓝舌病的血清学检测方法主要包括：琼脂糖免疫扩散试验（AGID）、血清中和试验（SNT）、酶联免疫吸附试验（ELISA）、补体结合试验（CFT）、荧光染色试验（FAT）、血凝试验（HA）等，目前，应用较多的有琼脂糖免疫扩散试验、血清中和试验、酶联免疫吸附试验等。

琼脂糖免疫扩散试验（AGID）：AGID 方法主要是对 BTV 群特异性抗体进行检测，该方法也是最早得到推广应用的检测蓝舌病抗体的血清学检测方法之一。该方法是世界动物卫生组织（OIE）推荐使用的蓝舌病检测方法，具有简便、容易操作、成本低、实验设备要求不高等优点，在进行蓝舌病的血清流行病学调查时经常被使用。但 AGID 方法仍然存在灵敏性及特异性较低等方面的缺点，在检测时与其他环状病毒属的病毒（如鹿流行性出血病病毒、非洲马瘟病毒等）感染的动物血清有交叉反应。

血清中和试验（SNT）：该方法用于 BTV 型特异性抗体的检测，能够区分 26 个血清型 BTV 所产生的抗体。SNT 方法被认为具有高敏感性的和特异性的抗体检测方法，应用该方法检测时不会出现与其他环状病毒属的病毒感染的动物血清发生交叉反应。但由于 SNT 方法耗时长，成本过高，而且对用于检测的血清质量有很高，通常不用于常规检测使用。

ELISA 方法：在检测 BTV 抗体 ELISA 方法中，有间接 EUSA（I-ELISA）方法、竞争 ELISA（C-ELISA）方法等，其中，C-ELISA 方法以其高敏感性和高特异，被 OIE 确定为 BTV 血清学诊断的首选方法。该方法与 AGID 检测方法相比具有更高的敏感性，但该方法特异性较差。

（3）病原学检测。BTV 的病原学检测方法主要包括：捕获 ELISA 方法（DAS-ELISA）、病毒核酸检测、病毒中和试验（VNT）、间接免疫荧光试验（IFA）、电子显微镜观察、病毒烛斑试验等，目前应用较多的有 DAS-EUSA 方法和病毒核酸检测。

捕获 ELISA 方法主要应用于 BTV 的群特异性检测，该方法具有敏感性高、特异性强、成本低、速度快等特点，特别是需要在短时间内检测大批量临床样本时样品时，该方法更为适用。

病毒核酸检测方法主要包括：RT-PCR 检测技术、实时荧光定量 PCR 技术、基因芯片技术、基因杂交探针技术等。其中，

RT-PCR 检测技术和实时荧光定量 PCR 技术在 BTV 的检测中已被广泛应用。RT-PCR 检测方法具有敏感性好、特异性强及操作简便快捷等特点。实时荧光定量 PCR 技术与常规 PCR 相比，它具有特异性更强、自动化程度高、能有效解决 PCR 污染等特点，该技术已被广泛应用于众多病原微生物的检测和诊断。

5. 防制

本病目前尚无有效治疗方法，普遍认为使用疫苗是预防蓝舌病的主要措施。理想的疫苗应该能阻止本地区的所有血清型的 BTV，而对接种动物和胎儿没有致病作用、不会发生毒力回升、不与野毒株重组，性能稳定，价格低廉。一般可考虑使用弱毒苗、灭活苗及重组苗用于 BTV 预防，但存在的不足是 3 种疫苗均具有血清型特异性。目前，只有弱毒苗已被商业化并在几个国家得到有效使用。

BTV 弱毒苗是将分离自牛、羊野毒株中的病毒通过体外组织细胞或鸡胚连续传代后获得，是目前一直使用的疫苗。南非等国普遍应用弱毒苗控制本病，可有效预防和控制流行性蓝舌病的暴发。但这种疫苗存在毒力返还得可能性，而且有可能导致怀孕母羊流产、胎儿致畸，同时也存在在牛体内残留时间长、各血清型之间不能产生交叉保护等问题，使其应用受到限制。目前普遍应用冻干的鸡胚化弱毒疫苗预防本病。疫苗分单价和双价两种，引起的免疫期可达 1 年左右。常用的是 BTV-I 型和 BTV-16 型两种疫苗。

BTV 灭活苗不会造成传播，能避免接种后毒力恢复以及产生重组株。常用化学灭活方法有 β 丙内酯（BPL）、二氧化氯、二乙烯亚胺（BEI），物理灭活方法如射线等。灭活苗生产价格高、免疫剂量大、需使用佐剂，并且使用效果不好，所以均未进行商业化生产。

同时，几种重组技术已被用于 BTV 疫苗的研究，如杆状病毒重组表达疫苗、重组病毒样颗粒（VLPs）或核心样颗粒（CLPs）疫苗。由于重组疫苗可以采用群特异性抗原作为免疫原，所以，可望产生一定的交叉保护。但这些重组疫苗使用剂量高，在BTV的传染防御上总体上还是无效的。因此，目前，仍未进行重组疫苗的大量生产。

四、口蹄疫

口蹄疫又称“口疮”“蹄癀”。是由口蹄疫病毒引起的牛、羊、猪等偶蹄兽的一种急性、热性、高度接触性传染病。本病传染性极高，传播快，流行广，发病率高，死亡虽少，但对畜牧业生产危害大，是世界各国严格控制的传染病。

1. 病原

病原为口蹄疫病毒。本病毒具有多型性，目前，所知有7个主型，即A型、O型、C型、SAT（南非）Ⅰ型、SAT（南非）Ⅱ型、SAT（南非）Ⅲ型及Asia（亚洲）Ⅰ型，其中，O型较常见。口蹄疫病毒在不同条件下容易发生变异，而变异后各型之间抗原性不同，相互不产生交叉免疫。本病毒主要存在于患病动物的水疱皮以及淋巴液中。发热期，病畜的血液中病毒的含量高；退热后，在乳汁、口涎、泪液、粪便、尿液等分泌物和排泄物中都含有一定量的病毒。

口蹄疫病毒具有较强的环境适应性，耐低温，不怕干燥。该病毒对酚类、酒精、氯仿等不敏感，但对日光、高温、酸碱的敏感性很强。常用的消毒剂有1%～2%的氢氧化钠、30%的热草木灰、1%～2%的甲醛、0.2%～0.5%的过氧乙酸、4%的碳酸氢钠溶液等。

2. 流行特点

本病主要侵害偶蹄兽，如牛、羊、猪、鹿、骆驼等。牛对本病最易感，绵羊、山羊次之，人也可感染此病。病畜是主要传染源，痊愈家畜可带毒4~12个月。病毒以直接或间接接触方式传播，主要经消化道和呼吸道感染，也可经黏膜和皮肤感染。空气传播对口蹄疫的快速大面积流行起着十分重要的作用，常可随风散播到50~100千米外发病，故有顺风传播之说。本病一旦发生往往呈流行性，新疫区发病率可达100%，老疫区发病率在50%以上。此外，本病的流行常呈现一定的季节性，表现为秋末开始，冬季加剧，春季减轻，夏季基本平息。

3. 临床表现与特征

羊感染口蹄疫病毒后一般经过2~6天的潜伏期出现症状，初期体温升高可达40~41℃，食欲不好，反刍缓慢，精神沉郁，闭口流涎，开口时有吸吮声。主要特点是口腔黏膜、蹄部和乳房的皮肤发生水疱和溃烂。绵羊蹄部症状明显，口黏膜变化较轻，山羊症状多见于口腔，呈弥漫性口黏膜炎，水疱见于硬腭和舌面，水疱往往经过1~2天自行破裂，形成烂斑。如果没有其他感染，烂斑在1~2周内可自愈（图1-6至图1-8）。

除口腔、蹄部和乳房部等处出现水疱、烂斑外，严重病例咽

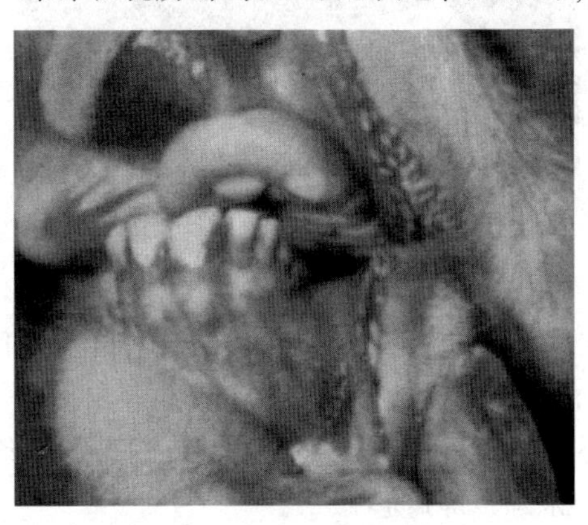

图1-6　唇部糜烂，齿龈苍白

（图片引自丁伯良等文献《羊病诊断与防治图谱》）

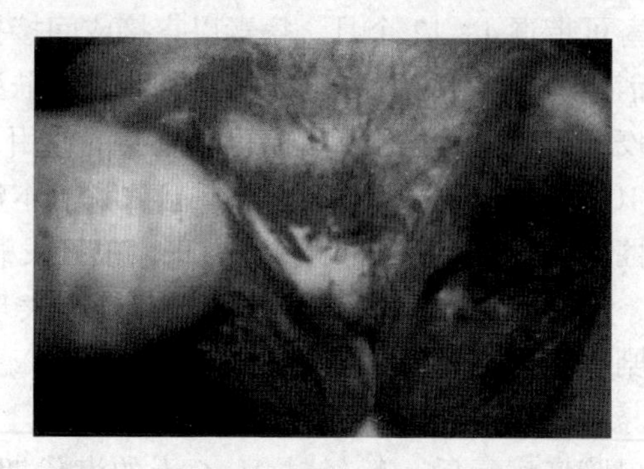

图1-7　蹄叉和蹄踵发生水疱和糜烂

（图片引自丁伯良等文献《羊病诊断与防治图谱》）

图1-8　急性跛行

（图片引自丁伯良等文献《羊病诊断与防治图谱》）

喉、气管、支气管和前胃黏膜有时也有烂斑和溃疡形成。前胃和肠道黏膜可见出血性炎症。心包膜有散在性出血点。心肌松软，似煮熟状；心肌切面呈现灰白色或淡黄色的斑点或条纹，似老虎身上的斑纹，称为“虎斑心”。

4. 诊断

（1）现场诊断。根据急性经过、主要侵害偶蹄兽、一般呈良性经过、特征性临诊症状和病理变化可作出现场诊断。

（2）实验室诊断。采取病羊水疱皮或水疱液进行病毒分离鉴定。取得病料后，用 PBS 液制备混悬浸出液作乳鼠中和试验，也可用标准阳性血清作补体结合试验或微量补体结合实验；同时也可以进行定型诊断或分离鉴定，用康复期的动物血清对 VIA 抗原作琼脂扩散试验、免疫荧光抗体试验等鉴定毒型。最近国内外报道了生物素标记探针技术来检测口蹄疫病毒，从而使口蹄疫的诊断进入简便、快速、特异性强的临诊诊断技术行列。

（3）类症鉴别。与羊传染性脓疱的鉴别：是绵羊和山羊的一种由口疮病毒引起的传染病，全身症状不明显，特征是在口唇部发生水疱、脓疱以及疣状厚痂，病变是增生性的，痂垢下肉芽组织增生明显。一般无体温反应。病料电镜观察可发现呈编织线团样的羊口疮病毒。

与蓝舌病的鉴别：口蹄疫是一种高度接触性传染病，而蓝舌病则主要通过库蠓叮咬传播。口蹄疫的糜烂病灶是因水疱破溃而发生，而蓝舌病的溃疡不是由于水疱破溃后所形成，且缺乏水疱破裂后那样的不规则的边缘。通过血清学试验可区分口蹄疫病毒和蓝舌病病毒。

5. 防治

（1）预防。本病发病急、传播快、危害大，必须严格搞好综合防治措施。

要严格畜产品的进出口，加强检疫，不从疫区引进偶蹄动物及产品；按照国家规定实施强制免疫，免疫时应先弄清当时当地或邻近地区流行的本病病毒的毒型，根据毒型选用疫苗。

一旦发生疫情，要遵照“早、快、严、小”的原则，立即采取严格封锁、隔离、消毒、紧急预防接种、检疫等综合扑灭措施。

对疫区或疫场划定封锁界限，禁止人畜往来；疫区的所有病羊和同群羊都要全部扑杀并作无害化处理；封锁区最后1只病羊死亡后14天，经过全面彻底消毒，方可解除封锁。消毒时可用2%氢氧化钠、2%福尔马林或20%～30%热草木灰水。

（2）治疗。不允许治疗，应就地扑杀，进行无害化处理，同时封锁疫区。

五、山羊关节炎-脑炎

山羊关节炎-脑炎是由山羊关节炎脑炎病毒引起的一种慢性传染病，在临床上，成年山羊以慢性多发性关节炎为特征，间或伴发间质性肺炎，或间质性乳房炎。山羊羔常以脑脊髓为特征。

1974年，Ceek等首次报道本病，目前本病已在世界范围内，包括欧、美、澳、亚洲的十多个国家流行。各国流行情况不同，澳大利亚、美国、加拿大、法国、挪威和瑞士的感染率为65%～81%，英国和新西兰为10%左右。安格拉山羊的感染率明显低于奶山羊。后者可高达70%～90%，但临床发病很少超过10%。这种情况可能与奶山羊常集中饲养，奶山羊羔有喂混合乳的习惯，使其感染机会增多有关。1985年以来，我国甘肃、四川、陕西、山东和新疆维吾尔自治区等省、区先后发现本病。山羊关节炎—脑炎病毒琼脂试验呈阳性反应或临床症状的羊均为从英国引进的萨能，吐根堡奶山羊及其后代，或是与这些进口奶山羊有过接触的山羊。

1. 病原

病原为山羊关节炎-脑炎病毒属于反转录病毒科慢病毒属成员。本病毒为单股RNA有囊膜病毒。本病毒的主要抗原成分是囊膜蛋白gp135核芯蛋白p28，这两种抗原与梅迪—维斯纳病毒gp135、p30抗原之间有强烈的交叉反应。

山羊胎儿滑膜细胞常用于分离本病毒，无菌采取滑膜液乳汁和血液白细胞，接种于山羊胎儿滑膜细胞后15～20小时，病毒开始增殖24小时后细胞出现融合现象，5~6天细胞层布满大小不一的多核巨细胞，本病毒虽能在山羊睾丸细胞、胎肺细胞、角膜细胞上进行复制，但不引起细胞病变。本病毒与梅迪—维斯纳病病毒在血清学试验有交叉反应，两种病毒可用分析基因组核酸序列进行区别，基因组有15%~30%的同源性。本病毒对外界环境的抵抗力不强，56℃ 10分钟可被灭活。低于pH值4.2可迅速死亡。常规消毒剂一般浓度均可杀灭本病毒。

2. 流行特点

易感动物属山羊最易感，以成年山羊感染居多。在自然条件下，本病毒的主要传染源是患病山羊或隐性带病毒羊，一旦感染可终生带毒，病毒经乳汁可传递给羔羊，被污染的饲草、饲料、饮水等可成为传染媒介。传播途径以消化道为主，其次是生殖道，子宫内感染偶尔发生，皮肤和医疗器械的传播也有可能。感染主要通过乳汁，其次是被感染羊的分泌物和排泄物，如阴道分泌物、呼吸道分泌物、唾液和粪尿等。传播方式为水平传播和垂直传播。该病仅在山羊间相互感染，无年龄、性别、品系间差异。一年四季均可发病，呈地方流行性。

3. 临床表现与特征

本病毒通过消化道侵入淋巴细胞，胸腺、脾、脑、脉络丛和滑膜细胞。巨噬细胞在发病机理中起主导作用，只有受侵害的组织如肺，滑膜和乳腺等的巨噬细胞受感染并复制病毒。随着病程的发展，病毒不断增殖，进入血液不断感染新的单核细胞，从而形成病毒在体内的吸收、分布、再吸收，再分布的持续感染过程。进而引起慢性关节炎、脑脊髓炎、乳房硬肿以及慢性间质性肺炎。机体不能消除病毒，炎症反应持续存在。

主要症状：病山羊可表现出三种临床类型。

神经型：潜伏期2~5个月，常发生于2~6月龄山羔羊。病羔羊病初精神沉郁，有跛行，继而出现共济失调，一肢或数肢麻痹，四肢呈游泳状划动，卧地不起。有的羔羊角弓张，眼球震颤，头颈歪斜或转圈运动。羔羊一般无体温变化，呈进行性衰弱，多数于15天或数月后死亡。个别耐过羊留有后遗症。少数病例兼有关节炎或肺炎症状。

关节炎型：主要发生于1周岁以上的成年山羊，病程1～3天。疾患多见于跗关节和膝关节，病初关节肿大，周围组织肿胀，有热痛，跛行，关于逐渐僵硬，关节运动不灵活。病的后期，病羊躺卧或跪地爬行。此时关节软骨和周围组织变性坏死或钙化，形成骨赘。有的病例还可见到寰枕关节和脊椎关节发炎。本型病程较长，1～3年不等。

肺炎型：本型临床较少见，无年龄限制，病程3～6个月。病羊常有半年左右年的体重下降现象和呼吸困难症状。只见病羊逐渐消瘦、衰弱、咳嗽困难。肺部叩诊浊音，听诊有湿啰音。个别病例兼有关节炎症状，病程多为3～6个月。

除上述3种类型以外，哺乳期母羊偶尔发生间质性乳房炎。多发生的1～3天，乳房坚实或坚硬，呈硬结节性乳房炎，仅能挤出少量乳汁，无全身反应。采集乳房炎病例的乳汁经菌检无细菌感染（图1－9）。

4. 病理变化

神经病变：主要病变发生在中枢神经，偶尔可见在脊髓和脑的白质部分有局灶性淡褐色病区。严重病例可见到脑软化。组织学观察于大脑白质部和颈部脊髓有非化脓性脱髓鞘性脑脊髓炎，以及淋巴细胞型的单核细胞严重浸润。有轻度间质性肺炎变化。

关节：在关节炎病例中，有消瘦和多发性关节炎，几乎所有病例都有退行性关节炎，通常伴有淋巴结肿大和弥漫性间质性肺炎。组织学变化可见肥大型慢性滑膜炎，可见滑膜细胞增生，滑膜面纤维素沉着，滑膜下单核细胞浸润，邻近结缔组织可见坏死和钙化。

图 1-9　小山羊四肢麻痹

(图片引自丁伯良等文献《羊病诊断与防治图谱》)

肺炎型病变：肺脏轻度肿大，质地坚硬，呈灰白色，表面散在灰色小点，切面可见到大叶性或斑块状实质区。肺泡中隔和小叶间结缔组织增生，肺泡壁细胞肿大，支气管和血管周围淋巴细胞增生，形成淋巴小结或淋巴细胞套（图 1-10、图 1-11）。

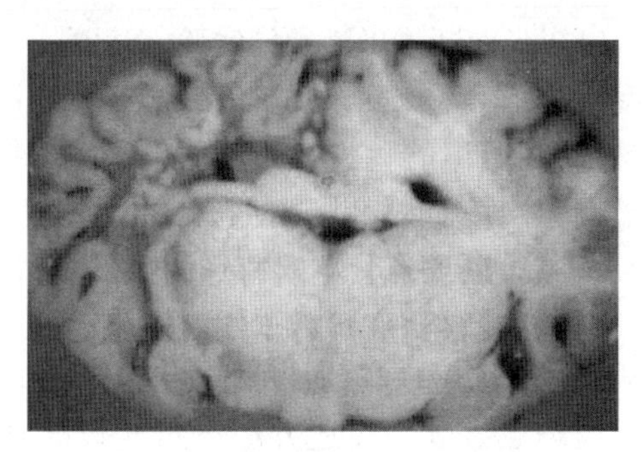

图 1-10　大脑、中脑切片的白质变性

(图片引自丁伯良等文献《羊病诊断与防治图谱》)

5. 临床诊断

在本病常发地区，根据临床症状，病理变化，结合流行病学

图 1－11　后肢膝关节滑膜明显增生，可见大量米粒状小体

（图片引自丁伯良等文献《羊病诊断与防治图谱》）

资料，可以做出初步诊断，确诊须作实验室诊断。

病毒学诊断：无菌采取病羊关节液、滑膜、乳汁、血液白细胞等相关病料，接种于山羊胎儿关节滑膜细胞培养物或直接用病羊滑膜细胞培养，检查有无合胞体形成。可用琼脂免疫扩散反应、酶联免疫吸附试验、直接免疫荧光抗体技术，出现阳性时可以确诊。

血清学试验：应用最广泛的是琼脂免疫扩散试验、酶联免疫吸附试验及免疫斑点试验，上述方法检测本病毒血清抗体效果很好。

本病要与以下病进行鉴别诊断。

传染性关节炎：多呈急性，跛行更为严重，中性粒细胞增多。维生素 E 和硒缺乏症：多引起以肌肉衰弱和跛行为特征的

白肌病，虽然在临床上酷似山羊关节炎—脑炎，但其血清和组织含硒量低，用维生素 E 和硒治疗有效。李氏分枝杆菌病：多表现为精神沉郁，转圈运动以及颅神经麻痹，早期磺胺类及抗生素治疗有效。脑灰质软化症：以失明、精神沉郁和共济失调为特征，早期维生素 B_1 治疗有效，而山羊关节炎—脑炎很少发生失明和精神沉郁。弓形虫病：弓形虫病与山羊关节炎—脑炎临床表现有些相似，但前者镜检组织中可检出弓形虫，血清中可检出弓形虫抗体。

6. 防制

在制定预防控制计划之前和控制计划实施中，用琼脂扩散免疫试验作山羊关节炎—脑炎血清学检测，若检测结果为阴性。通过羊群的封闭式管理，引进无山羊关节炎—脑炎病毒的种羊，以保持羊群无本病。定期对羊群进行山羊关节炎—脑炎检疫，监视羊群健康状态。一旦发现羊群感染了本病，可采取以下防控和消灭措施。

一是当群体不大时，可将羊只全群扑杀，重新建立无山羊关节炎—脑炎的羊场。二是有计划地对群体进行定期检疫，及时扑杀阳性羊和隔离饲养新生羔羊，认真执行防疫措施，经数次检疫结果表明羊群中无山羊关节炎—脑炎病毒感染。此时羊群可按无疫情羊群方式管理。澳大利亚、新西兰以及我国一些地方按上述防控措施实施，均收到了良好的效果。

六、边界病

边界病（简称 BD）是由边界病病毒引起的以新生羔羊发生震颤和被毛异常为特征的一种疾病。该病首先发生于苏格兰和威尔士的边界地区，故称之为边界病。感染母羊在感染边界病病毒后，血清中出现对 BDV 和牛病毒性腹泻病毒（BVDV）的中和抗体，表明 BDV 和 BVDV 具有共同抗原。由于某些病羔的骨骼肌呈现特征性震颤，故又称为“摇摆病”或“舞蹈症”。我国有少量该病报道。

1. 病原学

BDV 与 BVDV 和猪瘟病毒（HCV）是新近归类于黄病毒科瘟病毒属的成员。瘟病毒是有囊膜的最小的 RNA 病毒，病毒粒子呈圆形，有脂蛋白的囊膜，含有非螺旋形的核衣壳。Berry 等通过克隆分析 BDV 的 PCR 产物序列发现，BDV 株间的同源性在 95%以上，与 HCV 的同源性约为 75%，与 BVDV 同源性约为 80%。在血清学上，三者存在着明显的交叉反应。许多 BDV 毒株可以在一些牛、羔羊的原代和传代细胞上以及猪的 PK15 细胞上适应增殖。根据产生细胞病变的能力将其分为两个生物型：致细胞病变型（CP）和非致细胞病变型（NCP）。研究发现，大多数 BD 是由 NCP 型病毒引起的，只有极少数是由 CP 型病毒引起的。

2. 流行病学

本病世界性分布。绵羊是其主要的自然宿主，山羊也可以感染。最主要的传播方式是羊—羊传播。牛、猪以及许多野生反刍动物也可能是其潜在传染源。许多养羊业发达的国家和地区，都有报道分离出 BDV 和检测出血清学阳性。

传播途径包括：

（1）水平传播。口、咽可能是主要的感染门户，易感动物与患畜同饲、鼻嘴拱触、交配等都可引起直接传播。机械和实验也可传播，肌肉、静脉、脑内、皮下、腹腔、气管内及口和眼结膜内接种都可引起 BDV 传播。

（2）垂直传播。BDV 可以通过胎盘组织感染处于一定怀孕期的胎儿。通常见于持续性感染或怀孕期间感染 BDV 的母羊，从而使胎儿死亡或生出持续性感染的羔羊。持续感染的绵羊和羊羔是最主要的传染源。先天性感染动物表现为终生病毒血症，病毒持续通过呼吸道、消化道和泌尿生殖道排出体外。鼻黏膜、肺、腮腺、口腔黏膜和尿道拭子经常可检测出感染性病毒。

3. 临床症状

感染胎儿症状表现与感染时所处的妊娠阶段、病毒毒力、母畜感染的病毒量以及母畜的免疫状况等因素有关。主要表现为以下 4 种病症：①早期胚胎的死亡；②吸收和死胎；③生出畸形胎儿；④生出缺乏临床症状但具有免疫抑制的弱小胎儿。

据报道，BDV 表现症状与胎儿感染时的胎龄有直接关系。青年羊和成年羊感染 BDV 后表现为温和型，而且常检测不出来。胎儿感染后可导致新生羔羊的许多症状。最典型的是强直性痉挛性震颤，严重地致使羊羔不能吮奶。长茸毛样被毛也非常明显。最常见的是运动失调，出现醉样步态，后肢有时表现出特征性的双腿叉开，呈八字形姿势，羊羔比正常要小，如果怀胎数量正常则更为明显。病羊的骨骼发育异常往往表现为羊的体长正常，而高度则较正常要矮，头部畸形，头盖骨呈拱形，面骨短而宽，四肢骨短细，骨密度降低，关节弯曲、外翻等，由于持续排毒，因此禁作种用。出生后感染的羊羔临床上表现为一过性轻微发病或不明显。妊娠母羊感染难以查出，因为其只出现短期发热和白细胞减少，但胚胎和胎儿可能发生死亡，且流产之后伴有一过性阴道排液。

病理组织学损伤包括中枢神经系统、消化系统、肺、心、肾的淋巴增生性炎症变化。肌肉接种 BDV 的羔羊无肉眼和组织学病变，但脑内接种羔羊表现为程度不一的非化脓性脑炎症。子宫内感染后幸存的胎儿和新生羔羊出现广泛病理变化感染羔羊的大脑比正常小主要病变为脑积水，大脑皮质缺乏或近于缺失，小脑发育不全或异常，大脑白质软化形成囊肿或空洞，肿胀的神经纤维扭转或弯曲，对髓磷脂染色亲和力低。细毛羊品种的羔羊感染后，可见体表长茸毛样被毛，偶见异常色素沉积。羊感染 BDV

初期，胎盘的子宫肉阜中隔出现坏死性炎症变化，肉眼可见盂形周围出现褐色素沉着带以及子宫隐窝区灰白色坏死灶，伴有不同程度的出血。感染后10天，胎盘中隔血管内皮坏死，表现为内皮肿胀，管腔堵塞，随后上皮受侵，最终坏死细胞碎片释放到“胎儿-母体”间隔内，被滋养层消化。

4. 诊断

临床诊断可根据新生羔羊出现长茸毛样被毛、震颤、步态异常，怀孕母羊流产、死胎、胎儿吸收、异常、畸形胎儿、死胎等症状；尸检和病理学变化有被毛异常，初级毛囊增大，初级毛纤维增数；脑积水，囊肿或空洞形成；骨骼异常；胎盘坏死等可初步作出诊断。

进一步检测病毒抗原必须借助免疫学方法，用直接或间接免疫荧光技术检测脑、淋巴组织冰冻切片及外周血液中的病毒抗原。由于瘟病毒具有共同抗原，可利用多克隆瘟病毒抗体来检测BDV抗原。也可用免疫酶技术来检测冰冻切片中的抗原。

血清学试验在病毒分离株的鉴定、疫情监测等方面，有一定诊断价值。包括中和、补反、琼扩、ELLSA等，但主要是中和、ELLSA。在免疫耐受情况下，必须进行病毒分离检测。病毒分离是目前确诊该病的主要方法。可以从病畜组织及分泌物中分离到病毒，进行细胞培养，再根据上述方法进行检测。

5. 防制

持续性感染羊是BDV重要的传染源，所以病毒检测以及防止BDV感染易感怀孕母羊而导致持续性感染羊产生，是防治本病的关键措施。血液检毒在该病检测中起着重要的作用。可在种羊配种前2个月接种疫苗，使其产生一定免疫力，来抵抗病毒感染。在没有BD病史的羊群中，应严防BDV的传入。在引进羊时，应进行隔离饲养观察，并进行检测，保证无持续性感染羊及带毒羊。对检出的病羊应隔离饲养，并尽快屠杀，以清除感染源。

目前，组织灭活疫苗、灭活油佐剂细胞传代苗已在国外广泛应用于该病防治，但由于 BDV 病毒株间的差异，效果不甚理想。在国内，有报道 2012 年初安徽某羊场发生腹泻的山羊病料中检测分离到边界病病毒，应亟须开发相应的病原学和血清学诊断方法，并对国内 BDV 流行分布情况进行调查，防止该病在国内流行而造成损失。

七、羊口疮

羊口疮，又叫羊接触传染性脓疱性皮炎，是一种遍布世界的病毒性疾病，主要感染小反刍兽，如山羊和绵羊，偶尔感染其他野生反刍动物如鹿、麝牛等，人也可被感染。近年来，不断有报道称发现有新的物种感染该病毒，这暗示着该病原体宿主范围存在扩大化趋势。由于羊口疮分布广泛、传染性强，对养羊业的危害日益凸显，再加之零星的跨物种传染的报道，使其成为仅次于牛痘病毒的研究最广泛的病毒。

1. 病原学

羊口疮病毒是双链 DNA 病毒，属于脊索动物痘病毒科副痘病毒属。该属的其他成员为牛丘疹性口炎病毒、假牛痘病毒（两者都感染牛）和新西兰红鹿副痘病毒（感染红鹿）。羊口疮病毒为该属的代表种，其主要感染山羊和绵羊。最近发现羊口疮病毒也可感染其他宿主如猫和家养驯鹿，这暗示着其宿主范围有扩大趋势。

2. 流行病学

羊口疮呈世界性流行，常发生于夏末、秋冬季节。羊口疮普遍存在于饲养绵羊和山羊的国家，但其对经济和社会的影响被低估。实际上，该病对农业生产造成相当大的经济损失，特别是在发展中国家，羊口疮被认为是 20 个感染山羊和绵羊的最重要的病毒性疾病之一。主要感染山羊和绵羊等小反刍兽。1950 年以来，我国新疆维吾尔自治区、甘肃、青海、内蒙古自治区、宁夏回族自治区、四川等十多个省区均有该病发生的报道。2008 年吉林省 180 只小尾寒羊羊群爆发羊口疮，发病率为 13.9%，死亡率为 1.1%；而 60 只羔羊的发病率则为 41.7%，死亡率达 3.3%，表明该病对羔羊危害更大。2009 年湖北一山羊群暴发羊口疮疫情，到第 8 天发病率已经接近 60%，死亡率达 24.7%。2011 年山西省报道，120 只 2 ~4 岁波尔山羊发病率和死亡率分别为 20% 和 1.6%。表明羊口疮在我国已呈现大面积蔓延趋势，如不采取有效的预防措施会给养殖业造成更大损失。

羊口疮往往通过直接接触传播。医源性感染如外科手术中的直接接触、喷淋及钉耳标等引发的感染也时有发生。另外，动物的免疫缺陷和持续感染，也会促使病毒在自然条件下能够持续存活。某些品种的绵羊和山羊更易感。羔羊和仔羊比成年羊更易感。还可以通过直接接触而感染人。对患病动物及其副产品处理不当或免疫时的意外可造成 ORFV 的感染。因此，牧民、屠宰厂工人和兽医人员等与羊接触较多的人，感染该病毒的概率更大，应提高自身的防范意识。

3. 临床表现与特征

羊口疮在临床上主要表现局部增生性病变，常在山羊和绵羊的口唇皮肤、口腔黏膜以及鼻孔周围出现菜花状增生，有时蔓延到舌头。母羊病变常出现在乳房和乳头上，病变部位血管丰富，当受到创伤常引起大出血。一般病变主要在表皮部位，但耳朵、眼睑、前额、蹄冠以及哺乳母羊的乳头等部位病变常深达真皮层。

病程一般为 4 ~12 周，抵抗力低的动物病程会延长，康复后在病变部位留下永久的疤痕。羊口疮病毒可感染人，其中，与动物密切接触的人员如养殖人员、屠宰工人和兽医具有较高风险，此外儿童也可因接触患病动物而感染。病变常发生在手指、手掌和指关节部位，有时在嘴唇出现丘疹，但极少在脸部和鼻子上，除了局部皮肤病变，还可能出现全身的症状如发热、持续4～5周的淋巴结肿大。目前，尚未发现羊口疮病毒在人和人之间传播，但不能完全排除这种可能（图1－12至图1－14）。

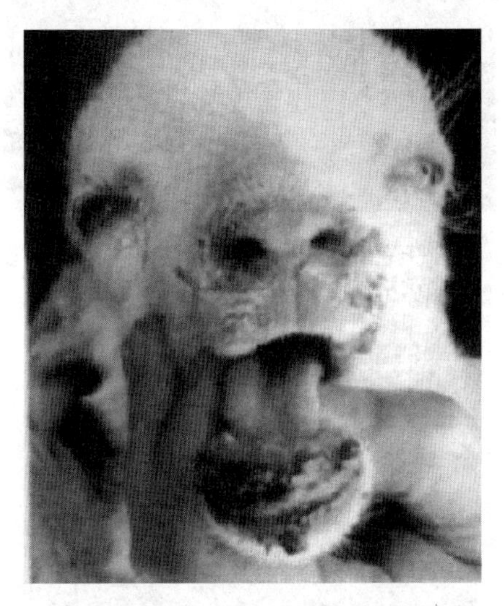

图1－12　口腔齿龈部形成棕黑色疣状应结痂

（图片引自丁伯良等文献《羊病诊断与防治图谱》）

4. 临床诊断

通过典型的临床症状就可以确诊动物的羊口疮，对于人感染羊口疮也是如此，尤其是与感染动物有接触史的病例。近年来随着羊口疮病毒宿主范围的不断扩大，其临床症状与其他水疱性疾病如羊口蹄疫、羊痘、蓝舌病以及葡萄球菌引起的皮肤炎和嗜皮病非常相似，常常由于出现误诊而影响对该病采取正确的预防和治疗等措施。对该病进行实验室诊断显得非常必要。一般的实验室诊断包括：免疫电镜观察、病理组织学观察、病毒分离培养、血清学方法如酶联免疫吸附试验、血清中和试验、感染组织切片

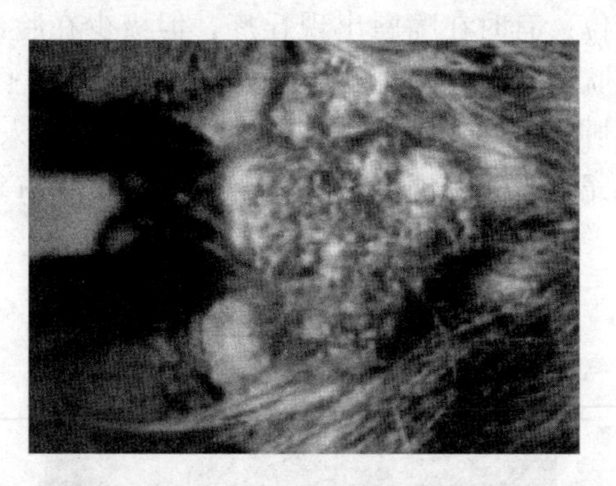

图1－13　在蹄冠部呈出现血性疣状物，俗称“草莓状腐蹄”

（图片引自丁伯良等文献《羊病诊断与防治图谱》）

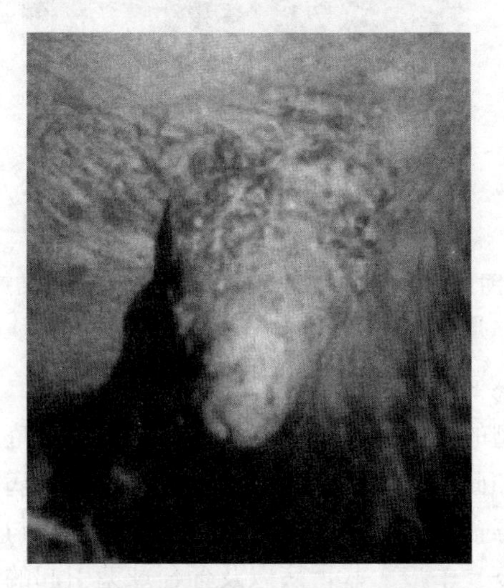

图1－14　因继发性葡萄球菌感染乳头糜烂、溃疡

（图片引自丁伯良等文献《羊病诊断与防治图谱》）

技术、PCR及限制性片段长度多态性分析等。

5. 防制

(1) 药物治疗。目前，国内尚没有发现治疗羊口疮的特效药物。临床上，多以消炎收敛为治疗原则，并应用抗生素控制继发感染。国外研究表明，几种抗病毒药物可以高效地治疗人和动物的羊口疮。如无环核苷磷酸酯，尤其是无环核苷类似物西多福韦和腺嘌呤的衍生物。同时研究还发现，包含西多福韦/硫酸铝的一种胶体也有抗病毒活性，这种胶体的喷雾形式可方便地用于养殖场内群体动物的治疗。

(2) 疫苗接种。免疫接种是该病唯一有效可行的防控方法。最早用含 ORFV 的痂皮乳化制成疫苗。此后，通过细胞传代培养病毒，制备了弱毒疫苗。尽管弱毒疫苗存在安全性的缺陷，但仍然在该病的免疫防控中发挥重要作用。

第二节　羊的细菌性传染病

一、绵羊快疫

本病是由腐败梭菌引起的主要发生于绵羊的一种急性、坏死性传染病，山羊也有感染。以突然发病，病程短促，真胃和十二指肠出血性炎性损伤，数分钟至数小时死亡为特征。在牧区一般5 月间流行。

1. 病原

腐败梭菌（*Clostridium septique*）。为革兰阳性的较大的杆菌，常独立存在，也可排列形成链状。本菌可产生多种毒素，在动物体内外均可形成芽孢，不形成荚膜。腐败梭菌的繁殖体可用一般消毒药物将其杀死，但芽孢的抵抗力较强，须用 3% 福尔马林，20% 漂白粉，3% ~5% 氢氧化钠，0.2% 升汞才有效果。

2. 流行特点

该病的传染主要通过消化道，也可经伤口传染。绵羊对该病易感，多发生于1岁以内营养良好的绵羊。在自然条件下，若绵羊放牧于被羊快疫病尸体污染过的牧场或吞食了被污染的饲料，芽孢便可进入其消化道，一般情况下并不发病，但当处于秋冬或初春季节时，受寒冷天气影响或某些肠道寄生虫的侵袭，绵羊机体抵抗力下降，可促进疾病的发生。病原在体内繁殖产生外毒素，可导致真胃、十二指肠等的黏膜发生炎症。毒素刺激中枢神经系统，引起患病绵羊的急性休克，使其迅速死亡。

3. 临床表现与特征

该病的潜伏期仅为数小时，而后突然发病，在10～15分钟内迅速死亡，有时可延长至2～12小时。有的来不及表现症状就突然死亡，故可在早晨发现患病羊死于圈舍内的情况。有的病羊死前表现出疝痛、腹胀，结膜发绀，磨牙，最后痉挛而死。病程长者表现为离群，卧地，行走困难，不愿走动，结膜苍白，体温可升高至41℃，排便困难，粪便恶臭且混有血丝和黏液，最后昏迷。几乎无病羊能耐过。

剖检可见真胃有出血性炎性变化，胃底部及幽门附近的黏膜常有略低于正常黏膜的出血斑块和坏死区，且黏膜下组织水肿。口腔、鼻腔、眼部黏膜发紫。皮下组织普遍存在浆液胶性浸润，浆膜出血。心包和胸腹腔偶有淡黄色浆液，心内外膜有出血点，心肌颜色变淡有出血点。肝脏、胆囊多肿胀。肾脏软化，肿胀（图1－15、图1－16）。

4. 临床诊断

根据流行病学、病理剖检和实验室微生物学进行诊断。不过实验室细菌学检查对于确定诊断具有极为重大的意义，通常有如下方法。

（1）抹片检查。腐败梭菌在肝脏被检出的概率较高，故用

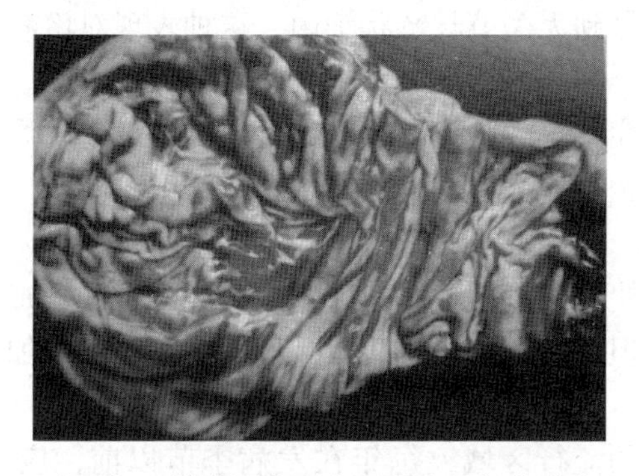

图 1-15　出血坏死性真胃炎，真胃和幽门部黏膜出血、潮红，被覆较多淡红色黏液

（图片引自：http：//ny. sicau. edu. cn/）

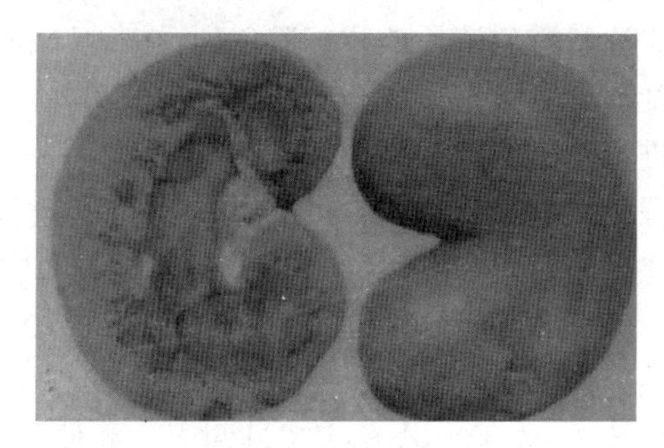

图 1-16　肾淤血

图片引自陈怀涛等文献《羊病诊断与防治原色图谱》

肝脏做触片染色镜检，本菌呈无关节的长链状。

（2）分离培养。将病料接种于普通琼脂营养培养基上，生长良好；接种于葡萄糖鲜血琼脂上厌气培养，呈薄纱状。

（3）实验动物感染。从因该病死亡的动物尸体中，取其血液或组织液肌肉注射与小鼠，常于 24 小时内引起死亡。由死亡实验动物采取内脏进行细菌的分离培养进行鉴定。另外在其肝脏触片中，可见到无关节长链状细菌，这种表现对诊断本病有重要意义。

本病的症状与气肿疽较为相像，但气肿疽的病灶较干，且含气体，因此，可作为鉴别诊断的依据。

5. 防治

由于羊快疫的病程极为短暂，磺胺类药物和青霉素即便对其均有疗效，但在实践中很难生效。所以，平时必须加强对该病的预防工作。

在本病的流行区域，每年在发病季节以前，应注射三联苗（羊快疫、羊猝击、羊肠毒血症）或五联苗（羊快疫、羊猝击、羊肠毒血症、羊黑疫、羔羊痢疾）。加强饲养管理，防寒保暖。在易发季节，适时补饲精料，增加营养，提高抵抗力。由舍饲转为放牧时，应注意避免清晨放牧，避免到污染地区和沼泽区域放牧。发现可疑病羊，立即采取相应的隔离措施，并对其接触过的物品、工具进行彻底消毒处理。

对于病程相对较长的病例，可选用以下药物进行治疗。①青霉素，肌肉注射，每次 80 万 ~ 160 万单位，每天 2 次。②10% ~ 20% 石灰乳，灌服，每次 50 ~ 100 毫升，每天 1 ~ 2 次。③复方磺胺嘧啶钠注射液，肌肉注射，每次按每千克体重 15 ~ 20 毫克，每天 2 次，持续 3 ~ 4 天。若发病超过两天，粪便变软或为稀粪时，治疗一般无效。

注意及时处理羊尸。应把尸体、粪便和被污染的一切物品进行深埋或焚烧。同时，消毒羊舍。将羊舍打扫干净后，用热烧碱水浇洒两遍，每遍相隔 1 小时。必要时及时转移放牧地。将所有未发病的羊群转移至干燥地区放牧。

二、绵羊肠毒血症

本病是由 D 型产气荚膜梭菌引起的一种急性非接触性传染

病。由于细菌在肠道内产生的毒素能够引起机体中毒，故可迅速致死。死后肾脏发生软化，故又称为软肾病。临床上与羊快疫相似，也称为类快疫。

1. 病原

D型产气荚膜梭菌（*Clostridium perfringen* type D），又称D型魏氏梭菌或绵羊中毒杆菌。为革兰阳性大肠杆菌，有鞭毛，能运动。在羊体内可形成荚膜。产生多种毒素，可导致全身性毒血症。以毒素特性可将其分为A、B、C、D、E 5个毒素型，羊肠毒血症由D型魏氏梭菌引起。一般消毒药可杀死其繁殖体，但其芽孢抵抗力强，95℃需2小时方可杀死。

2. 流行特点

该病主要发生于绵羊，尤其2～12月龄易发病。本菌常见于土壤中，由口腔进入羊的消化系统。在农区，多发生在粮食收获之后，羊食用大量谷类时发病；在牧区，多发生在青草萌发和牧草结籽时。主要由于这时瘤胃内正常微生物群不能适应，食入过量食物导致前胃迟缓，饲料发酵产酸，使瘤胃内pH值变为4.0左右，此条件下，D型菌加速繁殖，产生大量毒素，导致发病。本病多呈散发性流行。

3. 临床表现与特征

分为最急型和急性型两种。

最急型：该型最为常见。大多数病羊患病后立即死亡，个别表现出共济失调，呼吸困难，有疝痛，有时流涎，痉挛，随后头颈显著抽搐，往往死于发病后的2～4小时。

急性型：早期表现为步态不稳，继而卧倒，昏迷。有的病羊食欲减退，出现腹泻症状，排出黄褐色水样粪便，混有血液或脱落的肠黏膜，通常在发病后3～4小时死亡。

以上两种类型主要是由羊吸收毒素的多少决定的。

剖检死羊尸体可见小肠黏膜充血或出血，严重病例整个肠壁呈血红色或有溃烂。全身淋巴结肿大、充血。肝脏肿大、充血，切面外翻，胆囊充满胆汁，体积较正常大1~3倍，质地松软。肾脏充血，随时间延长，在未剖开的尸体内，肾脏发生进行性变软。心内膜或心外膜出血，尤其以心内膜更为多见。膀胱黏膜有密集的针尖状出血点。腹腔有多量血红色液体，暴露于空气中后凝成黄色胶样纤维蛋白块（图1-17至图1-19）。

图1-17　肠出血、淤血，肠内有出血性内容物

（图片引自：http：//www. ygsite. cn/）

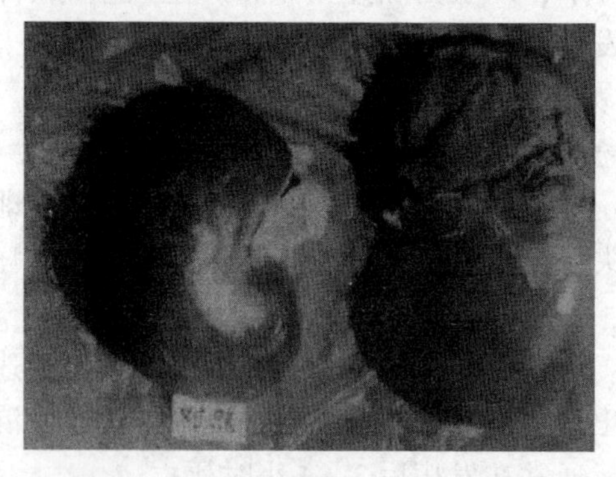

图1-18　右肾软化，肾实质呈稠糊状与被膜粘连，左为正常对照

（图片引自：http：//www. ygsite. cn/）

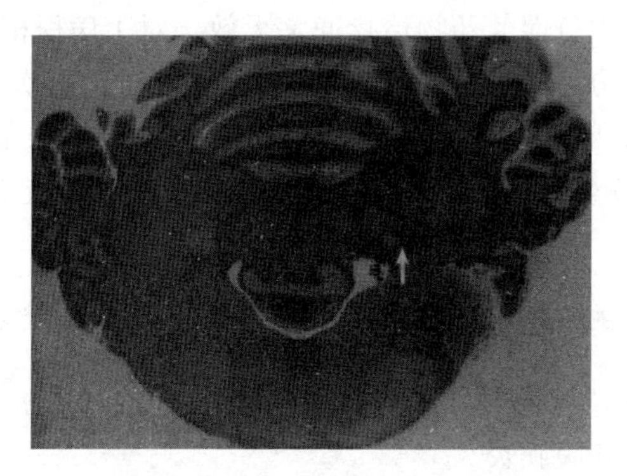

图 1－19　对称性脑软化，脑组织对称性灰黄色软化灶

（图片引自：http：//www. ygsite. cn/）

4. 临床诊断

根据流行病学、病理剖检和实验室微生物学进行诊断。根据绵羊发病的临床特征及剖检所见的病理变化可做初步诊断。但根本方法是进行细菌学检查。应取小肠内容物、实质器官及腹腔渗出液送往实验室进行细菌学检查。将采回的样品加入 1～3 倍生理盐水稀释，过滤，可用标准魏氏梭菌抗毒素与肠内容物滤液进行中和试验从而确定菌型。

在诊断中应注意与炭疽病、焦虫病等相区别。

5. 防治

经常发病的地区，在由舍饲转为放牧之前，用三联苗（羊快疫、羊猝击、羊肠毒血症）或五联苗（羊快疫、羊猝击、羊肠毒血症、羔羊痢疾、羊黑疫）进行免疫接种，共两次，间隔为 16～20 天。

加强饲养管理。注意增强羊的胃肠蠕动，放牧时避免羊食入过量嫩草，注意青料、精料、粗料的搭配。且应保证每天有一定的运动量。在春夏之际减少抢青抢茬，秋季避免吃过量结籽饲草和多汁蔬菜。

由于病程急促，药物治疗通常无效，对于病程相对较缓的病例可用如下方法治疗。①青霉素，肌肉注射，每次 80 万 ~ 160 万单位，每天 2 次。②0.5% 高锰酸钾，灌服，大羊 200 毫升，小羊 50 ~ 80 毫升，1 次内服。此外，应结合强心、补液、镇静等对症治疗。

三、绵羊猝击

一种由 C 型产气荚膜梭菌的毒素引起的毒血症，其特征为溃疡性肠炎和腹膜炎。

1. 病原

C 型产气荚膜梭菌（*Clostridium perfringen* type C）也称 C 型魏氏梭菌。为革兰阳性杆菌，两端钝圆。芽孢大而圆，位于菌体中央或近端，多数菌株能形成荚膜。本菌广泛存在于自然界，通常存在于土壤、饲料、饮水和粪便中。其繁殖体抵抗能力不强，但形成芽孢后，对热、干燥和消毒药的抵抗力显著增强。常与羊快疫混合感染。

2. 流行特点

多发于 1 ~ 2 岁的绵羊，主要通过消化道感染。病原通过病羊的粪便污染其周围的环境，羔羊接触到病原后，本菌芽孢便可进入其消化道内，细菌的芽孢在羊小肠中发芽繁殖并产生大量毒素，通过肠壁吸收作用而引起毒血症，使羊迅速发病、死亡。本病多见于低洼、沼泽地区，呈地方流行性。本病多发于冬春季节，常呈地方流行性。

3. 临床表现与特征

病羊死亡突然，一般不表现症状。病程稍缓的病羊表现出共济失调、腹痛腹泻等症状，体温正常或升高。最后极度衰竭，出现昏迷、抽搐，最终死亡。少有耐过者。死亡是由于毒素侵害与生命有关的神经元发生休克所致。

剖检可见病变主要发生在消化系统和循环系统。十二指肠、空肠充血，严重糜烂，部分区域有大小不等的溃疡。由于细菌毒素对血管壁通透性的影响，导致胸腔、腹腔和心包大量积液，积液可形成纤维素凝块。浆膜上有点状出血。病羊刚死骨骼肌表现正常，但一段时间后，细菌可在骨骼肌内繁殖，使肌肉出血并有气性裂孔（图1－20、图1－21）。

图1－20 肠壁潮红，血管明显，肠内容物稀薄、色红

（图片引自：http：//ny. sicau. edu. cn/）

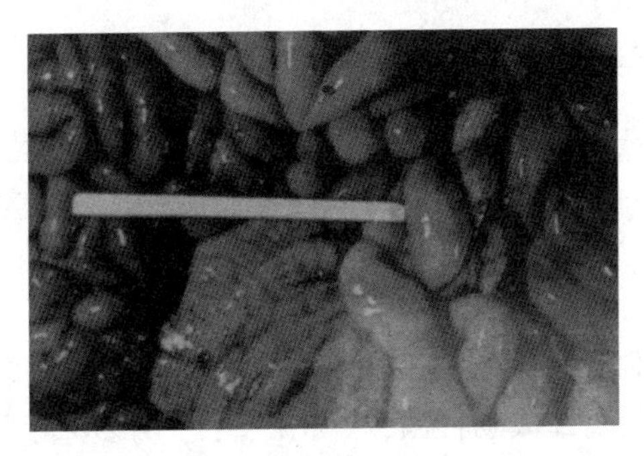

图1－21 出血性肠炎、空肠糜烂有溃疡

（图片引自陈怀涛等文献《羊病诊断与防治原色图谱》）

4. 临床诊断

可根据临床症状和剖检见有糜烂性和溃疡性肠炎、腹膜炎、体腔和心包积液初步诊断。但还需进行实验室检查才可确诊。病料可为体腔渗出液、脾脏，也可用小肠内容物的离心上清液静脉接种小鼠，检测有无毒素。

5. 防治

疫区每年定期使用三联苗（羊快疫、羊猝击、羊肠毒血症）或厌氧菌七联干粉苗（上述3种加羔羊痢疾、羊黑疫、肉毒中毒、破伤风）进行免疫接种。加强饲养管理，防止受寒，避免羊只食入冰冻饲料。定期对圈舍进行消毒处理，保持圈舍的干燥卫生。疫情严重时，转移放牧地。

病程较长的病羊，可用下列药物进行治疗。①青霉素，肌肉注射，每次80万~160万单位，每天2次。②磺胺嘧啶，灌服，5~6克/千克体重，3~4次。③10%~20%石灰乳，灌服，每次50~100毫升，1~2次。④磺胺脒，灌服，8~12克/千克体重，第1天1次，第2天分2次。⑤复方磺胺嘧啶钠注射液，肌肉注射，15~20毫克/千克体重，每天2次。

四、绵羊黑疫

又称传染性坏死性肝炎，是由B型诺维氏梭菌引起的，绵羊和山羊的一种急性、高度致死性毒血症。其特征为肝实质的坏死病灶。

1. 病原

B型诺维氏梭菌（*Clostridium novyi* type B），属梭状芽孢杆菌属。为革兰阳性大肠杆菌，严格厌氧，不能形成荚膜，但形成芽孢，具有鞭毛能运动。多数单在或两两相处，少数为三四个菌体连成短链。可分为A、B、C型，A型菌可产生4种外毒素，B型菌可产生5种外毒素，C型菌不产生外毒素，无致病性。

2. 流行特点

该菌体广泛存在于自然界中，如土壤、饮水等，当羊采食被污染的饲料后该菌的芽孢即可通过胃壁进入肝脏。本病可使1岁以上的绵羊感染，多发于2~4岁，营养状况良好的羊，特别是有肝片吸虫寄生的羊易诱发本病。由于肝片吸虫在肝脏内迁徙时，破坏肝组织，使隐伏的芽孢或随肝片吸虫侵入的细菌得以在坏死区域迅速繁殖，从而造成致命的毒血症，进而损害神经系统和其他器官的组织细胞，导致急性休克而死。故一般在肝片吸虫流行的季节和地域本病较多。

3. 临床表现与特征

其临床症状多与羊快疫、羊肠毒血症相似，多突然死亡。少数病例可拖延至1~2天，病程较长者一般表现为精神萎靡不振，喜卧，体温升高至41.5℃左右，呼吸困难，无痛苦突然死亡。

剖检可见静脉淤血明显，皮肤呈暗黑色，故称为“黑疫”。肝脏充血肿胀，有直径为2~3厘米、界限清晰的黄色或绿色不整圆形坏死灶，且病灶周围出现一充血带，切面呈半月形，肝被膜的实质常有肝片吸虫幼虫移行造成的出血区，这一特征具有诊断意义。真胃幽门部和小肠充血、出血明显。胸腔、腹腔和心包腔有积液，心内膜有出血点。其他内脏也呈现毒血症损伤（图1-22）。

4. 临床诊断

在肝片吸虫流行的地区发现急死或在昏睡状态下死亡的病羊，剖检见特殊的肝脏坏死变化，有助于诊断。但还需进行实验室检查，采集肝脏坏死灶边缘的组织触片，染色镜检，可见粗大、两端钝圆的诺维梭菌，即可确诊。

5. 防治

在肝片吸虫流行的地区，要注意控制疫区肝片吸虫的感染。对羊群每年至少安排在由放牧改为舍饲时和由舍饲改为放牧之时

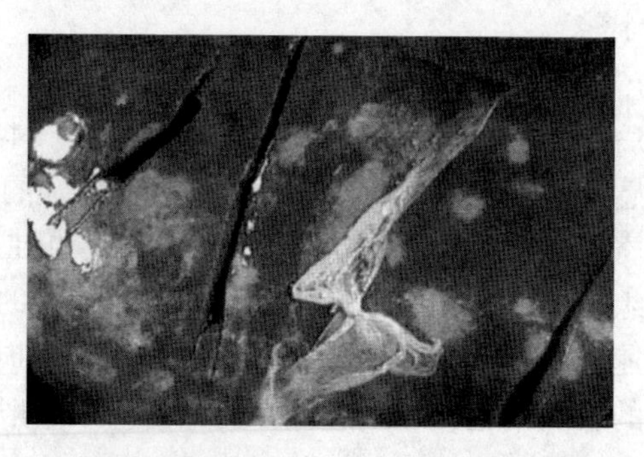

图1-22　肝表面和实质可见大小不等的灰黄色坏死灶，界限明显

（图片引自：http：//www. ygsite. cn/）

进行驱虫。定期注射疫苗。可使用羊黑疫、羊快疫二联苗或厌氧菌七联干粉苗进行预防接种。发病时应迅速将健康羊群移至干燥地区。

对于发病的羊可用以下药物进行治疗。①青霉素，肌肉注射，每次80万~160万单位，每天2次。②抗诺维氏梭菌血清，肌肉或皮下或静脉注射，每次50~80毫升，1~2次。

五、黑腿病

黑腿病又称气肿疽、鸣疽。是由气肿疽梭菌引起的一种非接触性急性传染病。该病主要呈散发或地方性流行。由于采用气肿疽菌苗预防接种，现在已经基本控制，目前，仅有个别地区偶有少数病例发生。

1. *病原*

气肿疽梭菌（*Clostridium chauvoei*），为革兰阳性大肠杆菌，两端钝圆，有周身鞭毛，可运动。在体内外均可形成中立或近端芽孢，呈纺锤状。为专性厌氧菌。气肿疽梭菌有鞭毛抗原、菌体抗原及芽孢抗原，与腐败梭菌有共同的芽孢抗原。本菌的繁殖体对理化因素的抵抗力不强，而芽孢的抵抗力极大，液体中的芽孢可耐受20分钟煮沸，0.2%升汞10分钟、3%福尔马林15分钟可杀死芽孢。本菌存在于病畜全身，特别是肌肉、皮下组织、肝、脾、胆汁内所含最多，病畜死亡后，立即生成大量芽孢。

2. 流行特点

该病的传染源为病羊和病死羊，但并不直接传播，主要传递因素是土壤。芽孢长期生存在土壤中，进而污染饲草或饮水。传染途径主要是经消化道或伤口。如果羊吃喝了含有芽孢的饲草、饮水，则胃肠道可受到感染。如果皮肤或黏膜有损伤，芽孢便随土壤侵入伤口，但此菌是严格的厌氧菌，只有损伤深在皮肤或黏膜以下，细菌便能发育而引起疾病的发生。所以，如果草场或放牧地被气肿疽梭菌污染以后，此病会年复一年地在易感动物中重复出现。

本病常呈散发性或地方流行性，有一定的地区性和季节性。多发生在潮湿的山谷牧场及低湿的沼泽地带。夏季昆虫活动猖獗时，易发该病，舍饲羊发病较少。

3. 临床表现与特征

该病的潜伏期一般为1～3天，间或可以达到5天。发病后表现为步态僵硬，体温高达40～41℃，食欲减退，反刍停止，流涎。在肌肉丰满处发生气性、坏疽性炎症肿胀，肿胀部位热而疼痛，触之有捻发音，叩诊有鼓音，而后变冷且无知觉。皮肤干燥紧张，呈黑紫色，有时有血色浆液渗出和表皮脱落。常在发病的1～3天死亡。

剖检时，切开病变部位，可见皮下组织有红色或黄色胶性渗出物，混杂有出血点和气泡。其下方肌肉变成暗红色或黑色，从内可挤出污红色酸臭液体，内含多量气泡。其他部位的肌肉干燥，如海绵状，有多量气泡，有特殊甜臭味（图1－23）。

4. 临床诊断

根据流行病学、临床诊断症状和病理变化可作出初步诊断。

图 1－23　病变部肌肉呈黑褐色、干燥、坏死，纤维间有气泡，呈海绵状

（图片引自：http：//www. pxny. cn/）

但确诊需要依靠实验室诊断。取肿胀部位的组织水肿液、心血或各内脏器官的病料接种厌氧培养基中即可分离气肿疽梭菌。

气肿疽易与恶性水肿混淆，应注意鉴别。

5. *防治*

对近 3 年发生过气肿疽的地区，每年春天要接种气肿疽疫苗。每只羊皮下注射 1 毫升，羔羊长到 6 个月时再加强免疫 1 次，免疫期为 6 个月。

一旦发生气肿疽，要对整个羊群逐只检查。对病羊和可疑羊只就地隔离治疗，其他羊只立即接种疫苗。羊舍、用具等用 5%～10% 氢氧化钠溶液、0. 2% 升汞液或 20% 漂白粉溶液进行严格消毒。对病羊尸体应严加管理，连同被污染的粪尿，垫草等一起烧毁或深埋，防止形成气肿疽疫源地。

发病初期，可用大剂量的抗生素或磺胺类药物进行治疗。青霉素，肌肉注射，每次 100 万～200 万单位，每天 3 次。若结合抗气肿疽血清，疗效会更好。同时，还需采用强心，补液及其他对症疗法。局部治疗，可用 1%～2% 高锰酸钾溶液、3% 或氧化

氢或3%石炭酸溶液，在肿胀部位周围分点皮下或肌肉注射。还可用中药治疗，百部15克、石苇6克、独活6克、龙胆草12克、花粉12克、黄柏8克、八里麻12克、血藤12克、银花9克、连翘9克，煎服或研末用温水调灌。

六、羊溶血性链球菌病

本病可发生于多种不同年龄的绵羊和山羊，发病率一般为15%～24%，死亡率60%～80%，冬春季节最易发。本病是由链球菌引起的一种急性、热性、败血性传染病。其特征为颌下淋巴结和咽喉肿胀，全身出血性败血症，各脏器广泛性出血，浆液性或纤维素性肺炎。

1. 病原

C型败血性链球菌（*Streptococcus ovisepticus*），为革兰阳性球菌，有荚膜。用胸水或肝脾脏病料抹片，可见荚膜多呈双球菌排列，有时能看到4～6个的短链状。在腹水及营养丰富的液体培养基中生长，培养物轻度混浊，继而于管底形成沉淀，而上方液体清亮，染色观察细菌呈长链状排列。在血液琼脂平板上形成β型溶血环。

链球菌对外界抵抗力较强，在-20℃的条件下能存活160天以上，在室温存活100天以上，60℃30分钟或70℃10分钟死亡，煮沸立即致死。对各种消毒药物抵抗力差。对青霉素和磺胺类药物敏感。链球菌存在于病羊的各个组织脏器及各种分泌物和排泄物中，而以鼻液、鼻腔、气管和肺中最多。

2. 流行特点

该病的主要传染源是病羊和带菌羊。绵羊除口服不易感染外，其他多种方法皆可感染致病，可通过呼吸道、皮肤损伤处或蚊虫、羊虱叮咬引起感染。患链球菌病的动物，多呈败血症经过，病原菌遍布全身，主要通过呼吸道排菌，死后可通过骨、毛、皮、肉等传播病原。

该病多在冬、春季流行，主要由于此时羊只的机体抵抗力下降。特别在大风降温和雨雪天气时，发病率和死亡率显著增加。在新疫区，本病危害严重，常呈流行性，而在常发地区则多为散发性。

3. 临床表现与特征

本病的自然潜伏期达 2～6 天，少数达 10 天。临床表现分为最急性型、急性型、亚急性型和慢性型。

最急性型：病羊实发症状不明显，常于 24 小时内死亡。

急性型：该类型病程一般为 2～3 天。病初体温升至 41℃以上，精神不振，食欲减退，停止反刍。间有咳嗽，鼻腔流出浆液，脓性带血鼻液。眼结膜充血，流泪，流出浆液性或脓性分泌物。咽喉肿胀，咽背和颌下淋巴结肿胀，呼吸困难。粪便松软，混有黏液或血液。怀孕母羊阴门红肿，多发生流产，多窒息死亡。

亚急性型：该类型病程一般为 1～2 周。表现为体温升高，食欲减退，不愿走动，共济失调。粪便稀软，混有黏液或血液。

慢性型：病程为 1 个月左右。轻度发热，消瘦，食欲缺乏，步态僵硬。有的出现关节炎，有的唇部、眼睑肿胀。死前出现磨牙抽搐等症状。死亡率达 80%。

剖检最突出的症状是全身的败血症，尸僵不明显，全身各脏器广泛性出血，以大网膜、肠系膜尤为明显。皮下结缔组织充血，胸腔有黄色胶样渗出物。心脏冠状沟及内外膜有出血点，心肌浑浊，脾脏肿大，胆囊内充满绿色胆汁。肺脏气肿。肾脏肿大，质地脆弱。真胃出血，瓣胃内容物干如石灰。十二指肠及一部分小肠黏膜脱落，呈深红色弥漫性出血。肠系膜淋巴结肿大、出血。在发生羊链球菌病时，往往会继发感染腐败梭菌、产气荚膜杆菌或大肠杆菌等，更加速了病羊的死亡（图 1－24）。

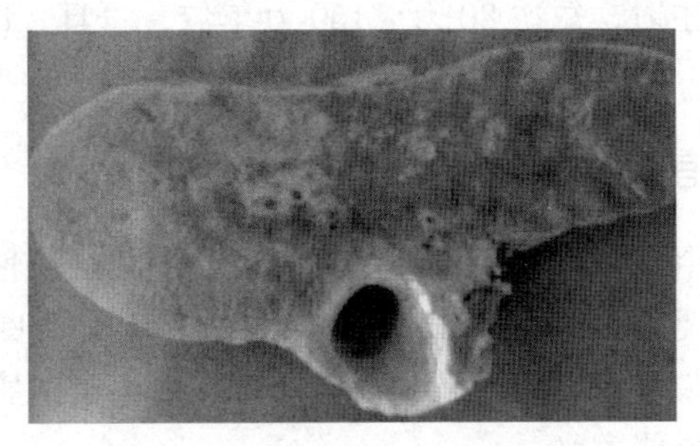

图 1－24 肺气肿、出血、水肿

（图片引自陈怀涛等文献《羊病诊断与防治原色图谱》）

4. 临床诊断

除根据临床症状、流行特点及剖检病变以外，还需进行实验室诊断。可取病料在血液培养基中进行培养观察，看其是否出现 β 型溶血环，从而确诊本病。若与羊的巴氏分枝杆菌病进行区别还需进行细菌性检查加以区分。

5. 防治

首先做好饲养管理，增强羊的抵抗力，加强保膘工作。

在曾经发生过该病的地区进行预防接种。抗羊链球菌血清、羊链球菌甲醛疫苗和羊链球菌氢氧化铝甲醛疫苗，对本病的防治效果很好。

当发生疫病时，应认真进行封锁、隔离、彻底消毒圈棚，同时，焚烧污物。消毒药可用 3% 煤酚皂溶液，1% 复合酚，1% 福尔马林或 0.1% 升汞。在最后一只病羊痊愈或死亡后 1 个月，经过彻底消毒才可解除封锁。

发病早期可用磺胺类药物或青霉素治疗。①10% 磺胺噻唑钠，肌肉注射，每次 10 毫升，每日 1～2 次，连用 3 天。也可内服磺胺嘧啶，每次 5～6 克（小羊减半），每日 1～3 次；或内服复方新诺明 25～30 毫克/千克体重，每日 2 次，连用 3 天。②青霉素，肌肉注射，每次80万~160万单位，每日2次，连用2~3天。

七、炭疽

炭疽是由炭疽杆菌引起的一种人畜共患的、急性、败血性传染病。其主要特征有脾脏显著肿大，血液凝固不良，成煤焦油状，可视黏膜发绀，天然孔出血等。本病对人类危害极大，在公共卫生上有重要意义。

1. 病原

炭疽杆菌（*Bacillus anthracis*），为革兰阳性大肠杆菌，常多个连在一起呈竹节状。为兼性厌氧菌。在动物体内形成荚膜，但当暴露于有充足氧气和适宜温度的情况下，能在菌体中央形成芽孢。本菌的繁殖体对外界理化因素的抵抗力不强，但其芽孢则有很强的抵抗力，150℃干热60分钟方可杀死，高压蒸汽下（103.4千帕）需20分钟才能被全部杀死。实践中常用20%漂白粉、0.5%过氧乙酸和10%氢氧化钠进行消毒。

2. 流行特点

各种家畜、野生动物都有不同程度的易感性。其中，草食兽最易感。本病的主要传染源是病羊。当病羊患有菌血症时，其分泌物、排泄物和天然孔流出的血液均含有大量病菌。如果因该病死亡的尸体没有得到及时正确地处理，会导致细菌污染环境、土壤、水源和牧场，易形成芽孢，一旦形成芽孢，此处则为长久疫源地。

该病的传播主要经消化道，常因采食污染的饲料、饲草和饮水而感染。也可经皮肤或呼吸道感染，或经吸血昆虫叮咬而感染。羊群一旦接触被炭疽杆菌污染的环境，很容易被感染。本病多为散发性或地方流行性。多雨、洪水涝积、吸血昆虫大多可促使本病的暴发。

3. 临床表现与特征

本病潜伏期1~5天，有的可长达14天。按羊的表现可分为最急性型、急性型、亚急性型。

最急性型：病羊患病后，在数分钟至数小时内死亡。死前常表现为全身战栗、昏迷、呼吸困难、天然孔出血。

急性型：一般在患病后1~2天死亡。表现为体温升高，一般可达40.5~42.5℃，呈稽留热型。初期病羊表现为兴奋不安，后期虚弱，食欲减退，尿液呈暗红色，有时均有血液。母羊泌乳减少病并混有血，孕羊流产。

亚急性型：症状与急性相似，但表现较为缓和，多见于马，2~3天死亡。

炭疽杆菌感染均呈现败血症病变，病羊死后尸体迅速腐败膨胀，天然孔出血或有煤焦油状血液流出，可视黏膜发绀，有出血点。

怀疑为炭疽杆菌感染的病羊禁止剖检，以免病原危害到人类和健康的动物。如有必要，需有兽医监督，并做好彻底消毒的工作。剖检可见脾脏、肝脏明显肿大，质脆，肝脏切面有大小不等的棕色坏死灶，因组织产气形成海绵状。肾脏呈出血性坏死。全身淋巴结高度肿大，切面多汁，呈砖红色。胸腔、腹腔有大量积液，心包积液，心内、外膜有出血斑，肺充血水肿（图1－25至图1－27）。

4. 临床诊断

本病病变明显，容易辨认，所以，结合临床诊断不难做出判断。但如果进一步确诊，则需进行实验室诊断。

（1）分离培养。新鲜病料可用普通琼脂平板或血琼脂平板直接分离培养，见有圆形、整齐、表面光滑的菌落，可进行涂片、染色、镜检。

（2）动物试验。炭疽杆菌可使小白鼠、豚鼠和家兔等实验

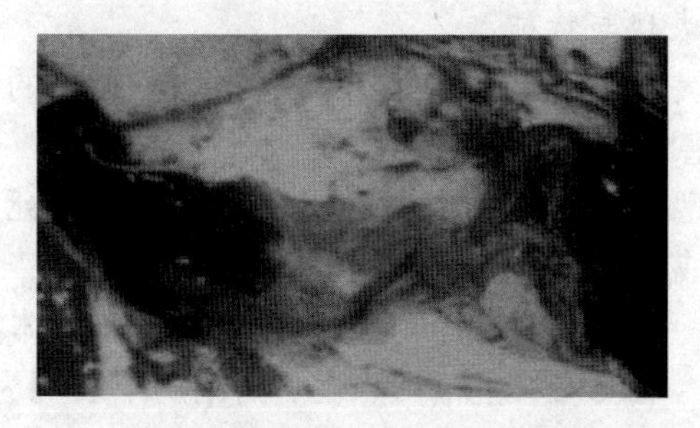

图 1－25　皮下结缔组织呈出血性胶冻样水肿

（图片引自：http：//ny. sicau. edu. cn/）

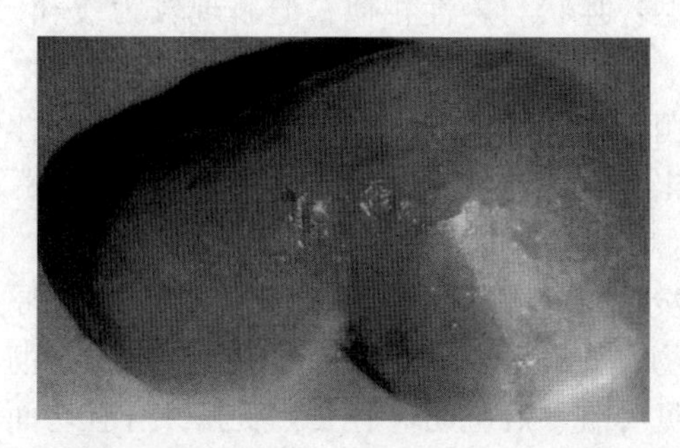

图 1－26　肾脏肿大、淤血，有出血点，表面有白色坏死灶

（图片引自陈怀涛等文献《羊病诊断与防治原色图谱》）

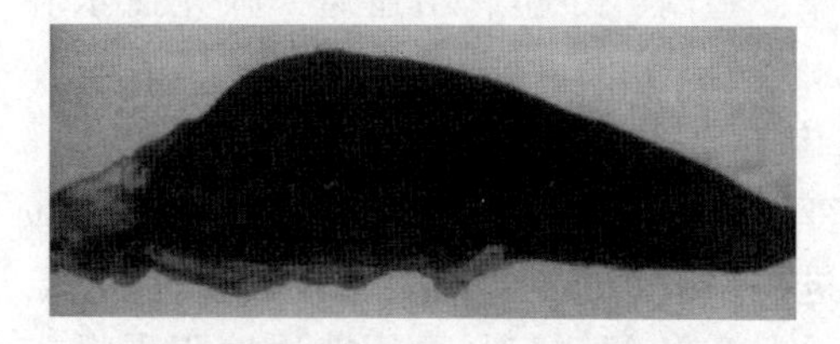

图 1－27　败血脾，肿大，柔软，切面呈黑色，结构不清

（图片引自：http：//www. ygsite. cn/）

动物致死。取剖检羊的肝、脾、淋巴结 2～3 克，剪成小块，加

少量灭菌生理盐水研磨，再加灭菌生理盐水稀释5～10倍，过滤，取上清液，接种于3只小白鼠腹腔内，每只0.2毫升。接种小白鼠于18～20小时死亡，取腹腔渗出液涂片，染色，镜检，见有与病死羊病料中完全相同的杆菌。

（3）沉淀反应。取肝脏、淋巴结1～5克，研磨，加5～10倍的生理盐水，在试管内煮沸30～40分钟，过滤，取其滤液作为被检抗原。用毛细吸管取少量被检抗原，缓慢沿管壁加入已盛有少量炭疽沉淀血清的试管内，使血清和抗原分成两层，静置，若一段时间后两液面间出现白色沉淀环，反应呈阳性，即可诊断为炭疽。无白色沉淀环出现者为阴性。

5. 防治

一旦发现炭疽病，应立即向上级报告疫情，严格封锁、隔离、消毒、防治传播，对污染的羊舍、地面及用具要立即使用20%漂白粉、0.5%过氧乙酸或10%氢氧化钠进行消毒，每隔1小时1次，连续3次。病死羊及粪尿、垫草必须焚烧或深埋，病羊不得剥皮食用。

疫区以及受威胁地区的羊，每年定期用无毒炭疽芽孢苗对绵羊颈部或后肢皮下注射，0.5毫升/只，免疫期为1年。或使用Ⅱ号炭疽芽孢苗对绵羊、山羊均皮下注射1毫升/只，免疫期为1年。

对已确诊的患病动物，一般不予治疗，而应严格销毁。对特殊动物必须治疗时，应及时采取治疗措施，治疗应该有严格的隔离和防护条件。抗炭疽高免血清是治疗本病的特效药物。早期使用可获得很好的效果。治疗剂量：50～120毫升/只（羊、猪），100/250毫升/只（牛、马）。

青霉素、链霉素及某些磺胺类药物均有良好的治疗效果。如果采用几种抗菌药物或抗炭疽血清联合使用，效果更为显著。

八、绵羊出血性败血症

本病是由绵羊多杀性巴氏杆菌引起的急性、全身性传染病。易发生于羔羊、幼羊。临床主要以急性经过、败血症和炎症出血为特征。

1. 病原

多杀性巴氏杆菌（*Pasteurella multocida*），为革兰阴性球杆菌，无鞭毛，不可运动。用美兰或复红染色，菌体两端浓染。为需氧菌或兼性厌氧菌，在普通培养基上可生长，但生长不良，如添加少许血液或血清则生长良好。在普通琼脂培养基上形成细小、透明的露滴状菌落，在血琼脂培养基上长出湿润而黏稠的灰白色菌落，不产生溶血环。

本菌对外界抵抗力较弱，60℃ 20 分钟或 70℃ 5～10 分钟即可死亡，干燥条件下 2～3 天死亡，阳光直射数分钟死亡。一般消毒药，如 0.5%～1% 氢氧化钠、5% 石炭酸、5% 甲醛等都能在数分钟内将其杀死。

2. 流行特点

病羊和带菌羊均是本病的传染源。绵羊易感性较高，多发于幼龄羊和羔羊，常呈败血症经过，成年羊发病多呈慢性经过。山羊不易感。病原随病羊和带菌羊的分泌物或排泄物排出体外，经消化道、呼吸道和受损伤的皮肤感染健羊。带菌羊可由于饲养管理不当，导致其机体抵抗力下降，可诱发本病。本病无明显季节性，呈地方流行性。

3. 临床表现与特征

根据病程可分为最急性型、急性型和慢性型 3 种。

最急性型：多发于哺乳羔羊，发病突然，表现为呼吸困难、虚弱等症状，在数分钟至数小时内死亡。

急性型：病羊表现为精神沉郁，食欲减退，体温升高，可高达41～42℃，呼吸急促、咳嗽，鼻孔流出带血黏液，或鼻孔出血。双眼结膜潮红，并有黏性分泌物。病初出现便秘，后期转为腹泻，有时粪便为血水，消瘦、虚脱而死。病程为2～5天。

慢性型：一般见于成年羊，主要表现为食欲缺乏，体重下降，咳嗽气喘，呼吸困难。出现腹泻、消瘦。濒死期极度衰弱，四肢厥冷，体温下降。病程可达3周以上。

剖检可见急性病死的羊皮下有液体浸润和点状出血。胸腔内有淡黄色渗出物，气管支气管出血，淤血。脾脏、肝脏无明显肿大，胃肠道黏膜、浆膜出血。病程较长者，常可见纤维素性胸膜肺炎、心包炎，同时有肝坏死（图1－28、图1－29）。

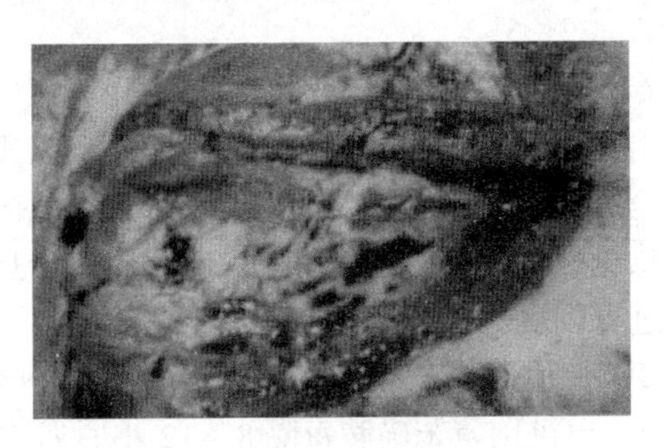

图1－28　皮下血管充血、出血

（图片引自：http：//ny. sicau. edu. cn/）

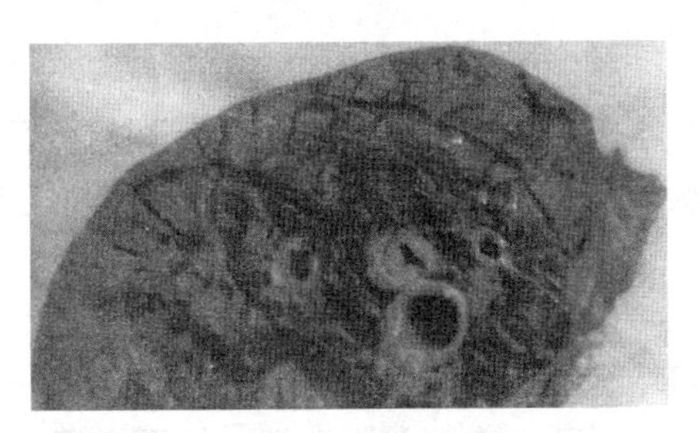

图1－29　肺脏充血、出血，间质水肿

（图片引自陈怀涛等文献《羊病诊断与防治原色图谱》）

4. 临床诊断

本病的确诊，除了根据临床症状及剖检病变之外，还需进行实验室诊断。败血症病例可从心、肝、脾或体腔渗出物等部位取材，其他病型主要从病理变化部位、渗出物、浓汁等部位取材，如涂片镜检见到两端染色的卵圆形杆菌，接种培养物分离并鉴定该菌则可确诊本病。必要时可用小鼠进行实验感染，通常将少量病料悬液（0.2 毫升）皮下或肌肉接种小白鼠，小鼠一般在24～36 小时死亡，小鼠血液涂片中可见到纯的多杀性巴氏杆菌。

随着近年来分子生物学方法在传染病诊断方面的广泛应用，也可用聚合酶链式反应（PCR）来鉴定多杀性巴氏杆菌。

5. 防治

加强饲养管理，注意增强羊机体的抵抗力，做好环境卫生工作。羊舍、用具等物品定期进行常规消毒。羊群应避免受寒、过度拥挤。长途运输时，防止过度劳累。本病常发地区，可注射高免血清做紧急免疫接种。已发病的羊应及时隔离治疗，羊舍、饲料和用具应进行彻底消毒。

对于初期病例可用抗巴氏杆菌血清，肌肉注射或皮下注射，50～100 毫升。也可用氨苯磺胺每隔 8～12 小时肌肉注射或静脉注射 3.5～5 毫升，连续注射 3～4 天。

九、旋转病

本病又名李氏分枝杆菌病，是由李氏分枝杆菌引起的人畜共患的散发性疾病。患病动物以脑膜炎、败血症和妊娠动物流产为特征。该病发病率低，但死亡率很高。

1. 病原

单核细胞增多性李氏杆菌（*Listeria monocytogenes*），或称产单核白细胞李氏杆菌。为革兰阳性细小杆菌。在抹片中呈单在、“V”形排列或短链状。本菌对热有一定抵抗力，100℃ 15 分钟或70℃ 30分钟才可杀死，故经巴氏消毒的羊乳仍有病原存活。本菌对酸和碱的耐受性也较大，在pH值5.0～9.6和10%盐溶液中仍能生长。但一般消毒药物均可将其灭活。其对青霉素有抵抗力。

2. 流行特点

病羊及带菌者为最危险的传染来源。病菌通过粪、尿、乳汁以及眼、鼻、生殖道分泌物排出体外，污染饲料和饮水，经消化道而感染。消化道、呼吸道、眼结膜及损伤的皮肤均为本病的传播途径。维生素A与维生素B的缺乏，是绵羊和山羊患本病的极其重要的诱因。也可能是通过蜱、蚤、蝇类传播。此病多为散发，发病率低，但死亡率很高。

3. 临床表现与特征

自然感染的潜伏期常为2～3周，发病初期体温轻微升高，不久下降至正常。表现脑炎症状，如精神沉郁、低头耷耳、步态蹒跚，或来回兜圈子。有时头颈偏于一侧，走动时向一侧转圈，遇到障碍物不躲避。舌麻痹，采食、咀嚼困难。鼻孔流出黏性分泌物。结膜发炎，眼球突出，常向一个方向斜视。后期病羊倒地不起，面部肌肉麻痹，最后昏迷。一般于3～7天死亡。妊娠母羊产前3周发生流产，流产前并无症状，流产后胎衣滞留。

剖检病变主要见于脑部，其他器官和组织并无显著形态学变化。可见脑与脑膜充血、水肿，脑脊液增多并稍有混浊。遇到败血症经过时（幼羊为主），可见全身淋巴结充血、出血和水肿，全身各脏器组织均出现充血、出血。流产母羊胎盘发炎，子叶水肿，子宫内膜充血、出血和坏死。血液和组织中白细胞增多（图1－30）。

4. 临床诊断

根据临床症状、流行特点病理解剖结果和实验室检查进行确诊。值得注意的是本病只能是部分羊发病。血液检查可见中性粒

图 1-30　病羊向左转圈

（图片引自：http：//www.pxny.cn/）

细胞和单核细胞增多，而淋巴细胞减少。实验室诊断可通过采集脑部病料进行，发生流产的情况下可采胎儿胃液或血液进行病原体的分离。

5. 防治

注意饲养管理和清洁卫生。舍饲期间经常供给青绿饲料和优质青贮料。夏、秋季节注意防蚊蝇，防寄生虫。定期进行灭鼠，消灭疫源。发现发病羊群，及时隔离进行治疗，并对健康羊群进行药物预防。病死羊的尸体应深埋。周围被污染的环境及用具可使用5%来苏儿消毒。

治疗本病可用抗生素药物，效果良好。土霉素，肌肉注射，25~30 毫克/千克体重，每天 2 次。磺胺嘧啶 10 克，咖啡因 2 克，灌服 3 次。还应进行对症治疗，例如，给予强心剂、镇静剂等。对明显神经症状的种羊可用氯丙嗪 50 毫克，肌肉注射，每日 1 次。

十、结核病

结核病是由结核分枝杆菌所引起的人、畜和禽类的一种慢性消耗性传染病，其典型特点是在多种组织器官形成结核结节和干酪样坏死或钙化结节病理变化。羊结核病极少见，一般为慢性经过，无明显临诊症状。该病一年四季均可发生，世界动物卫生组织（OIE）将其列为必须通报的疫病，在我国被列为二类动物疫病。

1. 病原

羊结核病的病原是结核分枝杆菌，又称结核杆菌。结核杆菌有如下“四怕”。

（1）湿热。62～63℃加热15分钟或煮沸即可杀死；

（2）紫外线。直射日光2小时可杀死本菌；

（3）酒精。70%酒精可很快将其杀死；

（4）抗结核药物。链霉素、异烟肼、利福平等药物可以很好治疗结核病。结核杆菌还有“四不怕”：第一不怕干燥，在干燥的环境中可存活6～8个月；第二不怕酸或碱，对3% HCl、6% H_2SO_4、4% NaOH有抵抗力；第三不怕碱性染料；第四对青霉素、磺胺类药物等抗生素不敏感。

2. 流行特点

结核杆菌可侵害人和多种动物，在家畜中牛最易感，特别是奶牛，其次为黄牛、牦牛、水牛、猪和家禽亦可患病，羊极少发病。本病一年四季均可发生，无明显的季节性，多呈散发，但蔓延速度很快。

严重病羊或其他病畜的痰液、粪尿、奶、泌尿生殖道分泌物及体表溃疡分泌物中都含有结核杆菌，可作为传染源传染给其他动物及人。

羊主要通过消化道感染，也可由空气和生殖道感染。健康羊吃喝了含有结核杆菌的饲料和饮水，或者吸入了含有结核杆菌的空气，即可通过消化道和呼吸道受到传染。羊羔感染主要是吮吸带菌的乳汁造成的；本病可经胎盘或生殖道黏膜垂直传播；此外，也可通过交配感染。

3. 临床表现与特征

轻度病羊没有临床症状，病羊体温多正常，有时稍升高，消瘦，被毛干燥，精神不振，多呈慢性经过。当患肺结核时，病羊咳嗽，流脓性鼻液，甚至含有血丝，呼吸带痰音（呼噜作响）；当乳房被感染时，乳房硬化，乳房淋巴结肿大；当患肠结核时，病羊有持续性消化机能障碍，便秘，腹泻或轻度胀气。羊结核急性病例少见。

剖检病变主要表现为病羊尸体消瘦，黏膜苍白。在肺脏、胰脏和其他器官以及浆膜上形成特异性结核结节和干酪样坏死灶。干酪样物质趋向软化和液化，并具明显的组织膜是羊结核结节的特征。原发性结核病灶常见于肺脏和纵膈淋巴结，可见白色或黄色结节，有时发展成小叶性肺炎。在胸膜上可见灰白色半透明珍珠状结节，肠系膜淋巴结有结节病灶。乳上淋巴结肿胀，内含豆渣样内容物，比肺中的浓稠，稍带灰色（图 1－31 至图 1－34）。

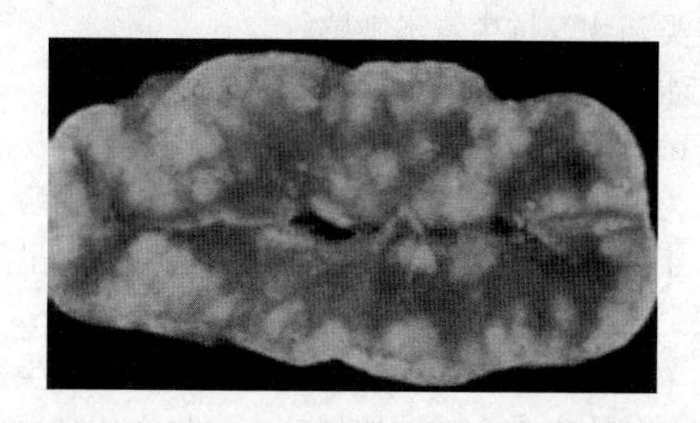

图 1－31　肺结核结节

（图片引自百度图片 http：//image. baidu. com）

4. 临床诊断

在动物群中发生进行性消瘦、咳嗽、慢性乳房炎、顽固性下痢、体表淋巴结慢性肿胀等临诊症状时，可作为疑似本病的数

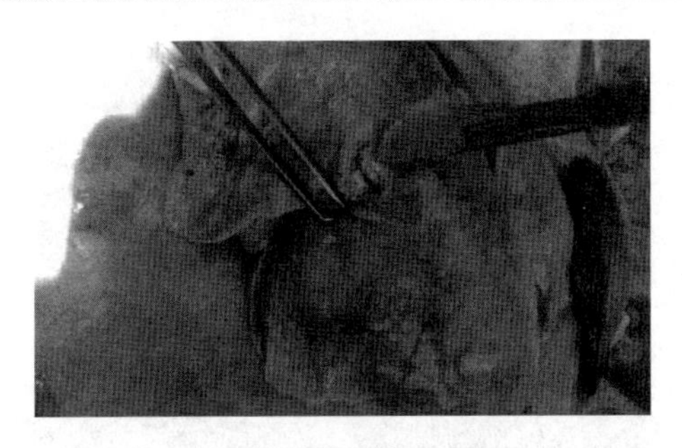

图 1－32 肺结核结节

(图片引自文献 Gezahegne Mamo K 等)

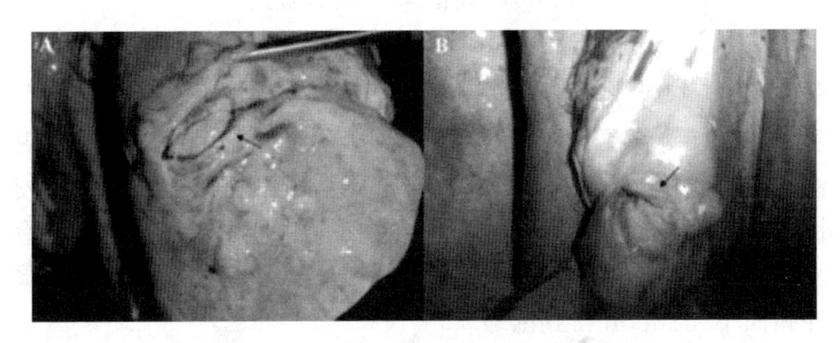

图 1－33 肺及淋巴结中的干酪样物质

(图片引自文献 Marta Muñoz M 等)

据。但仅根据临床症状很难确诊，需结合流行病学、临诊症状、病理变化、结核菌素试验、细菌学试验和血清学试验等综合诊断较为切实可靠。

(1) 结核菌素试验。实验室诊断用结核菌素做变态反应，是诊断本病的主要方法。诊断羊结核病时，须先剃毛，测量皮皱厚度，然后用稀释的牛型和禽型两种结核菌素同时分别皮内接种 0.1 毫升，72 小时后再次测量皮皱厚度，并判定反应，局部有明显炎症反应、皮厚差在 4 毫米以上者为阳性，即为结核病羊。

(2) 微生物学诊断。可采取病料（病灶、痰、粪乳及其他

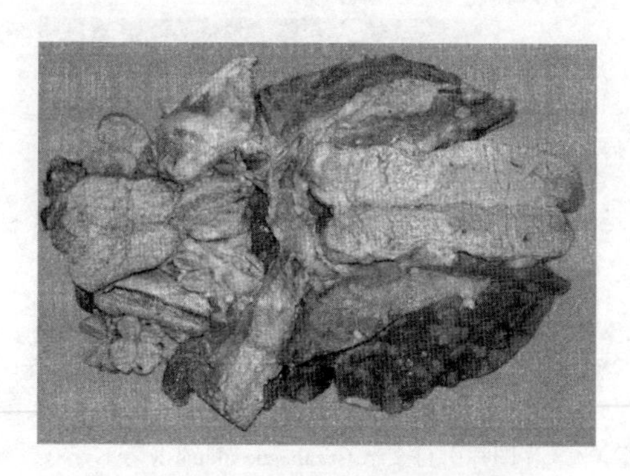

图 1－34　肺部黄色干酪样物质

（图片引自文献 Cinzia M 等）

分泌液），然后抹片镜检或分离培养结核杆菌和实验动物接种。痰液或乳汁等样品，由于含菌量较少，如直接涂片镜检往往是阴性结果。此外，在培养或作动物试验时，常因污染杂菌生长较快，使病原结核分枝杆菌被抑制。下列几种消化浓缩方法可使检验标本中蛋白质溶解、杀灭污染杂菌，而结核分枝杆菌因有蜡质外膜而不死亡，并得到浓缩。

硫酸消化法用 4%～6% 硫酸溶液将痰、尿、粪或病灶组织等按 1∶5 比例加入混合，然后置 37℃ 作用 1～2 小时，经 3 000～4 000 转/分钟离心 30 分钟，弃上清，取沉淀物涂片镜检、培养和接种动物。也可用硫酸消化浓缩后，在沉淀物中加入 3% 氢氧化钠中和，然后抹片镜检、培养和接种动物。

氢氧化钠消化法取氢氧化钠 35～40 克，钾明矾 2 克，溴麝香草酚蓝 20 毫克（预先用 60% 酒精配制成 0.4% 浓度，应用时按比例加入），蒸馏水 1 000 毫升混合，即为氢氧化钠消化液。

将被检的痰、尿、粪便或病灶组织按 1∶5 的比例加入氢氧化钠消化液中，混匀后，37℃ 作用 2～3 小时，然后无菌滴加 5%～10% 盐酸溶液进行中和，使标本的 pH 值调到 6.8 左右

(此时显淡黄绿色)，以3 000～4 000转/分钟离心15～20分钟，弃上清，取沉淀物涂片镜检、培养和接种动物。

在病料中加入等量的4%氢氧化钠溶液，充分振摇5～10分钟，然后用3 000转/分钟离心15～20分钟，弃上清，加1滴酚红指示剂于沉淀物中，用2N盐酸中和至淡红色，然后取沉淀物涂片镜检、培养和接种动物。

在痰液或小脓块中加入等量的1%氢氧化钠溶液，充分振摇15分钟，然后用3 000转/分钟离心30分钟，取沉淀物涂片镜检、培养和接种动物。

对痰液的消化浓缩也可采用以下较温和的处理方法：取1N(或4%)氢氧化钠水溶液50毫升，0.1摩尔/升柠檬酸钠50毫升，N-乙酰-L-半胱氨酸0.5克，混合。取痰一份，加上述溶液2份，作用24～48小时，以3 000转/分钟离心15分钟，取沉淀物涂片镜检、培养和接种动物。

安替福民（Antiformin）沉淀浓缩法溶液A：碳酸钠12克、漂白粉8克、蒸馏水80毫升。溶液B：氢氧化钠15克、蒸馏水85毫升。应用时A、B两液等量混合，再用蒸馏水稀释成15%～20%后使用，该溶液须存放于棕色瓶内。

将被检样品置于试管中，加入3～4倍量的15%～20%安替福民溶液，充分摇匀后37℃作用1小时，加1～2倍量的灭菌蒸馏水，摇匀，3 000～4 000转/分钟离心20～30分钟，弃上清沉淀物加蒸馏水恢复原量后再离心一次，取沉淀物涂片镜检、培养和接种动物。

5. 防制

根据《中国牛结核病防治技术规范》要求，国家对牛结核病采取以"监测、检疫、扑杀和消毒"相结合的综合性防治措施。由于羊结核病极少见，因此，尚无相关防治技术规范。

羊结核病的预防一般采取隔离、消毒的方法。将阳性反应的羊严格隔离，禁止与健康羊群发生任何直接或间接的接触，例如放牧时应避免走同一牧道及利用同一牧场。病羊所产的羔羊，立刻用1%来苏儿洗涤消毒，隔离饲养，3个月后进行结核菌素试验，阴性者方可与健康羊群混养。病羊奶必须在用巴氏灭菌法消毒后（最好煮沸）方可出售；禁止将生奶出售或运往健康羊场进行消毒。如果病羊数不多，可以全部宰杀，以免增加管理上的麻烦及威胁健康羊群。如要增添新羊，必须先做结核菌素试验，阴性反应的方可引进。

治疗对于有价值的奶羊和优良品种的绵羊，可以采用链霉素、异烟肼（雷米封）、对氨基水杨酸钠或盐酸黄连素治疗轻型病例。链霉素按每千克体重10毫克，肌肉注射，1天2次，连用数天。异烟肼按每千克体重4～8毫克，分3次灌服，连用1个月。对于临床症状明显的病例，不必治疗，应该坚决捕杀，以防后患。

十一、布鲁氏菌病

羊布鲁氏菌病（简称羊布病）是由布鲁氏菌引起的人畜共患传染病，不仅对羊造成了严重危害，而且对人类健康构成威胁。甘肃省酒泉市某羊场发生了一起羊布氏杆菌病，并感染饲养人员引起人发病。由于及时进行血清检测确诊并采取隔离消毒、淘汰病羊等综合防制措施，有效地控制了疫情的发展。2012年12月19日，东北农业大学应用技术学院畜禽生产教育0801班30名学生在动物医学学院实验室进行“羊活体解剖学试验”，27名学生和1名教师因试验感染布鲁氏菌病。世界动物卫生组织（OIE）将其列为必须通报的疫病，我国将其列为二类动物疫病。

1. 病原

引起羊布鲁氏菌病的细菌为马耳他布鲁氏菌，习惯上称其为羊布鲁氏菌。该病原菌对外界环境有着很强的抵抗力，如在胎衣中能存活 4 个月，在水、土壤、尿中存活 3 个月；在皮毛上存活 1～4 个月。羊布鲁氏菌对热敏感，70℃加热 10 分钟即死亡；阳光直射 1 小时死亡；在腐败病料中迅速失去活力，一般常用的消毒药就能很快将其杀死。

2. 流行特点

布鲁氏菌可侵害人和多种动物，但主要是羊、牛、猪。羊布鲁氏菌的主要宿主是山羊和绵羊，可以由羊传入牛群，也可由牛传播于牛群。

羊布鲁氏菌病的主要传染源是患病动物及带菌者。最危险的是受感染的妊娠母畜，它们在流产或分娩时将大量布鲁氏菌随着胎儿、胎水和胎衣排出。流产后的阴道分泌物以及乳汁中都含有布鲁氏菌。布鲁氏菌感染的睾丸炎精囊中也有该菌存在。感染羊带菌时间很长，实验布鲁氏菌病绵羊流产后 1～3 个月经常在乳汁、尿、阴道分泌物中检出布鲁氏菌病。有的病羊产羔一年后，乳汁中仍带菌。绵羊感染布鲁氏菌病病后 1.5～2 年，约有 23% 的羊能在体内检出布鲁氏菌。

羊布鲁氏菌病的主要传播途径是消化道，常通过采食被病原污染的饲料与饮水而感染，也可通过皮肤，当皮肤有创伤时，更易被病原菌侵入，还能通过结膜、交配而被感染。

3. 临床表现与特征

羊布鲁氏菌病的潜伏期一般为 14～180 天，患病羊临床症状并不明显，母羊主要表现为流产，多发生在妊娠后第 3 或第 4 个月，流产前食欲减退，口渴、委顿，阴道流出黄色黏液等。新发病的畜群流产较多；老疫区畜群发生流产的较少，但发生子宫内膜炎、乳房炎、关节炎、胎衣滞留、久配不孕的较多。其他临床症状还有支气管炎以及关节炎、滑液囊炎引起的跛行。公羊往往发生睾丸炎、附睾炎或关节炎。公羊睾丸肿大，乳山羊的乳房炎常使乳量减少，乳汁结块，乳腺组织发生过结节性变硬等。有的继发胎衣滞留，子宫内膜炎，导致不孕症。公羊性机能降低，甚至失去配种能力（图1－35）。

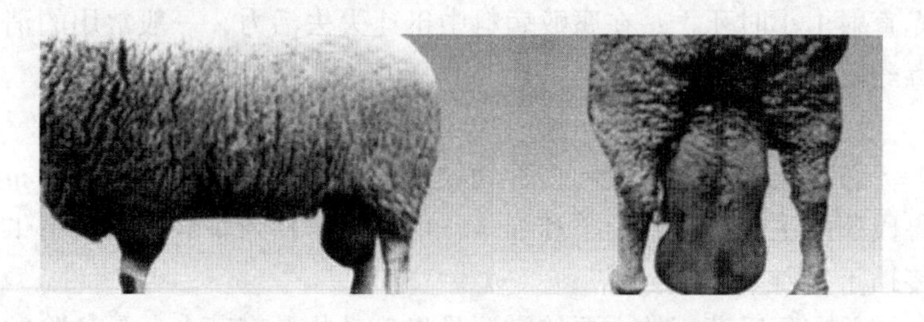

图1－35　公羊睾丸及阴囊出现临床症状
（图片引自百度图片 http：//image. baidu. com）

羊布鲁氏菌病的主要病理变化为生殖器官的炎性坏死。胎膜水肿，胎衣呈黄色胶样浸润，有些部位覆有纤维蛋白絮片和脓液，有的增厚，有出血点。胎儿主要呈败血症病变，皮下结缔组织发生浆液性、出血性炎症。胸、腹腔内有纤维蛋白凝块，并有淡红色液体。脾脏、淋巴结、肝脏有不同程度肿胀，有的散在炎性坏死灶，有的形成特征性肉芽肿（布病结节）。脐带常呈浆液性浸润、肥厚。成年羊前肢可见关节炎、黏液囊炎和滑膜炎。公羊患病时睾丸增大、硬实，切面具有大小不同的脓肿和坏死灶（图1－36）。

4. 临床诊断

根据流行病学、临床症状和检查流产胎儿和胎盘的变化，可作出初步诊断。进一步确诊，需进行细菌学检查和血清学检查。通常是采血、分离血清、平板凝集反应，结果阳性即可确诊。《中国布鲁氏菌病防治技术规范》中也介绍了动物布鲁氏菌病的诊断方法。布鲁氏菌病须经县级以上动物防疫监督机构负责诊断结果的判定。

（1）细菌学检查。抹片检查采集流产胎衣、绒毛膜水肿液、

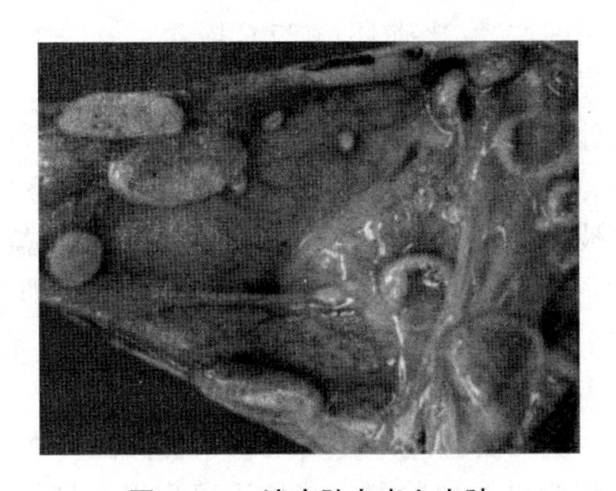

图 1－36　流产胎盘出血水肿

（图片引自百度图片 http：//image. baidu. com）

肝、脾、淋巴结、胎儿胃内容物等组织，制作抹片，用改良的齐尔-尼尔森石炭酸复红原液（碱性复红 1 克，溶于 10 毫升纯酒精中，加入 90 毫升 5% 的石炭酸水溶液，混匀即成）的 1：10 稀释液染色 10 分钟，用 0.5% 醋酸溶液脱色 20 秒，冲洗后，用 1% 美蓝复染 20 秒，镜检。布鲁氏菌染成红色，背景为蓝色，布鲁氏菌大部分在细胞内，集结成团，少数在细胞外，则可判定为布鲁氏菌病。

布鲁氏菌分离培养鉴定是诊断布氏杆菌病最可靠的方法，只要从病羊体内或排出物中发现病原体即可确诊。由于患病动物身体状态、感染时期和发病过程等原因，往往不易检查出病原。因此，在进行分离培养时，应选择适宜时机，采取适宜病料（如胎儿和产后排出物及病羊的网状内皮细胞等），用适宜培养基分离培养才能成功。一般是将被检材料接种于 2 个同样的选择培养基每 100 毫升基础培养基（如血清葡萄糖琼脂、血清马铃薯浸液琼脂、胰酶消化蛋白胨琼脂、血清马丁汤琼脂）中加入抑菌药物。放线菌酮 10 毫克，杆菌肽 25 单位，多黏菌素 B6 单位平板，一个置10%二氧化碳环境37℃培养，另一个置普通温箱37℃培养，逐天观察，通常在3～10天可出现生长，然后移植于血清葡萄糖琼脂纯化。如符合下述全部条件，可认为是布鲁氏菌属的细菌。为使防治措施有更好的针对性，还需做种型鉴定。

如病料被污染或含菌极少时，可将病料用生理盐水稀释5～10倍，健康豚鼠腹腔内注射0.1～0.3毫升/只。如果病料腐败时，可接种于豚鼠的股内侧皮下。接种后4～8周，将豚鼠扑杀，从肝、脾分离培养布鲁氏菌。

世界卫生组织实验室生物安全将布鲁氏菌（尤其是羊种布鲁氏菌）划分为Ⅲ类危险群。布鲁氏菌病很容易传染给人，引起严重的发烧（波浪热）并可能发展为慢性，也可能产生严重的并发症影响肌、骨骼、心血管和中枢神经系统。职业性暴露常经口、鼻或眼结膜感染，但公众感染的主要风险是经食物摄入。处理感染动物和流产胎儿或胎盘的兽医及农民有职业风险。布鲁氏菌病最易发生实验室感染，因此，在处理培养物和严重感染样品如流产物时必须要有严格的生物安全防护措施。处理活的布鲁氏菌和感染动物的污染物是比较危险的，处理大量的布鲁氏菌必须要在3级生物安全条件下，以最大可能的减少职业性暴露。

（2）血清学检查。一般建议用虎红平板凝集试验和补体结合试验筛选畜群和动物个体。血清凝集试验用于小反刍兽时不太可靠。

凝集试验凝集试验是布鲁氏菌病诊断的一种常用的方法，包括血清凝集试验、乳环沉淀试验和抗人免疫球蛋白试验，其中，经典的标准试管凝集试验、平板凝集试验在发达国家已经基本停止使用，取而代之的是缓冲布鲁氏菌抗原凝集试验如虎红平板凝集试验，但标准试管凝集试验仍然是我国法定的检测方法。虎红平板凝集抗原是用抗原性良好的布鲁氏菌菌株经培养，灭活，离心收集菌体后用虎红染料染色后悬浮于乳酸缓冲液中制成，该方

法灵敏度高、价格便宜、操作方便、检测快速，适于动物群体布鲁氏菌病的普查。在国际贸易中是牛、羊、猪布鲁氏菌病检测的指定试验，在我国也用于人布鲁氏菌病监测的初筛。

补体结合反应各个国家在布鲁氏菌病血清学检测中一致认为补体结合试验在特异性方面优于其他方法，其常被用来对试管凝集试验和虎红平板凝集试验检测为阳性或可疑病例的确诊。目前，补体结合反应仍是最有效，应用最广泛的诊断方法。但补体结合试验所要的溶血素的制备困难，试验操作烦琐，难以在临床中大量使用。

5. 防制

目前，布氏杆菌病目前尚无有效治疗方法，主要是预防和控制传播蔓延。我国对布鲁氏菌的防控主要采取监测、扑杀、免疫预防相结合的措施。非疫区以监测为主；稳定控制区以监测净化为主；控制区和疫区实行监测、扑杀和免疫相结合的综合防治措施。

（1）监测、隔离及扑杀。监测每年定期检疫 2 次，通过各种检测方法掌握牛羊的感染情况。发现疑似疫情，畜主应限制动物移动；对疑似患病动物应立即隔离；然后上报，动物防疫监督机构要及时派员到现场进行调查核实，开展实验室诊断。

扑杀确诊后，当地人民政府组织有关部门对患病动物全部扑杀。

对受威胁的畜群（病畜的同群畜）实施隔离，可采用圈养和固定草场放牧两种方式隔离。隔离饲养用草场，不要靠近交通要道，居民点或人畜密集的地区。场地周围最好有自然屏障或人工栅栏。

无害化处理患病动物及其流产胎儿、胎衣、排泄物、乳、乳制品等按照 GB16548—1996《畜禽病害肉尸及其产品无害化处理规程》进行无害化处理。

（2）预防和控制。坚持自繁自养，做好消毒防护预防为主，在无病羊群中实行自繁自养，必须引种时，要进行隔离观察2个月，同时，严格检疫检查，确诊健康者并免疫后才能混群饲养。饲养场的金属设施、设备可采取火焰、熏蒸等方式消毒；养畜场的圈舍、场地、车辆等，可选用2%烧碱等有效消毒药消毒；饲养场的饲料、垫料等，可采取深埋发酵处理或焚烧处理；粪便消毒采取堆积密封发酵方式。皮毛消毒用环氧乙烷、福尔马林熏蒸等。兽医、饲养人员、屠宰加工人员等要严格遵守防疫卫生和人身防护制度。特别是接产助产需戴乳胶手套，并用消毒液洗手。

免疫接种疫情呈地方性流行的区域，应采取免疫接种的方法。目前，国内的布鲁氏菌病疫苗主要有布鲁氏菌病疫苗S2株（以下简称S2疫苗）、M5株（以下简称M5疫苗）以及经农业部批准生产的其他疫苗。

① S2疫苗是用猪种布鲁氏菌2号弱毒株接种于适宜培养基培养，收获培养物加适当稳定剂，经冷冻真空干燥制成。可用于预防山羊、绵羊、猪和牛的布鲁氏菌病；羊的免疫持续期为3年。S2疫苗最适于作口服免疫，亦可作肌肉注射，口服对怀孕母畜不产生影响，畜群每年服苗一次，注射免疫不能用于孕畜。口服免疫，山羊和绵羊不论年龄大小，每头一律口服100亿活菌；注射免疫，皮下或肌肉注射均可，山羊每头注射25亿活菌，绵羊50亿活菌，间隔1个月。S2疫苗对人有一定的致病力。

② M5疫苗是用羊种布鲁氏菌M5或M5-90弱毒菌株，接种于适宜培养基培养，将培养物加适当稳定剂，经冷冻真空干燥制成。M5疫苗可用于预防牛、羊布鲁氏菌病，免疫持续期3年。M5疫苗皮下注射、滴鼻、气雾法免疫及口服法免疫均可，免疫接种时间在配种前1～2个月进行较好，山羊和绵羊皮下注射10亿个活菌，滴鼻10亿个活菌，室内气雾10亿个活菌，室外气雾50亿个活菌，口服250亿个活菌。妊娠期母畜及种公畜不进行

预防接种。本疫苗对人有一定致病力。

十二、羔羊痢疾

羔羊痢疾，俗名红肠子病，是初生羔羊的一种急性传染病，是初生羔羊的一种急性毒血症，以剧烈腹泻和小肠发生溃疡为特征。本病常可使羔羊发生大批死亡，给养羊业带来重大损失。本病主要危害 7 日龄以内的羔羊，是影响羔羊成活率的疾病之一。

1. 病原

B 型产气荚膜梭菌（Clostridium perfringen type B），又称 B 型魏氏梭菌。为革兰阳性厌氧型粗大杆菌，不能运动。可在动物体内形成荚膜，产生的 β 肠毒素可起到坏死和致死的作用。另外，沙门氏菌、大肠杆菌、肠球菌及其他不良诱因也可导致该病的发生。一般消毒药可杀死该病的繁殖体，但其芽孢有较强的抵抗力，土壤中最长可存活 4 年。

2. 流行特点

本病主要危害 7 日龄以内的初生羔羊，1 ~ 4 日龄的发病最多，7 日龄以后的基本不发病。本病主要传染源为病羔羊和带菌母羊。患病羔羊体内存在大量病原微生物，并随粪便排到外界，污染周围环境。羔羊通过吃奶或舔食被污染的物品而感染。病原通过消化道侵入体内，在小肠繁殖并释放毒素引起发病。也可通过脐带或创伤感染。当母羊孕期营养不良，产羔体质瘦弱，加之气候骤变，寒冷袭击，哺乳不当，饥饱不匀时，容易诱发该病。其发病率和死亡率均较高。并且纯种羊发病和死亡多于杂种羊和土种羊。

3. 临床表现与特征

该病潜伏期为 1 ~2 天。临床上分为急性型和亚急性型两种。

急性型：在该病流行初期一般表现为急性型。羔羊患病后迅速死亡。死前表现出精神萎靡，低头拱背，不吃奶，腹胀。粪便起初正常，不久发生腹泻，粪便恶臭，有的稠如面糊，有的稀薄如水，有的含有血液。病羊黏膜发绀，呼吸急促，口流白沫，体温降至常温以下，常在数小时到十几小时内死亡。

亚急性型：此型最为常见。病程一般为1~2天。病羊表现为精神不振，食欲废绝，双眼凹陷，不愿活动，有腹痛表现。腹泻，粪便呈黄色、黄绿色半液体状，有的混有血液。最终昏迷死亡（图1-37）。

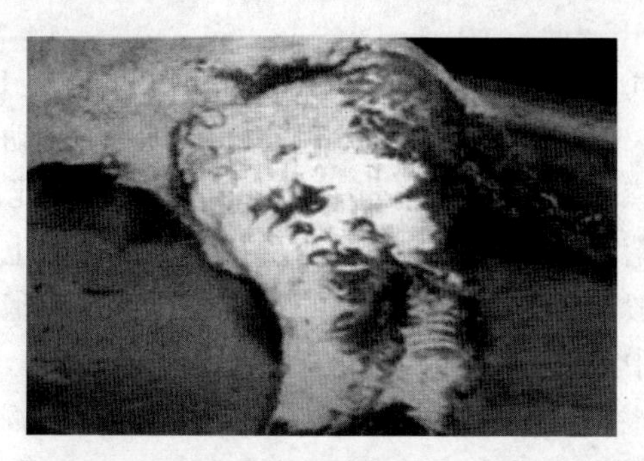

图1-37 尾部和后驱粘有恶臭带血稀粪

（图片引自丁伯良等文献《羊病诊断与防治图谱》）

剖检可见主要病变发生在消化道。真胃黏膜出血和水肿，肠黏膜充血，空肠、回肠有黄色坏死区。肠系膜淋巴结肿胀或出血。心包积液，心内膜有时有出血点。肺常有充血区域或淤斑。肠内容物呈血样或黄色干酪样坏死块。心脏内外膜出血，心包有淡黄色积液。肝脏肿大，胆囊内充满胆汁。肺脏、脾脏无明显变化（图1-38、图1-39）。

4. 临床诊断

从流行特点及症状和病理变化分析，若在出生后7日以内发生下痢症状并迅速蔓延，导致羔羊大量死亡时，可怀疑为B型魏氏梭菌引起的羔羊痢疾。但还需进行实验室诊断。取肠内容物

图 1－38 坏死性肠炎，小肠黏膜上有多个圆形溃疡和弥漫性坏死

（图片引自：http：//www. vetbioc. com/）

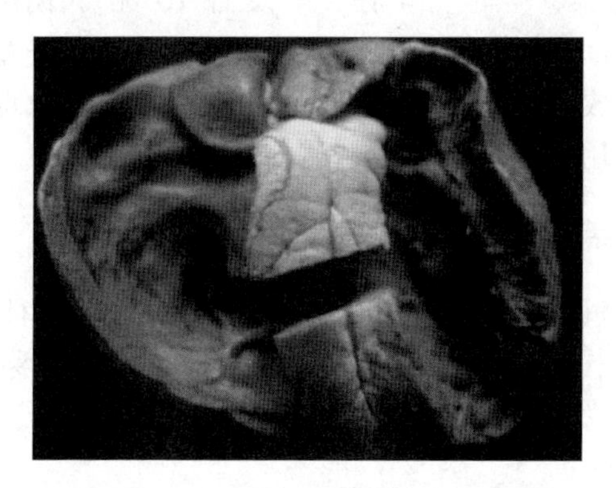

图 1－39 心内膜出血，有许多出血斑点

（图片引自：http：//www. vetbioc. com/）

或粪便送往实验室进行检查。应注意与沙门氏菌、大肠杆菌和肠球菌所引起初生羔羊下痢相区别。

5. *防治*

本病发病因素复杂，应综合实施抓膘保暖、合理哺乳、消毒隔离、预防接种和药物防治等措施才能有效地予以防制。

加强母羊的饲养管理，特别是母羊的产前和产后管理，供给充足的营养。做好产前准备工作。做好防寒保暖工作，接羔过程做好环境的卫生消毒工作。加强对羔羊的护理。除常规的消毒工作以外，可在产羔后有针对性的应用抗生素。也可在生产前对母羊进行预防接种。

对病羔要及早发现，仔细护理，积极治疗。治疗羔痢的方法很多，各地应用效果不一，应根据当地条件可选用以下治疗措施：①发病初期可用缓泻药，排出肠道毒素或病原菌。②土霉素0.2～0.3克，胃蛋白酶0.2～0.3克，加水灌服，每天2次。③磺胺脒0.5克，鞣酸蛋白0.2克，碱式硝酸铋0.2克，碳酸钠0.2克，加水灌服，每天3次。④用加味承气汤，大黄、黄芩、焦山楂、枳实、干草、厚朴、秦皮各10克，朴硝25克（另包）。将前7味药加水400毫升，煎汤浓缩至150毫升，去渣，加入朴硝即成。每只羔羊服20～30毫升，以清除胃内积聚物。另外还需应用补液、助消化、强心等药物进行治疗。

十三、羔羊白痢

羔羊白痢是由致病性大肠杆菌引起的羔羊的一种急性、致死性传染病，其特征是出现剧烈的腹泻和败血症，又称羔羊大肠杆菌病。本病常引起羔羊大量死亡或发育不良。

1. 病原

本病没有特异病原菌，但最常见的是病原性大肠杆菌，本菌是人和多种动物共患的条件致病菌，为革兰阴性中等大小的杆菌。本菌对外界抵抗力不强，一般常用的消毒剂均可将其迅速杀死。已知的大肠杆菌有173种菌体抗原（O），80种表面抗原（K），56种鞭毛抗原（H），因而存在很多血清型。其血清型用O∶K∶H表示，如$O_8:K_{25}:H_9$。不同的血清型产生不同的毒素，有些产生的毒素和致病原毒性很强。

2. 流行特点

病羔羊和带菌母羊是本病的主要传染源。病原通过粪便排出体外，污染饮水、饲料、垫草、母羊的乳房、乳头，羔羊吮乳后或饮食时可通过消化道而感染。其次。通过脐带、损伤的皮肤和子宫也可感染。幼龄羔羊对本病最易感，6 周龄以内的羔羊多发，3 ~8 月龄的羊也可发病。

本病一年四季均可发生，但以冬、春季节为主，呈散发性或地方流行。羔羊未及时吃到初乳，饲料配比不合理，饲养密度过大，环境消毒不达标等各种不良因素的刺激，应激因素均可诱发本病或使病情加重。

3. 临床表现与特征

本病的潜伏期一般为数小时至 2 天。在临床上主要分为两种类型，即下痢型和败血型。

下痢型：多发生于 7 日龄以内的羔羊，潜伏期很短，病初体温升高到 40. 1 ~41℃。主要症状为下痢，粪便稀薄，成泡沫状，具有恶臭。开始呈淡黄色，逐渐变为淡灰白色，并混有乳凝块，严重时混有血液和黏液，排粪时表现痛苦。病羔羊全身衰竭，精神委顿，食欲减退，久卧不起。有时可见化脓性-纤维素性关节炎。从肠道各部分均可分离到致病性大肠杆菌。常因脱水严重而死亡。

败血型：主要侵袭 2 ~6 周龄的羔羊。病初体温高达 41. 5 ~42℃。当病羔羊发生败血症后，出现精神沉郁，四肢僵硬，共济失调，头弯向一侧等症状。有些病例发生肺炎，不出现或很少出现腹泻症状，呼吸加快，常在发病后 4 ~12 小时死亡。有些病羔羊关节肿胀、疼痛，最后昏迷死亡。

剖检时，下痢型病羔的主要病理变化发生在胃肠道，可见其内容物呈半液体状。瘤胃、网胃黏膜脱落，皱胃充血、出血。肠黏膜充血、出血、水肿，肠内容物混有血液。肠系膜淋巴结肿胀，有出血点，切面多汁。败血型的主要病理变化为胸腔、腹腔、心包腔有大量积液，且内有纤维素样物质。关节肿大，关节液含有大量混浊液体。脑膜充血，有多量出血点（图1－40）。

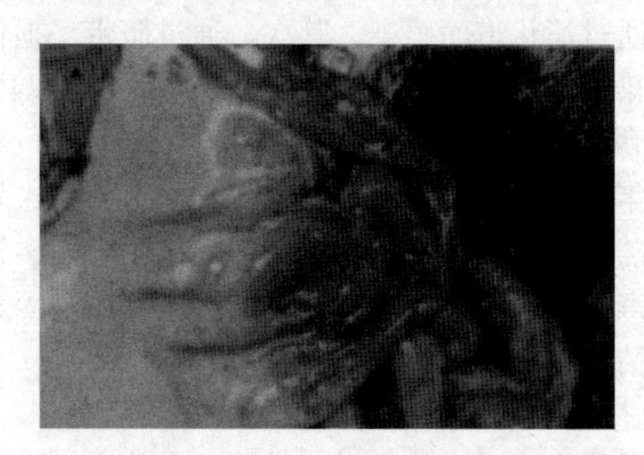

图1－40　盲肠剖开时，流出大量灰黄色内容物

（图片引自：http：//ny. sicau. edu. cn/）

4. 临床诊断

可依据羔羊大肠杆菌病流行特点，临床症状，病理变化等情况进行综合分析，作出初步诊断。确诊还需采内脏组织、血液或肠内容物做实验室诊断。下痢型可采肠前段黏膜，败血型可采血液或内脏组织，进行实验室检查。

用取得的病料触片，染色，镜检，可见有红色、单个存在的短杆菌。

病原菌的菌落在普通琼脂上呈无色、半透明、中等大小的露滴样。在麦康凯培养基上呈深红色、中等大小、不透明、边缘整齐、湿润的菌落。

生化试验可见病原菌发酵葡萄糖、麦芽糖、甘露醇、乳糖，产酸产气，不发酵蔗糖。MR 试验阳性，VP 试验阴性。

5. 防治

加强怀孕母羊的科学饲养管理。供给母羊全价饲料，尤其富含蛋白质、维生素、矿物质的饲料。并定期运动，确保胎儿正常发育和新生羔羊体质健壮。搞好圈舍的卫生，保持干燥并定期消毒。

同时对羔羊加强护理。保证羔羊吃到初乳，产房、羔羊舍也要做好清洁工作，定期使用来苏儿对地面、器具进行消毒。隔离病羔并对其所接触的一切物品进行彻底消毒。

可用当地菌株制成福尔马林或氢氧化铝疫苗，对健康羔羊进行注射，可取得良好的预防效果。对病羔及时进行隔离处理，病羔接触过的物品、器具必须进行彻底消毒。

对病羔进行治疗时使用以下药物。①土霉素，口服，20～50毫克/千克体重，每天2～3次，服用3～5天。②磺胺甲基嘧啶和磺胺脒，首次1克，4～6小时之后0.5克，磨成粉，放入奶中喂服。③5%葡萄糖生理盐水，静脉注射，可加入碳酸氢钠防止病羔酸中毒，每天1～2次。大肠杆菌对多种药物均敏感，多数药物均有治疗作用，在进行药物治疗的同时，必须加强饲养管理，改善羊舍环境卫生。

十四、羔羊血痢

羔羊副伤寒属于羊沙门氏菌病，俗称血痢、黑痢。是羔羊的急性传染病，其特征是急性败血症、下痢和怀孕母羊流产。

1. 病原

沙门氏菌（*Salmonella*）分为3型，即羊流产沙门氏菌、都柏林沙门氏菌（*S. dublin*）、鼠伤寒沙门氏菌（*S. montevideo*），本病病原以后两种菌为主，为革兰阴性菌，其形态短效，两端钝圆，有鞭毛，能运动。为需氧和兼性厌氧菌，不形成荚膜和芽孢。该菌对外界环境的抵抗力较强，如对日光、干燥、腐败及冷冻都有较强抵抗力，在水、土壤和粪便中能存活数月。但对消毒药物的抵抗力较弱，一般消毒药物均可迅速杀死羊沙门氏菌。本菌有O、H、Vi 3种血清型，可用于菌型鉴定。

2. 流行特点

本病的传染源主要是病羔和带菌羊，病愈羊也可带菌数月。病原菌通过粪便、尿液、乳汁和流产胎儿、胎衣、羊水排出体外，污染饲料、饲草、水源、垫草、用具等，经消化道感染，病羊和健羊配种，也可通过精液感染。不同年龄、性别、品种的羊均易感，7～15 日龄的羔羊发病率最高，2～3 日龄就发病的羔羊，一般在子宫内已感染。由于沙门氏菌在健羊体内普遍存在，尤其在消化道内，一旦外界条件发生改变，会使其发生内源性感染。若羊舍卫生条价差，饲养密度大和其他一些应激因素，均可诱发本病。本病一年四季均可发生，育成期羔羊常于夏季和早秋发病，呈地方流行性或散发。羔羊发病率为 30%，病死率为 25%。

3. 临床表现与特征

根据其临床表现可将其分为下痢型和流产型。

下痢型：羔羊患病后，食欲减退，腹泻，粪便中混有血液和坏死组织碎片，并有恶臭气味。体温升至 40～41℃，病羔精神萎靡，呆立，虚弱。继而卧地不起，昏迷，最终因严重脱水在 1～2 天死亡。

流产型：病羊精神不振，食欲下降，部分羊发生腹泻。病羊产出的羔羊，大多体弱消瘦，卧地不起，并出现下痢症状，往往在 1～7 天死亡。怀孕母羊常表现体温升高，腹痛怒责，一般在妊娠最后两个月内流产。

剖检可见下痢型羔羊皱胃、肠道黏膜充血并有出血点，胃肠内容物稀薄如水。肠系膜淋巴结肿大、充血，脾脏充血。肾皮质部和心外膜有出血点。流产或死产的胎儿以及产后一周内死亡的羔羊，常表现败血症状，组织水肿，充血，肝脏、脾脏肿大。死亡的母羊可见子宫内膜有炎症，充血、肿胀、坏死（图 1－41、图 1－42）。

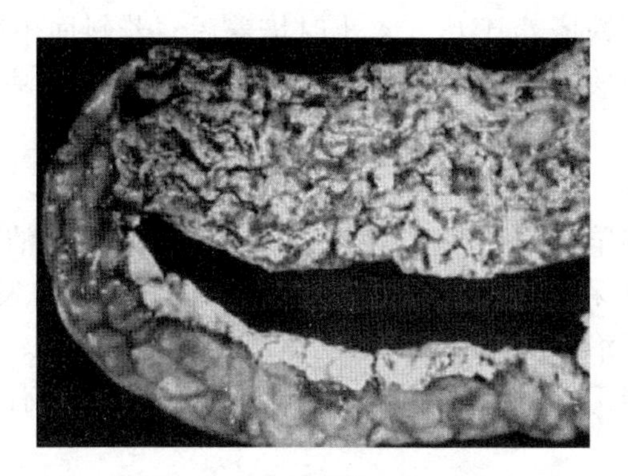

图1-41 肠道黏膜充血、出血

（图片引自：http：//www. chinabaike. com/）

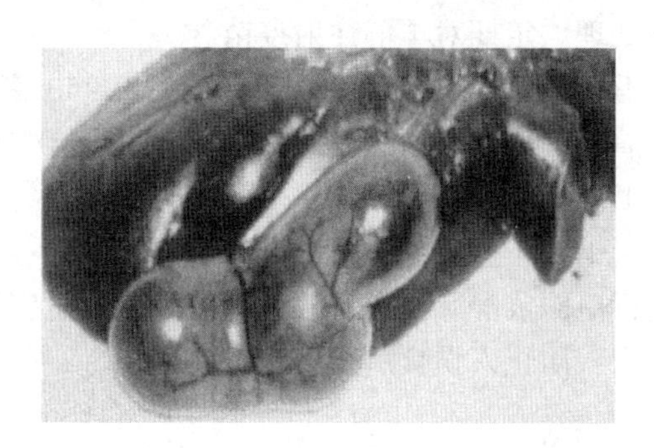

图1-42 肝脏充血、胆囊肿大

（图片引自：http：//ny. sicau. edu. cn/）

4. 临床诊断

可依据流行特点，临床症状，病理变化等情况进行综合分析，作出初步诊断。确诊还需进行实验室诊断。采病死羔羊的肠系膜淋巴结、脾脏、胆囊、心脏、粪便，母羊的阴道分泌物、胎盘及胎儿组织进行培养，分离病原菌，染色，镜检，可见革兰阴性，两端钝圆无芽孢无荚膜的小杆菌。也可将培养出的可疑菌落接种于三糖铁培养基上，24 小时培养后，若斜面不变色，仅在试管底层产酸或产酸产气，或在底层产生硫化氢，基本可确定为沙门菌。

5. 防治

加强羔羊的饲养管理。做好产房及羔羊舍的清洁卫生，定期消毒，并且保持饲料的清洁。注意防寒保暖。一旦发现病羔羊，应立即隔离治疗。让羔羊及时吃上初乳和吮足奶水。应做好待产母羊的营养工作，给母羊全价饲料，使其在产羔后有足量的、安全的奶水。

对于发病的羊，及时隔离处理。对流产母羊进行及时隔离治疗。流产的胎儿、胎衣以及污染物要烧毁，同时对流产场地进行彻底的消毒处理。定期对羊群注射疫苗。

可用以下药物进行治疗。①土霉素，30～50 毫克/千克体重，分 3 次灌服。②0.5% 环丙沙星，肌肉注射，0.5 毫升/千克体重，每天 1 次，连用 3 天。③5% 葡萄糖生理盐水，静脉注射，可加入碳酸氢钠防止病羔酸中毒，每天 1～2 次。另外，还可应用噬菌体进行口服或静脉注射，效果也很好。不过应注意，病死羊绝不可食用，防止人误食后发生急性食物中毒。

十五、破伤风

破伤风又被称为强直症，俗称锁口风。是由破伤风梭菌经伤口深部感染引起的一种急性中毒性人畜共患病。主要特征为骨骼肌持续性痉挛和对外界刺激反射兴奋性增高。本病分布广泛，呈散在性发生。

1. 病原

破伤风梭菌（*Clostridium tetani*），为革兰阳性大肠杆菌，厌氧。大多单个存在，不形成荚膜，多数菌株有周身鞭毛，可运动。在动物机体内外均可形成芽孢。

破伤风梭菌在动物体内和培养基内均可产生集中破伤风外毒素，最主要的为作用于神经系统的痉挛毒素，动物特征性强直临床诊断症状主要由它引起，以 $10^{-11} \sim 9^{-11}$ 克的剂量即可使一只豚鼠致死，是仅次于肉毒梭菌毒素的毒性最强的细菌毒素。该毒素是一种蛋白质，对热敏感，65～68℃ 5 分钟即可失活，经 0.4% 甲醛脱毒 21～31 天，即可制成类毒素。其他毒素对本病的治病作用意义不大。

本菌繁殖体对理化因素的抵抗力不强，一般消毒剂均能将其杀死，但芽孢抵抗力较强。

2. 流行特点

本菌广泛存在于自然界，人和动物粪便都可带有，尤其施肥的土壤，腐臭的淤泥中。感染常见于各种创伤，羊常因断角、去势、断脐等而感染，特别是狭小而深的创伤，存在厌氧环境时，最适合病原繁殖并产生大量毒素。在临床诊断上有些病例查不到伤口，可能是伤口已经愈合，或可能经损伤的消化道黏膜感染。

本病无明显的季节性，多为散发，但在某些地区一定时间里可出现群发。

3. 临床表现与特征

该病症状表现为不能自由卧下或立起，四肢逐渐强直，运步困难，角弓反张，牙关紧闭，流涎，尾直，常发生轻度肠鼓胀，突然的声响，可使骨骼肌发生痉挛，致使病羊倒地。发病后期，常因急性胃肠炎而引起腹泻，病死率很高，几乎可达 100%。

剖检病死羊时，尸体僵硬，可见心肌变性，肺脏淤血水肿，脊髓和脊髓膜充血、出血，实质器官和肠浆膜有出血点（图 1－43）。

4. 临床诊断

根据破伤风的特征性反射兴奋性增高和骨骼肌强直性痉挛等特征，结合创伤史，即可确诊。

图 1－43　病羊全身僵直，前驱及头部痉挛性僵直，后驱无力，牙关紧闭

（图片引自郑明球、蔡宝祥等文献《动物传染病诊治彩色图谱》）

5. 防治

防止外伤感染。平时注意饲养管理和环境卫生，防止羊受外伤。在去势或处理脐带时，应及时使用碘酊严格消毒，防止感染。在破伤风常发地区，手术前或发生创伤后，注射 1 万单位破伤风抗毒素，可预防本病的发生。

破伤风类毒素是预防破伤风的有效生物制剂，可在发病较多的区域定期进行预防注射。

治疗时可用以下方案。①将病羊牵至清洁干燥、安静避光处，进行伤口处理，对深创、创口小的要扩创，可用 1% 高锰酸钾溶液对伤口消毒，清理脓汁、坏死组织，缝合伤口。②早期使用破伤风抗毒素，20 万～80 万单位，分 3 次注射。③当动物兴奋不安和强制痉挛时，可使用镇定解痉剂。一般使用氯丙嗪，肌肉或静脉注射，每天早晚各 1 次。对咬肌痉挛、牙关紧闭者，可用 1% 普鲁卡因溶液于开关穴和锁口穴处注射，每天 1 次，直至开口为止。

十六、羊钩端螺旋体病

羊（绵羊和山羊）钩端螺旋体病是由于羊感染了各种不同血清型的致病性钩端螺旋体（简称钩体）所引起的一种急性全身性感染性疾病，属自然疫源性疾病与人畜共患病。临床特征为显著的黄疸、血尿、皮肤和黏膜出血与坏死。

1. *病原*

本病的病原属于细螺旋体属（Leptospira）的钩端细螺旋体。钩端螺旋体有很多血清群和血清型，目前，全世界已发现的致病性钩端螺体有25个血清群，至少有190个不同的血清型。引起羊钩端螺旋体病的血清群（型）主要有波摩那群，也有哈焦群和七日热群的报道。

钩端螺旋体形态呈纤细的圆柱形，身体的中央有一根轴丝，螺旋丝从一端盘旋到另一端（12～18个螺旋），长6～20微米，宽为0.1～0.2微米，细密而整齐。暗视野显微镜下观察，呈细小的珠链状，革兰氏染色为阴性，但着色不易。常用的染色方法是姬姆萨氏染色和镀银染色。钩端螺旋体在宿主体内主要存在于肾脏、尿液和脊髓液里，在急性发热期，广泛存在于血液和各内脏器官。钩端螺旋体是严格需氧，最适培养温度28～30℃，最适pH值为7.2～7.5。钩端螺旋体的生化特性不活泼，不能发酵糖类。

钩端螺旋体对外界环境有较强的抵抗力，可以在水田、池塘、沼泽和淤泥里至少生存数月。在低温下能存活较长时间。对酸、碱和热较敏感。一般的消毒剂和消毒方法都能将其杀死。常用漂白粉对污染水源进行消毒。

2. *流行特点*

本病常呈方性流行或散发。病原主要由尿中排出，污染周围土壤、水源、饲料、圈舍、用具等，经消化道或皮肤黏膜引起传染。本病在夏、秋季多见，幼羊较成年羊易感且病情严重，一般呈散发。

3. 临床表现与特征

绵羊和山羊钩端螺旋体病得特征是，体温升高，血红蛋白尿，贫血，不育症，流产，死胎和围产期死亡。其临床表现，受感染的钩端螺旋体血清群的毒力，动物年龄，易感性，健康状态和最初感染的钩端螺旋体数量等因素影响。

绵羊和山羊钩端螺旋体病得急性期，出现食欲减退，不喜活动，体温升高0.5～2℃，喘息。发热发生在感染钩端螺旋体之后4～6天，持续4～5天。感染后5～8天出现钩端螺旋体血症。此时，在机体的不同组织，也可查见钩端螺旋体。有的出现血红蛋白血症和血红蛋白尿。血中血红蛋白含量和血细胞容量计数也显著减少。深红色的血清，表示有溶血性贫血，尿呈现深红色。感染后7～12天，红细胞的破坏达到最严重的程度。

绵羊钩端螺旋体病可并发流产，死胎和成为慢性携带者。

4. 临床诊断

由于某些血清群钩端螺旋体引起羊的轻症钩端螺旋体病，因而典型的临床表现并不明显。

死后解剖的病理变化：死于急性钩端螺旋体病的动物，全身情况通常较好。但出现不同程度的黄疸，血液较稀薄，膀胱处有粉红色尿，肾脏肿大，肾及肺均可见点状出血。妊娠动物可有流产。母体抗体出现前，钩端螺旋体可穿过胎盘屏障，造成胚胎死亡。

在亚急性和慢性患病动物，肉眼的改变仅限于肾脏。肾的皮质不同部位有白色病灶（1～5毫米直径），显微镜下肾损伤的特征是肾间质，肾小球周围和血管周围组织，有单核细胞，特别是浆细胞和淋巴细胞局灶性浸润；肾小球萎缩，纤维化，并可见到蛋白样管群。试验性感染的山羊，曾报告有脑内血管周围出血和

血管周围出血圈的现象；而在试验性感染的绵阳子宫内，膜内则出现以中等度上皮细胞的空泡化为特征的变化。

该病的确诊需要进行实验室诊断，包括显微镜凝集试验（MAT），PCR 方法，及病原的分离培养鉴定等。

5. 防制

绵羊和山羊的急性感染治疗可参考牛钩端螺旋体病的治疗，采用双氢链霉素 11 毫克/千克（5 毫克/公升），12 小时 1 次，共服 3 天。或 5 克，每天 2 次，连续 3 天，有效。此外，完善细心地管理动物，可大大有助于预防或使传染减少到最低程度。

流行期间，逐日记录所有动物体温，凡体温高于 39.5℃ 的动物，立即隔离，并用双氢链霉素治疗；清除所有排泄物，小产的胎羊，胎膜，并进行消毒；保证水源安全，健康牛群的供水不能受到感染动物尿的污染；消除有沼泽的区域；动物的饲养，居住，饮水等不宜过分拥挤；检查所有动物的血清。在流行开始和 1 个月后，在血清学转变期间，隔离并检疫动物；至少在 6 个月内，羊群不再增加羊。对从感染羊群分离出的未患病羊，自最后一例病羊发生后，隔离 6 ~ 9 个月；最大限度减少，以至消除与其他家养动物，啮齿类和其他野生动物的接触；在人工授精计划中，只能采用经证明没有钩端螺旋体感染的公羊的精液；早期将妊娠母羊和其他羊群分开。

第三节　羊的其他病原性传染病

一、山羊传染性胸膜肺炎

山羊传染性胸膜肺炎（CCPP）是由山羊支原体山羊肺炎亚种（Mccp）引起的山羊特有的急性或慢性高度接触性传染病。被世界动物卫生组织（OIE）列为 B 类传染病，以呈现纤维素性肺炎和胸膜炎为特征。据资料记载此病受感染羊发病率为19% ~90%，死亡率为40% ~100%，是亚洲各国引起山羊养殖重大经济损失的主要原因。

1. 病原

本病的病原体为支原体科支原体属的成员，典型的急性CCPP的病原是山羊支原体山羊肺炎亚种，原称生物型F38。最早在肯尼亚分离出来。Mecp属于丝状支原体簇中的一种，其中，丝状支原体簇包括6个亚型：①丝状支原体丝状亚种sC型，其代表株为PG1，引起牛传染性胸膜肺炎也可引起山羊发病。②丝状支原体丝状亚种LC型，其代表株Y-goat。此病原体一般引起山羊关节炎，肺炎，败血症。③丝状支原体山羊亚种，其代表株PG3，可导致山羊发病，多里肺炎，关节炎。④山羊支原体，其代表株California Kid，山羊和绵羊均发病，病羊表现为乳房炎，关节炎，败血症。⑤牛群7支原体，其代表株N29，导致牛的关节炎和乳房炎。⑥山羊支原体山羊肺炎亚种，其代表株F38，引起山羊特有的急性或慢性高度接触性传染病及山羊传染性胸膜肺炎。

Mcep与其中3种支原体关系十分密切：丝状支原体丝状亚种，丝状支原体山羊亚种和山羊支原体山羊亚种，这3种支原体引起的疾病通常伴有其他器官的损害和（或）除胸腔外机体其他部分引起病变。

本菌能通过细菌滤器，为一种细小多形性的菌体，丝状长度10 ~30微米。Mccp菌体直径大小为300 ~500纳米，多形，同一涂片可见有点状、球状或小环状，革兰氏染色阴性。

2. 流行病学

在自然条件下，本病主要经接触和呼吸道感染，只发生于山羊，尤以3岁以下的最敏感，其他畜禽不感染，有资料报道有从绵羊肺脏中分离到山羊支原体山羊肺炎亚种，也有在骆驼和牛体内发现 CCPP 病原体的报道。

人工感染山羊一般只限于胸腔和气管注射，皮下注射可引起少数山羊发生体温反应和局部肿胀，但不能引起肺部病变；肌肉注射可引起局部肿胀，呈湿性坏死，最后死亡；静注可引起典型的临床症状和病变；喷雾感染可使一部分山羊在 5～18 天发病，并能引起肺的肝样变。器官注射的潜伏期大多 3～7 天，发病率 95%。接触感染在 20 天后大多数可以发病。人工感染绵羊、兔、豚鼠不发病。

病羊是主要的传染源，其病肺组织和胸腔渗出液中含有大量病原体，主要经呼吸道分泌物排菌，耐过病羊肺组织内的病原体在相当长时间内排毒。

在冬春枯草季节，羊只消瘦、营养缺乏以及寒冷潮湿、羊群拥挤等因素，常诱发本病。多呈地方性流行，一旦该病在羊群中发生，传播非常迅速。新疫区的暴发几乎都是由于引进病羊而发病。发病后，在羊群中传播迅速，20 天左右可波及全群。冬季流行期平均 5 天，夏季可维持 1 个月以上。

3. 临床症状与病理特征

本病的潜伏期，平均 18～20 天，最短为 3～6 天，最长为 30～40 天。根据病程和临床症状，分为最急性、急性和慢性三型。

最急性型病的初期，体温升高达 41～42℃，精神极度委顿，拒食。呼吸急促，每分钟达 40～45 次，咳嗽，并流浆液带血鼻液；肺部叩诊呈浊音或实音，呼吸极度困难。每次呼吸全身颤动；黏膜明显充血、发绀，目光呆滞，呻吟哀鸣，不久窒息死亡。死前体温下降至常温以下。

急性型常见病初体温升高，食欲减退，呆立一隅，不愿走路，继之出现短而湿的咳嗽，伴有浆液性鼻漏。4～5 天后，咳嗽而有痛感，鼻液转为黏液一脓性并呈铁锈色，附于鼻孔和唇，结成棕色痂皮垢。听诊有实音区，呈支气管呼吸音和摩擦音。按压胸壁表面敏感、疼痛。当高热稽留不退时，则食欲废绝，呼吸很困难并有呻吟，眼睑肿胀，流泪或有黏液性眼汁，口中向外流出泡沫样口涎。腰背拱起，腹肋紧缩。孕羊大部分流产（70%～80%），最后病羊卧倒，极度衰弱。有的发生腹胀和腹泻，甚至口腔发生溃烂，唇、乳房等部的皮肤发疹。急性病例不超过4～5天，一般病程7～15天，死亡率高达60%～93.8%。

慢性型多由急性病例转变而来。全身症状较轻，体温40℃左右。病羊有时咳嗽和腹泻，鼻涕诊断时有时无，体况衰弱，被毛粗乱无光。如果饲养管理不当，往往造成死亡，一般转归良好。如屠宰检查，可见到肺部和胸壁留有慢性病痕。

本病的病变多局限于胸腔内脏器官。多在一侧发生严重的浸润和明显的肝变，其肝变区凸出肺表面，颜色由红至灰不等。切面星大理石状；纤维蛋白渗出液充盈使肺小叶间组织变宽，小时界限明显；支气管扩张，血管内血栓形成。胸腔常有淡黄色液体，多者达500～2 000毫升，暴露于空气后，可发生纤维蛋白凝块。胸膜变厚而粗糙，上有黄白色纤维蛋白层附着于胸膜与肋膜，心包发生粘连。心包积液，心肌松弛变软。急性病例还可见肝、脾大，胆囊肿胀，肾肿大，被膜下有小点溢血。

4. 诊断

山羊爆发性呼吸疾病的诊断，尤其是CCPP，比较复杂，特别在流行地区。必须和临床病理学上与其他相似的综合征区分开来。例如，小反刍兽疫，绵羊也同样易感；巴氏杆菌也容易引起大面积肺损伤而应该区分开来；还有乳腺炎、关节炎、角膜炎、肺炎和败血病综合征等，顾名思义，肺炎通常伴有其他器官病变。这些症状又很难与支原体簇中其他病原体引起山羊疾病区分，还需综合以下各方面进行确诊。

（1）病原学诊断。到目前为止，分离到病原是证实CCPP发

生的唯一方法，选择病料对于成功分离 Mccp 很关键。

在羊的急性发病期，无菌条件下取胸膜液 10 毫升，避免从病死羊选择病料，最好的办法是在羊群中找出没有接受过抗生素治疗的病羊，屠杀后取病肺。其他病科可经胸腔穿刺获得。如取病肺组织，可取正常肺部和病肺交界处，取病料关键是质量而并非数量，病料可放 4℃运输，最好不超过两天，在 -20℃保存数月，而不致使支原体生存能力丧失；如果要超过 10 个月，最好在 -70℃保存。保存病料时加青霉素和链霉素，防止其他细菌污染。

首次分离的 Mccp 生长需要 4 ~ 5 天。菌落的大小有 0.1 毫米，菌落在显微镜下可观察到传代后菌落呈明显的煎蛋状。在液体培养基培养传代时，呈现轻微混浊，需要做空白对照管对比观察。

支原体簇中其他成员在 24 ~ 48 小时长成 1 ~ 3 毫米大小的菌落，菌落不是很典型的煎蛋状，而且没有突出琼脂。支原体簇中 Mccp 和牛群 7 支原体两个亚种之间存在严重的血清学交叉反应，可采取 PCR 方法鉴定。

（2）临床诊断。根据 Meep 感染山羊引起的山羊最急性、急性，慢性 3 种型临床症状对山羊疾病作出初步判断。

根据主要病理变化：病变均局限于胸腔内部器官，多见一侧肺出现严重的浸润和明显的肝变，切面呈大理石样：纤维蛋白渗出充盈使肺小叶间组织变宽，支气管扩张，血管内血栓形成。

（3）血清学诊断。被认可的调查此病的血清学方法主要是补体结合试验（CFT），改方法是国际贸易制定试验，CFT 的特异性和敏感性不是很高，适用于做群体监测，主要是监测早期抗体，对预防 CCPP 有积极的意义。竞争酶链免疫吸附试验（cELISA）可用于大量的血清学检测，山羊感染 CCPP 较长时同后，用 C-ELlSA 监测抗体效价要比用补体结合试验更好，补体结合试验一般在感染病原3个月后就检查不到抗体。但C-ELISA存在问题是，丝状支原体簇中存在严重的血清学交叉反应，仅通过此试验难以确诊。

5. 防治

(1) 山羊羊病的防治必须坚持“预防为主”的方针。应加强饲养管理，搞好环境卫生，做好防疫，检疫工作。首先，加强饲养管理，提高羊体的抵抗力。坚持自繁自养：羊场或养羊专业户应选择健康的良种公羊和母羊，自行繁殖，以提高羊的品质和生产性能，增强对疾病的抵抗力，并减少入场检疫的劳务，防止因引入新羊带来病原体。

(2) 消毒。消毒的目的是消灭传染源散播于外界环境中的病原微生物，切断传播途径，阻止疫病继续蔓延，羊场应建立切实可行的消毒制度，定期对羊舍（包括用具）地面土壤、粪便、污水、皮毛等进行消毒。

(3) 定期进行免疫接种，提高羊体特异性免疫力。国外研制了大量的山羊传染性胸膜肺炎疫苗，国内山羊传染性胸膜肺炎氢氧化铝苗，山羊皮下或肌肉注射：6个月龄山羊5毫升；6个月以内羔羊3毫升，免疫期是一年。免疫接种疫苗可激发动物机体对某种传染病发生特异性抵抗力，使其从易感转为不易感的一种手段。在平时常发生某种传染病的地区或有某些传染潜在危险的地区，有计划地对健康羊群进行免疫接种，是预防和控制羊传染病的重要措施之一。病羊尸体要焚烧或深埋，不得随意抛弃。对健康羊和可疑感染羊，要进行疫苗紧急接种或用药物进行预防性治疗。急性烈性传染病时，应立即报告有关部门，划定疫区，采取严格的隔离封锁措施，并组织力量尽快扑灭。

(4) 发生传染病时采取果断措施一把传染病扑灭在萌芽之中。羊群发生传染病时，应立即采取一系列紧急措施，就地扑灭，以防止疫情扩大。兽医人员要立即向上级部门报告疫情，同时要立即将病羊和健康羊隔离，不让它们有任何接触，以防健康羊受到传染，对于发病前与病羊有过接触的羊（可疑感染羊），也必须单独圈养羊，经过20天以上的观察不发病，才能与健康羊合群；如有出现病状的羊，则按病羊处理。对已隔离的病羊，要及时进行药物治疗，达氟沙星治疗效果显著。

（5）检疫杜绝传染病的入侵。检疫是应用各种诊断方法（临床的、实验室的），对羊及其产品进行疫病（主要是传染病和寄生虫病）检查，并采用相应的措施，以防止疫病的发生和传播。

二、流行性眼炎

山羊流行性眼炎，又称传染性角膜结膜炎、波及全眼球组织，眼前房积脓或角膜破裂，晶体可能急性接触性传染性结膜炎、眼炎、滤泡性结膜炎脱落，造成永久失明。俗称“红眼病”。其特征是先侵害结膜，接着延及角膜，有时两者同时发病。乳用山羊患病时传播极快，一周之内即可波及全群，发病率为90%～100%。在放牧羊群中，病羊常因双眼失明而觅食困难，行动不便，易发生滚坡、碰撞引起损伤、流产，甚至摔死。

1. 病原

病原为结膜立克次氏体或结膜支原体或衣原体和细菌。有时为三者联合所引起。国内报告山羊的病原为立克次氏体。

2. 流行病学

病原存在于眼结膜及分泌物中，通过群体饲养而接触传染。蝇类虽是本病的传播者，但非主要传播因素，因为本病的发生没有季节性，在冬春季没有蝇类活动时，仍能很快传播。

3. 临床症状

发病初期呈结膜炎症状，流泪、畏光、眼睑半闭。眼内角流出浆液或黏液性分泌物，不久则变成脓性。上下眼睑肿胀、疼痛，结膜潮红，并有树枝状充血，个别病例的结膜上有出血斑，其后发生角膜炎。随着病情的发展，结膜上的血管伸向角膜，在角膜边缘形成红色充血带。由于炎症的蔓延，可以继发虹膜炎。角膜在病初一般变化不大，经1~2天后出现混浊；起初半透明，浅蓝色，以后混浊度逐渐增加，严重者角膜增厚，并发生溃疡，形成角膜瘢痕。有时可波及全眼球组织。眼前房积脓或角膜破裂。晶体可能脱落。造成永久失明。

4. 防治

（1）首先应隔离病畜并且病畜接触过的地方应彻底消毒以防扩大传染将病畜放入黑暗处避免光线刺激，使其安静休息，促进病畜康复。

（2）用2%～5%的硼酸水或淡盐水冲洗病眼，用红霉素、四环素、2%黄降汞或2%可的松眼药水点眼，也可用青霉素加地塞米松2毫升、0.1%肾上腺素1毫升 混合点眼2~3次/天连用数天。

（3）封闭疗法用2毫升2%普鲁卡因稀释一支80万单位的青霉素或50万单位链霉素溶液2~3毫升注射到患病眼侧的眼后眶上孔内，连用3~5天。

（4）止血疗法是一种非特异性刺激疗法，可产生一种非特异性脱过敏作用促进白细胞吞噬作用，从而增强机体免疫力对出现角膜，混浊或白内障的病畜可滴入拨云散或青霉素50万单位，加病畜全血2~3毫升 眼睑皮下注射。

（5）中草药疗法，硼砂10克、荆芥10克、白矾10克，薄荷20克，玉金20克，煎水灌服1剂/天，连服3剂，野菊花、鲜桑叶、车前草各一把，生石膏20克煎水灌服1剂/天连用数天。

三、痒病

痒病是由朊病毒引起绵羊和山羊的一种慢性退行性中枢神经系统疾病。其特征为潜伏期长、居痒、精神不振、运动失调、肌肉震颤、衰弱和瘫痪，最终死忙。

本病于18世纪在许多国家曾有发生，在英国、比利时、法国、德国、西班牙、印度、冰岛、澳大利亚、新西兰、加拿大、美洲均有本病的报道。1983年我国从英国进口的种羊中发现疑似病例。

1. 病原

本病的病原为朊病毒（Prion virus），朊病毒是由细胞正常蛋白质变构后获得致病性的一种蛋白颗粒。朊病毒蛋白（Prion protein，Prp），其外观无病毒样结构，为淀粉样颗粒，一多种分子形式存在（Prpsc，Prpc，及Prp27～30），颗粒中无核酸具有传染性。本病毒组成单位是分子质量单位为33×103～35×103的Prpsc，是寄住细胞的染色体基因编码，来源于Prpc。Prpsc经蛋白酶K的处理后，降解为Prp27～30。本病毒不产生干扰素。

病毒的培养：本病毒在Vero细胞和小鼠脑单层细胞上增值，可引起细胞融合，但不产生明显的细胞病变。

抵抗力：本病毒对理化因素的抵抗力非常强，对高热和福尔马林溶液具有耐受性。病羊脑组织滤液能耐受80～100，30分钟，121，30分钟方可灭活。在0.25～2福尔马林溶液中能存活4个月或更长，在pH值2.5～10.0时稳定，并对氯仿、乙醚、石炭酸溶液有抵抗力。

2. 流行特点

主要侵害绵羊，其次为山羊，尤其2～4岁的绵羊最为易感，18个月一下的有抵抗力，据报道，遗传因素与易感性有相关性。如美国的苏福克（Suffolk）种绵羊比其他品种已发生本病，而纯种绵羊较杂种羊易感。

不同品种和品系的绵羊，易感性不同。病羊是本病的传染源。痒病可经口腔或黏膜感染，也可在子宫内以垂直方式传播，直接感染胎儿。首次发生痒病的地区，发病率为5%～20%或高一些，病死率极高，几乎100%。在已受感染的羊群中，以散发为主，常常只有个别动物发病。

3. 临床表现与特征

本病潜伏期较长，一般为2～5年或以上。病初期，潜伏期长短受宿主遗传特性和病原株系等许多因素影响。以瘙痒与运动共济失调为临床特征。瘙痒部位多在臀部、腹部、尾根部、头顶部和颈背侧，常常是两侧对称性的。病羊频频摩擦，啃咬，蹬踢自身的发痒部位，造成大面积掉毛和皮肤损伤。运动失调表现为：转弯僵硬、步态蹒跚或跌倒，最后衰竭，躺卧不起。其他神经症状有：微颤、癫痫和瞎眼。

尸体剖检无明显病变，可见机体消瘦、皮肤损伤。病理组织学变化仅见于脑干和骨髓，特征性的病变为神经细胞的皱缩和空泡变性，星形细胞异常肥大，增殖和海绵样性变。皱缩的神经细胞，用碱性染料色后，核固缩不明显，细胞质空泡或者只有一个大的，或者有很多小的海绵样性变使基质纤维间形成小孔，多见于小脑部，无炎症现象。

4. 临床诊断

根据临床症状可做出初步诊断，确诊需进一步做实验室诊断。

病毒学诊断：痒病主要诊断依临床观察。病理组织学如发现灰质部神经元有空泡形成，可以确诊。实验室诊断可用动物感染试验、免疫学检测、痒病相关纤维检查及单克隆抗体检测。

鉴别诊断：本病应与螨病、虱病相鉴别。这两种病虽然都能引起檫痒、抓伤、咬伤、皮炎和羊毛的损坏，但可发现满和皮。

5. 防治

目前，尚无有效疫苗防制本病。一般性综合性防疫措施基本无效。在无本病发生的国家，引进种羊时，要严格进行检疫。如果发现本病，因立即扑杀，全部淘汰，严格封锁，健康羊只隔离观察42个月。对隔离场所要定期消毒，消毒时用5%～10%氢氧化钠溶液作用1小时或用0.5%～1%次氯酸钠溶液作用2小时。病羊及凝似病样的尸体用焚烧的方法处理。

四、附红细胞体病

附红细胞体病是由附红细胞体（Eperythrozoon）引起的多种动物感染的人畜共患病。附红细胞体寄生于红细胞的表面或游离于血浆中，引起贫血，黄疸，发热等症状。

1. 病原

附红细胞体的分类学地位存在争议，目前国际上按1984年版《伯杰细菌鉴定手册》进行分类，附红细胞体属于立克次氏体目、无浆体科、附红细胞体属。但有学者根据16S rRNA基因的序列进行系统发育分析和其他分子分类学上的以及病原形态方面的证据认为附红细胞体在分类上和血巴尔通氏体一起应更接近于支原体属，与肺炎支原体更为接近的新群体，根据这类寄生于血液中的特性也可以称为血原体，以前人们对与两者的分类根据的是附红细胞体显微镜下可以看到环形而血巴尔通氏体很少见到；附红细胞体主要寄生于红细胞的表面，也可以游离于胞浆中而血巴尔通氏体仅仅附着于红细胞表面，这些并不是确切的分类依据，根据16S rRNA基因的序列分析表明附红细胞体和血巴尔通氏体有较近的关系应该合并为一个属。

2. 流行病学

附红细胞体病分布范围广，根据我国动物流行病学中心官方网站的不完全的统计该病分布于五大洲的27个国家，我国

1991—2001 年间除浙江、海南、四川、贵州和西藏 5 个省自治区外，我国其他地区均有发生。附红细胞体对宿主的选择并不严格，人、牛、猪、羊、犬等多种动物的附红细胞体病在我国均有报道，实验动物小鼠、家兔均能感染附红细胞体。

本病的传播途径还不清楚，接触传播、血源传播、垂直传播及昆虫媒介传播等都为可能的途径。动物之间或动物与人之间的直接接触可能发生传播，通过伤口接触污染源或污染附红细胞体的针头引起血源性传播，胎盘传播该病也已经在临床证实，证实人群附红细胞体可以经由脐带从母体传播给新生儿。也有临诊证明经由消化道也可以感染附红细胞体。由于附红细胞体寄生于血液内，又多发生于夏季，因此，推测本病的主要传播与吸血昆虫有关，特别是蚊及猪虱，国外已有用螫蝇传播绵羊附红细胞体、以蜱为媒介感染牛附红细胞体成功的报道，但目前尚无确凿的证据证实吸血昆虫的主要传播作用。

3. 临床症状

主要发生在临产的母羊和断奶的羔羊。对宿主的年龄没有特异性，各个时期的羊只均能感染。急性感染的羊只表现典型的临床症状，寄生严重的羊只出现溶血性贫血，造成死亡。然而该病一般以隐性感染为主，常常带菌存在，亚临床症状多种多样，如食欲减退，精神沉郁，呆立一隅，低头伸颈，体温升高，最高可高达 41.4℃。同时降低机体的免疫能力，使动物容易继发感染其他疾病，是严重威胁养殖业的一种重要传染病。

4. 诊断

目前，直接镜检仍然是诊断附红细胞体病的主要手段，主要有鲜血压片法和涂片染色法。鲜血压片法主要观察到的是红细胞的变形程度和运动中的虫体，但是国外并没有该方法应用于诊断附红细胞体的报道。涂片染色法包括姬姆萨染色法，瑞氏染色法，姬姆萨瑞氏混染以及吖啶橙染色法，这些方法中除吖啶橙要求较高的试验室设备外，其他的染色方法快速、简便。便于临床初步诊断。但由于虫血症是暂时的，并且染色方法染料色素的沉着与虫体不易区分，用荧光显微镜检查吖啶橙染色的血涂片较姬姆萨染色法检出率高好的。

在血清学诊断方面已建立了间接血凝试验（IHA）、补体结合试验、酶联免疫吸附试验（ELISA）等方法。分子生物学方法主要包括分子杂交、聚合酶链式反应（PCR）以及PCR-微孔板杂交-酶免疫法定量检测方法。

5. 防治

目前，对于附红细胞体的传染途径并没有一个确切的结论，普遍的认为是通体液接触感染的，这个途径就包括伤口接触，虫媒叮咬，母婴传播和性传播等。那么预防附红细胞体病，包括避免动物的对不明液体的接触和感染，做好环境消毒和生物消毒工作，保持医疗器械的生物安全（手术刀、注射针头等）等方面。在对种畜进行检查和治疗，确保种畜不带有附红细胞体，而给全群附红细胞体的爆发带来隐患。

目前，用于治疗附红细胞体的药物主要有四环素、金霉素、土霉素、砷制剂、贝尼尔等多种，种类虽然很多，但真正特效并能将虫体完全清除的药物还不存在，每一种药物对病程较长和症状严重的患畜效果都不好，其原因有药物本身对附红细胞体只有抑制作用，而没有杀灭作用，更大一部分的原因在于没有找到特别有效的药物靶位点。

附红细胞体的免疫预防研究目前仍是空白。

五、羊衣原体病

羊衣原体病（Chlamydia）是有鹦鹉热亲衣原体引起的绵羊、山羊的一种传染病。临床上以发热、流产、死产和产出弱羔为特征。在疾病流行的过程中，可见部分羊表现为多发性关节炎、结膜炎等症状。本病呈世界分布，我国也有发生。

1. 病原

鹦鹉热亲衣原体分类上属于衣原体科，衣原体属。衣原体是一类具有滤过性，含有 DNA 和 RNA 两种核酸，只能严格在细胞内繁殖，不能在细胞外生长繁殖的原核型微生物。

染色特性：革兰氏染色阴性，在各生活周期其形态不同，染色反应亦不同。经姬姆萨染色，形态较小而具有传染性的元体被染成紫色，形态较大的繁殖性网状体则被染成蓝色。在受感染的细胞内，可检测到不同形态元体所组成的包涵体，对本病的诊断具有特异性。

衣原体的培养：衣原体在一般培养基上不能繁殖，绝大多数衣原体可以在 5 ~ 7 日龄鸡胚卵黄囊或 8 ~ 10 龄鸭胚卵黄囊内生长繁殖。可在小鼠、羔羊等易感动物组织的原代细胞繁殖衣原体，也可在 Hela 细胞、Vero 细胞、BHK21 细胞、HL 细胞或 FL 细胞等传代细胞系增殖衣原体。

抵抗力：鹦鹉热亲衣原体抵抗力不强，对某些抗生素和热均敏感。鸡胚卵黄囊中的衣原体在 -20℃ 可保存数年。0.1% 福尔马林溶液、0.5% 石炭酸溶液、75% 酒精、3% 氢氧化钠溶液均能将其灭活。衣原体对青霉素、四环素、红霉素等抗生素敏感，而对链霉素有抵抗力。

2. 流行特点

绵羊和山羊均易感，许多野生动物和禽类是本病病原的自然贮藏宿主。病羊和带菌羊为主要传染源，可通过粪便、尿液、乳汁、泪液、鼻分泌物以及流产的胎儿、胎衣、羊水等排出病原体，污染水源、饲料及环境。

本病主要经呼吸道、消化道及损伤的皮肤、黏膜感染。病公羊精液经人工授精或与母羊本交后通过子宫黏膜可传播本病。蜱、螨等吸血昆虫叮咬也可造成本病的传播。本病多呈地方性流行，水平传播、垂直传播。饲养密集，营养缺乏，长途运输或迁徙，寄生虫侵袭等应激因素可促进本病的流行。

3. 临床表现与特征

本病的潜伏期一般为2~3个月。病羊最突出的症状是流产、死产或分娩出体质虚弱的羔羊。流产通常是在产前一个月左右，初次流产在整个羊群中比率较高，占20%~30%。以后每年母羊流产约有5%，本病在羊群中长期存在。母羊流产后胎衣常常难以排出，并不断流出污浊不洁的炎性分泌物，继发细菌性感染后易引发子宫内膜炎。可见病羊发热，精神委顿，食欲减退。流产胎儿多为死胎。患病羔羊体温升高，体重增长缓慢。有的病羊呈现结膜炎症状，结膜充血、水肿、流泪。发病的第2~3天角膜发生不同程度的混浊、血管翳、溃疡或穿孔，经24天开始愈合。肠炎时病羊持久腹泻，精神不振，拒食、体温升高及白细胞增多。腹泻呈水样便并带有血液和黏液。肺炎时病羊体温升高1~2℃，跛行，出现关节炎，往往离群喜卧，出现浆液性或黏液性鼻漏。

剖检可见流产母羊胎膜水肿，出血素质严重，胎盘绒毛膜含有颗粒状和污秽不洁的血样斑块。胎膜周围渗出物呈棕色。流产胎儿水肿、腹水，器官黏膜有淤血。肺炎时呼吸道黏膜为卡他性炎症，黏膜潮红，器官内充满黏稠性黏液。肺的尖叶、心叶、整个或部分隔叶有紫红色至灰红色的实质病变灶，稍有隆起，界限清楚。肺间质水肿，支气管增厚，切面多汁呈红色，有黏稠分泌物流出。肠炎时常呈急性卡他性胃肠炎，胃和小肠黏膜面无光泽，十二指肠和盲肠浆膜面有条纹状出血。真胃黏膜充血水肿，有小点状出血和小溃疡，以回肠最明显。回盲瓣淤血或点状出血。肠系膜淋巴结肿大、出血，肠系膜淋巴管扩张。肝表面有浅黄色斑点，胸膜、心外膜、胰脏和膀胱有点状出血。关节炎时，大的关节如枕骨关节，常有淡黄色液体增多而扩张。滑膜水肿并有不同程度的点状出血，附有疏松或致密的纤维素性碎屑和斑块。滑膜粗糙，腱鞘可见有类似变化，但纤维素较少。脑脊髓炎时，中枢神经系统充血、水肿，脑脊髓液增多，大脑、小脑和延脑有弥漫性炎症变化。结膜炎时，结膜充血、水肿，结膜的上皮样细胞浆液中出现网状体，也可见到衣原体。在本病流行的羊群中，可见公羊患有睾丸炎、附睾炎等疾病。

4. 诊断

根据流行病学资料，流产、死胎等典型临床症状及尸体剖检病变可做出初步诊断，确诊需依据实验室检验结果。

（1）实验室诊断。病料采集：采集血液、脾脏、肺脏及气管分泌物、肠黏膜和肠内容物、流产胎儿及流产分泌物等病料，送实验室进行病原学检测，病原分离，动物接种试验。衣原体对卡那霉素和链霉素具有强大的抵抗力，可于每毫升病料中加入0.5~1毫克卡那霉素或链霉素进行处理，以除去杂菌。

染色镜检：将病料涂片，姬姆萨染色镜检可发现圆形或卵圆形的病原颗粒。

病原分离：将病料悬液0.2毫升接种于孵化5~7天的鸡胚卵黄囊内，感染鸡胚常于3~5天死亡，胚胎或卵黄囊表现充血、出血。取卵黄囊抹片镜检，可发现大量的衣原体。有的衣原体则须盲传几代，方能检出衣原体。动物接种试验将病料接种无特定病原的小鼠或豚鼠，经脑内、鼻腔或腹腔途径接种，均可进行衣原体的分离。

血清学试验：用补体结合试验可检查衣原体的属抗原。衣原体引起羊的流产，在流产后14天补体结合抗体滴度升高，4个月后开始下降，9~11个月后很少查出。我国补体结合反应的标准暂定为1∶16为阳性，1∶8为可疑，在1∶4以下为阴性。

（2）鉴别诊断。本病应注意与布鲁氏菌病、弯曲菌病、沙门氏菌病等类似病的鉴别诊断。布鲁氏菌病的特征是妊娠母羊的生殖器官和胎膜发炎，引起流产、不育和各种组织的局部病灶，

公羊发生睾丸炎。病料革兰氏染色阴性。用布鲁氏菌血清凝集反应，补体结合反应呈阳性。弯曲菌病的特征是羔羊在秋冬季节发生败血性下痢。病料革兰氏染色阴性，菌体呈多形性，主要为螺旋形、S形和逗号形。

沙门氏菌病沙门氏菌病以羔羊下痢，妊娠母羊流产为特征。病料革兰氏染色阴性。

5. 防治

加强饲养卫生管理，消除各种诱发因素，防止寄生虫侵袭，增强体质。发生本病时，流产母羊及其所产弱羔应及时隔离。流产胎盘、产出的死羔应进行无害化处理。污染的羊圈、场地等环境用2%氢氧化钠溶液、2%来苏儿溶液等彻底消毒。

免疫预防：本病流行的地区，用羊流产衣原体油佐剂卵黄囊灭活疫苗对母羊和种公羊进行免疫接种，可有效控制本病的流行。在羊怀孕前或怀孕后1个月内皮下注射，每只3毫升，免疫期1年。

治疗：可采取对症疗法，发热时可肌内注射安乃近或氨基比林针剂。为防止继发其他细菌性疾病可肌内注射青霉素或四环素等抗生素，也可将四环素类抗生素混于饲料中饲喂，连用1～2周。对体质较弱的羊，可采取输液疗法。患结膜炎时可用土霉素软膏点眼治疗。

第二章　羊的寄生虫病

第一节　原虫病

一、弓形虫病

弓形虫病是由刚第弓形虫所引起的一种人兽共患寄生虫病。本病在全世界广泛存在和流行。据血清学方法调查统计，我国羊弓形虫感染率为0.35% ~37%。不仅直接危害养羊业，而且对整个畜牧业的发展及人类的健康都构成一定的威胁。

（一）病原

本病病原为弓形虫科、弓形虫属的刚第弓形虫。弓形虫的终末宿主是猫，人、多种哺乳动物及禽类是中间宿主。其感染途径亦可包括经口感染，经胎盘感染及通过宿主受损的皮肤、黏膜发生感染。本病的感染与季节相关，7 ~9 月相对 3 ~6 月的感染率要高。

（二）临床特征与表现

急性病例主要症状是发热、呼吸困难和中枢神经障碍。大多数成年羊呈隐性感染，主要表现为妊娠羊常于正常分娩前 4 ~6 周出现流产，其他症状不明显。流产时，大约一半的胎膜有病变，绒毛叶呈暗红色，在绒毛中间有许多直径为 1 ~2 毫米的白色坏死灶。产出的死羔皮下水肿，体腔内有过多的液体，肠内充血；脑尤其是小脑前部有广泛性炎症性小坏死点。此外，在流产

组织内可发现弓形虫。少数病例可出现神经系统和呼吸系统症状，表现呼吸困难，咳嗽，流泪，流涎，有鼻液，走路摇摆，运动失调，视力障碍，心跳加快，体温41℃以上，呈稽留热，腹泻等。

剖检可见淋巴结肿大，边缘有小结节，肺表面有散在的小出血点，胸、腹腔有积液。此时肝、肺、脾、淋巴结涂片检查可见弓形虫速殖子。

（三）诊断

本病的确诊必须依据实验室病原检查及血清学试验加以判定。

1. 病原体检查

（1）涂片染色镜检生前可用患羊的发热期血液、脑脊液、眼房水、尿、唾液成淋巴穿刺液涂片染色，死后则通常采用肺、肝及淋巴结等脏器进行涂片。上述材料涂片自然干燥后，用甲醇固定2～3分钟，瑞氏液直接染色3～5分钟，或以姬姆萨液染色20～30分钟，水洗干燥后进行镜检。

（2）集虫检查如脏器涂片未发理虫体，可采肺门淋巴结或肝组织3～5克，捣碎后加10倍生理盐水混匀，用双层纱布过滤，以每分钟500转的速度离心3分钟，取上层液，再以2 000转/分钟的速度离心10分钟，取其沉淀物涂片染色镜检。

（3）压片及切片检查主要用于检查慢性或隐性感染的患畜各组织中的包囊型虫体。检查时需将病变组织制成切片或压片，染色后镜检。

（4）动物接种试验对于未查出虫体的可疑病例，可取其肺、肝、脾及淋巴结等组织研碎后加10倍生理盐水（每毫升加青霉素1 000单位、链霉素1 000微克）混匀，静置，用上清液接种于小白鼠腹腔，每只接种0.5～1.0毫升，连续观察20天，若小白鼠出现呼吸促迫或死亡，取腹腔液或脏器进行涂片检查。初次接种的小白鼠可能不发病，可用同法对小白鼠进行连续三代盲传，最终进行结果判定。

2. 血清学诊断

此法主要用于生前诊断和流行病学调查。常用的方法有色素试验（染色试验）、间接血凝试验、荧光抗体法、补体结合试验、酶联免疫吸附试验、皮内变态反应及琼脂扩散反应等。

（四）预防

（1）应做好畜舍卫生工作，定期消毒。

（2）饲草、饲料和饮水严禁被猫的排泄物污染。

（3）对羊的流产胎儿及其他排泄物要进行无害化处理，流产的场地亦应严格消毒。

（4）严格处理死于本病或疑为本病的畜尸，以防污染环境或被猫及其他动物吞食。

（五）治疗

对急性病例可应用磺胺类药物，与抗菌增效剂联合使用效果更好，亦可考虑使用四环素族抗生素和螺旋霉素等。上述药物通常不能杀灭包囊内的慢殖子。常用药物如下。

（1）磺胺嘧啶 + 甲氧苄胺嘧啶前者按每千克体重 70 毫克，后者按每千克体重 14 毫克，每日 2 次，口服，连用 3 ~ 4 天。

（2）磺胺甲氧吡嗪 + 甲氧苄胺嘧啶前者按每千克体重 30 毫克，后者按每千克体重 10 毫克，每日 1 次，口服。连用 3 ~ 4 天。

（3）磺胺-6-甲氧嘧啶按每千克体重 60 ~ 100 毫克；或配合甲氧苄胺嘧啶（每千克体重 14 毫克），每日 1 次，口服，连用 4 次。可迅速改善临床症状，并有效地阻抑速殖子在体内形成包囊。

二、红尿病

红尿病又称绵羊巴贝斯虫病，是由巴贝斯虫寄生在绵羊和山羊的红细胞引起的一种急性或慢性传染性但非接触传染性疾病，其特征为发热、贫血、血红蛋白尿和黄疸。本病的传播媒介是蜱。我国甘肃、青海和四川等西部地区均有发生，见于所有品种、性别的绵羊和山羊，6 月龄至 12 月龄的羊比其他年龄组发病率高。大多数病例出现在春季当蜱大量存在、旺盛活动的时期，常造成大批羊死亡，危害非常严重。

1. 病原

病原为莫氏巴贝斯虫和绵羊巴贝斯虫。莫氏巴贝斯虫的毒力较强，虫体在红细胞内单独或成对存在；成对者呈锐角，占据细胞中央；绵羊巴贝斯虫亦单独或成对存在，占据细胞周边。这两种病痊愈后，免疫力均不完全，大多数动物含有隐性感染。

巴贝斯虫的生活史尚不完全了解，但已知绵羊巴贝斯虫病的主要传播者为扇头蜱属的蜱。病原在蜱体内经过有性的配子生殖，产生子孢子，当蜱吸血时即将病原注入羊体内，寄生于羊的红细胞内，并不断进行无性繁殖。当硬蜱吸食羊血液时，病原又进入蜱体内发育。如此周而复始，流行发病。

2. 临床特征与表现

病羊主要表现为发热、贫血、血红蛋白尿、黄疸和虚弱。体温升高至 41 ~ 42℃稽留数日，或直至死亡；呼吸浅表，脉搏加快；食欲减退或废绝，病羊精神委顿，黏膜苍白、黄染。红细胞减少，大小不匀。后期常出现腹泻，死亡率达 30% ~ 40%，慢性感染羊除生长不良和寄生虫血症外，通常不显症状。

剖检表现为黏膜与皮下组织贫血、黄染；肝、脾和淋巴结肿大变性，有出血点；胆囊肿大 2 ~ 4 倍；心内、外膜及浆膜、黏膜亦有出血点和出血；肾脏充血发炎；膀胱扩张，充满红色尿液。

3. 诊断

在流行地区，根据典型症状和病损、染色血片的红细胞中发现梨形体可作出诊断。血液红细胞的虫体感染率较低时，可先进行集虫，再制片检查。

4. 预防

（1）预防的关键在于灭蜱，可根据流行区蜱的活动规律，有计划地实施灭蜱措施，通过药物消灭动物身体、舍内外的蜱，或者避免在大量蜱滋生的牧场放牧，从而达到减少接触蜱的机会，防止蜱传播疾病。

（2）加强检疫，购入或外运羊只，必须进行检疫，避免将病原带入或传出，发现病羊，早采血检查，及时治疗。

（3）在流行地区，应于每年发病季节对羊群进行药物预防注射。通过应用杀虫剂，能减少和控制绵羊和山羊巴贝斯虫病。皮下或肌肉注射5%硫酸喹啉脲（硫酸阿卡普林）溶液2毫升，可防止感染绵羊巴贝斯虫病的羊发病。

5. 治疗

应尽快做到早确诊，早治疗，除应用特效药物外，可辅以强心、补液等措施，并加强护理，促使患羊及早痊愈。常用的特效药物有：

（1）贝尼尔又称三氮脒，按每千克体重7~9毫克，以消毒过的蒸馏水配成2%溶液，肌肉注射1次或2次。

（2）黄色素又名锥黄素，吖啶黄，每千克体重3~4毫克，配成0.5%~1%水溶液，静脉注射。注射时药物不可漏出血管外。在症状未见减轻时，可间隔24~48小时再注射1次。

（3）阿卡普林又名喹啉脲，剂量以5%的水溶液按每千克体重0.02毫克，皮下或肌肉注射。如果脉搏加快，可将总量分为3次注射，每2小时1次。必要时，24小时后可重复用药。

三、泰勒虫病

泰勒虫病由山羊泰勒虫和绵羊泰勒虫在羊血液中传播引起的一种羊血液原虫病，主要表现为持续高温，呼吸困难，后期出现眼结膜苍白、黄染、贫血，还有血红蛋白尿。山羊泰勒虫病主要发生于4～5月，5月为高峰，1～6月龄羔羊发病率高，死亡率也高，1～2岁羊次之，成年羊很少发病。

1. 病原

病原为山羊泰勒虫和绵羊泰勒虫，寄生部位为绵羊和山羊的红细胞和淋巴细胞内。山羊泰勒虫分布于北非、东地中海沿岸、中东地区、前苏联南部和印度，我国主要以山羊泰勒虫感染为主，四川、甘肃、青海等地有报道。绵羊泰勒虫的致病性小或无致病性，主要分布于非洲、欧洲、前苏联、印度、斯里兰卡和西亚地区。本病的传播媒介是蜱，在我国山羊泰勒虫病的传播媒介为青海血蜱。

2. 临床特征与表现

病羊精神沉郁，食欲减退，体温升高到40～42℃，稽留4～7天，呼吸急促，反刍及胃肠蠕动减弱或停止。有的病羊排恶臭稀粥样粪，杂有黏液或血液。个别羊尿液混浊或血尿。结膜初期充血，继而出血贫血和轻度黄疸。体表淋巴结肿大，有痛感。肢体僵硬，以羔羊最明显，有的羊行走时前肢提举困难或后肢僵硬，举步十分艰难；有的羔羊四肢发软。卧地不起。病程6～12天。

剖检可见尸体消瘦，血液稀薄，皮下脂肪胶冻样。有点状出血。黏膜与皮下组织贫血、黄染，全身淋巴结呈不同程度的肿胀，以肩前、肠系膜、肝、肺等处较显著；切面多汁、充血，有些淋巴结呈灰白色，有时表面可见颗粒状突起。肝、脾和淋巴结肿大变性，有出血点，胆囊肿大2～4倍，心内、外膜及浆膜亦有出血点和出血斑，肾脏充血发炎，膀胱扩张、充满红色尿液。皱胃黏膜上有溃疡斑，肠黏膜上有少量出血点。

3. 诊断

通过流行病学、临床症状、病理变化可作出初步诊断，确诊还需实验室进一步诊断。在病羊发病初期采血涂片姬姆萨染色镜检，在红细胞内看到圆形，豆点样虫体即可确诊。

4. 预防

(1) 本病的发生与蜱的活动密切相关，灭蜱是预防本病的关键。在春夏易发病季节，每隔15日用3%敌百虫或0.05%双甲脒药浴。

(2) 在发病季节对对羊群采用咪唑苯脲或贝尼尔进行预防注射：贝尼尔按每千克体重3毫克配成7%的溶液，深部肌肉注射，每20天1次，对预防山羊泰勒虫病有效。

(3) 把好检疫关，不从流行区引进，新引进的羊只，隔离观察无异常后再混群饲养。

5. 治疗

(1) 贝尼尔按每千克体重7~10毫克，以蒸馏水配成1%~5%溶液，作分点深部肌肉注射，每天1次，连用3天。

(2) 咪唑苯脲按每千克体重1.5~2毫克，配成5%~10%水溶液，皮下或肌肉注射。

(3) 磷酸伯胺喹啉按每千克体重0.75毫克，每天灌服1剂，连用3剂，对泰勒虫病有特效。

(4) 对症治疗对患病羊要加强护理，减少外出放牧，补充精料；对高热患羊，可用解热药如安乃近、安痛定、萘普生治疗；防止继发感染进行抗生素治疗；同时，辅以强心补液、调整胃肠道的功能等治疗。

四、球虫病

羊球虫病是由艾美尔属球虫寄生于绵羊或山羊肠道引起的一种原虫病，主要表现为下痢、消瘦、贫血、发育不良为特征的疾病，严重的可引起羊只的死亡，尤其对羔羊危害较大。

1. 病原

已报道绵羊球虫有16种，山羊球虫有15种。各种品种的羊对本病均有易感性，但以羔羊患病严重，死亡率也高，成年羊多半为带虫者，常发生于4～9月，在潮湿、沼泽的草场上放牧的羊容易发生。

2. 临床特征与表现

病羊发病时体温升高，有时升致40～41℃，死亡率约为10%。病羊精神不振，食欲减退或废绝，体重下降，被毛粗乱，可视黏膜苍白，腹泻，粪便中带有血液、剥脱的黏膜和上皮，恶臭，粪便中含有大量的卵囊。

剖检可见尸体消瘦，后肢及尾部污染有稀粪。仅小肠有明显的病变，肠黏膜上有淡白或黄色圆形或卵圆形的结节，如粟粒大到豌豆大，常成簇分布，能从浆膜面上观察到。十二指肠和回肠有卡他性炎症，有点状或带状出血。

3. 诊断

通过流行病学、临床症状、病理变化可作出初步诊断，确诊还需在粪便中检查到大量的卵囊，也可在作尸体剖检时，刮取肠黏膜，在制作的染色涂片中找到大量的内生发育阶段的各期虫体（裂殖体、裂殖子、配子体和卵囊）。

4. 预防

应采取隔离、卫生和用药等综合措施。成年羊与羔羊分群饲养，放牧场也应分开。羊舍卫生和定期消毒，饲草和饮水要严格避免羊粪污染。避免突然更换饲料。羊球虫卵囊对外界抵抗力很强，圈舍和用具可用3%热碱水消毒。

5. *治疗*

（1）氨丙啉按每千克体重25毫克，连用14~19天，可治疗羊球虫的严重感染。

（2）磺胺二甲氧嘧啶按每天每千克体重50~100毫克，连服3~5天，对急性病例有效。

（3）磺胺-6-甲氧嘧啶+增效剂（TMP）按5∶1比例配合，按每天每千克体重0.1克剂量内服，连用2天，有治疗作用。

（4）磺胺喹恶啉（SQ）羔羊按0.1%饲料比例连喂3~5天。

（5）三字球虫粉将该药配10%水溶液，按每10千克体重给药12毫升口服，连用3~5天。

第二节　蠕虫病

一、棘球蚴病

棘球蚴病又名包虫病（hydatidosis），是由寄生于犬、狼、狐狸等动物小肠的棘球绦虫（*Echinococcus*）中绦期—棘球蚴感染中间宿主而引起的一种严重的慢性人畜共患病。该病呈世界性分布，我国是人畜棘球蚴病高发国家之一，主要由细粒棘球绦虫引起，自1905年我国青岛首次报道人体棘球蚴病以来，现已在23省、自治区和直辖市发现原发的人和动物棘球蚴病，其中，新疆维吾尔自治区、青海、甘肃、四川、宁夏回族自治区、内蒙古自治区和西藏自治区呈严重的地方性流行，为我国棘球蚴病高发区。据农业部门流行病学调查数据推算，全国每年患包虫病的家畜在5 000万头以上，因家畜死亡和脏器废弃造成的直接经济损失逾30亿元。包虫病给患者及其家庭带来极大痛苦和沉重经

济负担，给畜牧业生产带来巨大损失，是导致我国西部农牧区群众因病致贫、因病返贫的主要原因之一。

棘球蚴病是严重危害人民身体健康和生命安全，影响社会经济发展的重大传染病之一，现已被世界动物卫生组织（OIE）列为法定报告动物疫病，农业部则将其列为多种动物共患的二类动物疫病，卫生部将其列为丙类人间传染病及规划防治的五大寄生虫病之一。2009 年农业部、卫生部将其列入人畜共患病防控名录。2010 年，由卫生部、发改委、农业部等十四个部委联合印发了《防治包虫病行动计划（2010—2015 年）》。2012 年国家中长期动物疫病防治规划（2012—2020 年）中，将其列为优先防治的国内二类动物疫病之一。

1. 病原

目前，分类学已确认的棘球绦虫有细粒棘球绦虫、多房棘球绦虫、少节棘球绦虫（和福氏棘球绦虫，我国四川石渠发现新 1 独立种，石渠棘球绦虫，仅存于我国青藏高原地区。故目前公认有 5 个独立种。少节棘球绦虫和福氏棘球绦虫主要分布于南美洲，我国主要有细粒棘球绦虫、多房棘球绦虫及石渠棘球绦虫，其中，细粒棘球绦虫为多见。

（1）细粒棘球绦虫属于扁形动物门，绦虫纲，圆叶目，带科，棘球属，为双宿主寄生虫。形态学主要分为 3 种，成虫为小型绦虫，寄生于犬科动物小肠前段。细粒棘球绦虫的幼虫称为细粒棘球蚴，其形状常因寄生时间、寄生部位和宿主不同而有变化，一般近似球形，直径为 5 ~ 10 厘米。棘球蚴寄生于羊、牛、猪、骆驼和马等家畜及多种野生动物和人的肝脏、肺脏及其他器官。细粒棘球绦虫虫卵为圆形或椭圆形，直径为 30 ~ 40 微米，内为六钩蚴，虫卵结构从外层开始有四层膜，被膜、卵壳、胚膜和六钩蚴膜。虫卵对低温和消毒剂有较强的抵抗力，但在高温和干燥环境能很快死亡。

(2) 多房棘球绦虫属于扁形动物门，绦虫纲，圆叶目，带科，棘球属，为双宿主寄生虫。成虫和细粒棘球绦虫相似。虫卵的形态和大小与细粒棘球绦虫难以区别。幼虫称为泡球蚴，由无数淡黄色或白色形状不规则的囊泡聚集而成。在适宜中间宿主(如小型哺乳动物) 体内囊泡呈圆形或椭圆形，囊泡大小基本相同，囊泡内含透明囊液和原头蚴，有的含胶状物而无原头蚴，囊泡外壁角皮层较薄且常不完整。在不适宜中间宿主（如人）体内常为囊泡群或团块物，含少量胶质物，少或无原头蚴，质地较硬，表面凸凹不平，无限制性纤维组织被膜，与周围组织界线不清。泡球蚴主要是外生性出芽繁殖，不断以浸润方式长入周围组织，少数也可向内芽生形成隔膜而分离出新囊泡。1 ~ 2 年即可全部占据所寄生的器官，还可以向器官表面蔓延至体腔内，犹如恶性肿瘤，因此，又称为“虫癌”。囊泡的外生性子囊可经血液及淋巴迁移到其他部位，发育为新的泡球蚴。

2. 生活史

(1) 细粒棘球绦虫。棘球绦虫必须依赖两种哺乳动物宿主才能完成其生活周期。经过虫卵，棘球蚴和成虫三个阶段。细粒棘球绦虫寄生于犬科动物（如狼、野狗、豺狗等）和猫科动物的小肠内，虫卵和孕节随终末宿主的粪便排出体外，细粒棘球绦虫的虫卵经由有蹄动物中间宿主（如绵羊、牛、猪、马、骆驼）吞食污染的草、饲料和饮水吞食虫卵后而受到感染，虫卵内的六钩蚴在消化道孵出，先附着于小肠黏膜，再钻入肠壁血管，随血流或淋巴散布到体内各处，以肝、肺最常见。经过 3 ~ 5 个月的生长，成为具有感染性的棘球蚴。少数六钩蚴经肝入肺，再经肺进入体循环而达到较远的器官，如脑、骨、眼、生殖器官等。当犬、狼等终末宿主吞食了棘球蚴或含有棘球蚴的脏器而得到感染，其所含的每一个原头蚴都可以发育成为一条成虫。从感染到发育成熟排出虫卵或孕节约需 8 周，成虫在犬等体内的寿命为

5～6 个月。

（2）多房棘球绦虫。多房棘球绦虫生活史与细粒棘球绦虫相似，常寄生于啮齿目和兔形目动物的肝脏，在肝脏中发育快而凶猛。当体内带有泡球蚴的鼠或动物脏器被犬、狐狸和狼等终末宿主吞食后，经 45 天左右在小肠内发育为成虫并排出虫卵和孕节，成虫寿命 3～4 个月。鼠类常因觅食终宿主粪便而受感染。地甲虫可起转运虫卵的作用，地甲虫由于喜食狐粪而在消化道和体表携带上虫卵，麝鼠又喜捕食地甲虫因而受染。

3. *流行病学*

（1）细粒棘球绦虫。传染来源家犬是细粒棘球绦虫的终末宿主，也是最主要的传染源。寄生在犬小肠的成虫每 7～14 天虫卵发育成熟、孕节脱落一次。患病的犬、狐狸、狼等犬科动物也是主要传染源，粪便中有持续虫卵排出。虫卵对外界环境的抵抗力较强，可以耐低温和高温，对化学物质也有相当的抵抗力，但直射阳光易使之致死。

寄生在中间宿主体内的细粒棘球蚴是细粒棘球绦虫生活史中的重要阶段，它以无性生殖的方式繁殖而且寿命很长，又不易受外界环境因素的影响。最重要的中间宿主是绵羊，绵羊有高度的易感性，在重度流行地区绵羊的患病率可达 90% 以上。

传播途径犬、狼、豺等犬科动物是细粒棘球绦虫的主要终末宿主，吃了含有细粒棘球绦虫幼虫的哺乳动物脏器后，细粒棘球绦虫的幼虫——细粒棘球蚴在其小肠中发育为成虫，并产生成熟虫卵。成熟虫卵随粪便排出体外并污染牧草、水源等环境，同时也因犬的舔肛动作污染皮毛，如果中间宿主羊、牛、马、骆驼、牦牛等吃了污染的牧草，或人接触了有虫卵污染的狗的皮毛以及因吞食被虫卵污染的水、蔬菜等而感染，虫卵就会进入羊或人体内并在肠道内孵化成细粒棘球绦虫的幼虫——细粒棘球蚴，幼虫穿过血管随血液循环移行、寄生于肝肺等脏器内并形成包囊，导致机能障碍，导致包虫病。其中，以绵羊感染率最高，分布面最广。造成绵羊感染率最高的原因，除羊本身是细粒棘球绦虫最适宜的中间宿主外，还由于放牧的羊群与犬有密切关系，牧区放羊常有放牧犬跟随护卫，绵羊在牧场吃到被狗粪污染的牧草而发病，而当杀羊时，又常将不宜食用的内脏（内常含棘球蚴）就地喂犬，由此造成了该病在犬与绵羊间的循环感染。

易感动物在我国有10种有蹄家畜均有不同程度的感染：绵羊、山羊、牦牛、黄羊、水牛、骆驼、马、驴、骡以及猪，其中，绵羊受感染的程度最为严重，受威胁最大。人虽然不参与细粒棘球绦虫生活史循环，但亦可感染，人类的感染及在人群中的流行强度取决于犬与绵羊循环的传播水平及人类与之接触的密切程度，从事牧业生产、狩猎和皮毛加工的人群为高危人群。

流行特征细粒棘球绦虫存在广泛的宿主适应性，其终末宿主和中间宿主动物之间长期形成了比较固定的动物间循环关系，主要以犬和偶蹄类家畜之间循环为特点，在我国主要是绵羊/犬动物循环，牦牛/犬循环仅见于青藏高原和甘肃省的高山草甸和山麓地带。区域性流行是另一重要流行特点，在我国大面积的流行区域内发病率有明显的高低差别，高发病区相连成片，以养羊业为主的畜牧业地带为高发区，形成我国广大畜牧业地区一种特有的地方病，包括新疆维吾尔自治区、西藏自治区、青海、宁夏回族自治区以及甘肃五省区，及近邻地带，并由此向东蔓延，波及十几个省区散发。

发生与分布细粒棘球蚴病呈世界性分布，畜牧业发达的地区较为流行。地中海沿岸国家如西班牙、法国、意大利、希腊、土耳其、非洲东部的埃及、以色列、叙利亚等都有人和动物感染的报道；中东地区，伊朗、伊拉克、约旦等较为严重，黎巴嫩、波斯湾和阿曼海沿岸国家也有报道；在北非国家如阿尔及利亚、埃及、利比亚、突尼斯和摩洛哥的细粒棘球蚴在犬、家畜和人中广

泛存在，在这些国家，骆驼被认为是中间宿主，它们在棘球蚴循环感染中起重要的作用，野生的食肉动物包括阿尔及利亚的亚洲胡狼和埃及的狐狸都是细粒棘球蚴的终末宿主；中亚国家如哈萨克斯坦、乌兹别克斯坦、塔吉克斯坦、吉尔吉斯斯坦等人及牛羊等动物的感染率是上升的，土库曼斯坦动物感染较少，人感染比重在逐渐下降。北美洲主要是加拿大感染较严重，美国的阿拉斯加州及西北部也有报道；南美洲以秘鲁、智利、阿根廷及巴西的人和动物感染率最高，福克兰群岛/马尔维纳斯地区及乌拉圭等也有报道。

细粒棘球绦虫曾经被分出至少 10 个亚型，然而由于各命名的亚种起源或分布均在同一地理区域，又未提出生态隔离的证据，所以目前都被认为只是同一虫种内的形态变异株，并利用线粒体 DNA 序列分析等现代分子生物学技术对各个株进行了生理、生化及其基因分析。包括羊株（G1、G2），牛株（G3、G5）、马株（G4）、骆驼株（G6）、猪株（G7）及鹿株 G8（Cervidstrain），波兰株（G9）在波兰猪上发现，鹿株（G10）在欧亚的驯鹿上发现。

其中，感染羊的主要是 G1 和 G2，羊种 G1 株是最易感染人的，也是世界分布最广的，其在羊上的高感染率表明其也是感染人的基因变异型，与人间在摩洛哥、突尼斯，肯尼亚，哈萨克斯坦、阿根廷及中国西部的高流行性一致。G2 株也能在人和羊间传播，但生物遗传差别不同于 G1 株，主要分布于澳大利亚和塔斯马尼亚。

在我国，细粒棘球蚴病主要流行区在我国西部和北部广大农牧地区，即新疆维吾尔自治区、青海、甘肃、宁夏回族自治区、西藏自治区、内蒙古自治区和四川 7 省（自治区）的牧区和半农半牧区，受威胁人口为 6 600万。其次是陕西、山西和河北部分地区。另外，在东北三省、河南、山东、安徽、湖北、贵州和云南等省有散发病例。

(2) 多房棘球绦虫。传染来源多房棘球绦虫循环于狐狸、犬和多种啮齿动物之间，犬、狐、狼和猫成为主要感染来源。当体内带有泡球蚴的鼠或动物脏器被狐、狗和狼等终宿主吞食后，一般经45天原头蚴可以发育为成虫并排出孕节和虫卵。虫卵对外界环境的抵抗力较强，在严冬的冰雪里仍保持活力。

传播途径国内已证实的终末宿主有犬、狼、红狐及沙狐等，中间宿主有布氏田鼠、长爪沙鼠、黄鼠和中华鼢鼠等啮齿类。在牛、绵羊和猪的肝脏亦可发现有多房棘球蚴寄生，但不能发育至感染阶段。

多房棘球绦虫可感染人，多因捕猎、饲养狐狸，或剥制狐皮而受感染。藏族群众因宗教原因不伤野狗并喂饲它们，造成野狗成群，到处流窜，人则因与野狗接触，致使虫卵粘在手上而经口感染。也可能通过饮水或因吞食被虫卵污染的粮食、蔬菜等间接方式而感染。

易感动物松田鼠、灰仓鼠、小家鼠等啮齿目动物是多房棘球绦虫的中间宿主，赤狐、藏狐和犬是多房棘球绦虫最为重要的终末宿主。人因与狐狸、犬等接触亦可发生感染。

流行特征我国多房棘球蚴病流行因素有许多，但主要因为多房棘球绦虫在野生动物中存在，形成自然疫源地；人在狩猎等生产活动中误食虫卵，造成直接感染，如猎狐、饲养狐和加工、买卖毛皮制品等，狐皮的交易和贩运也可能造成疫病扩散；病畜内脏喂狗或乱弃；虫卵对环境的严重污染，如土壤、植物、蔬菜和饮用水而引起间接感染；人与家畜和环境的密切接触。

发生与分布多房棘球绦虫分出4个地理隔离型，欧洲隔离型，阿拉斯加隔离型，北美洲隔离型，北海道隔离型。多房棘球绦虫分布地区比细粒棘球绦虫局限，主要流行在北半球高纬度地区，从加拿大北部、美国阿拉斯加州，直至日本北海道、俄罗斯西伯利亚，遍及北美、欧、亚三洲的寒冷地区和冻土地带。在我

国，主要分布于新疆维吾尔自治区、青海、宁夏回族自治区、甘肃、四川和西藏自治区等地，自宁夏回族自治区西北部起，横穿甘肃东部至四川西北部地区，特别是海拔 2 000 ~ 2 800 米高寒山区。

4. 致病机理

棘球蚴对人和动物的致病作用为机械性压迫、毒素作用及过敏反应等。症状的轻重取决于棘球蚴的大小、寄生的部位及数量。棘球蚴多寄生于动物的肝脏和肺脏，机械性压迫可使寄生部位周围组织发生萎缩和功能严重障碍，代谢产物被吸收后，使周围组织发生炎症和全身过敏反应，严重者可致死。

当大量虫体寄生时，虫体以其小钩和吸盘损伤宿主的肠黏膜，常引起炎症。虫体吸取营养，给宿主生长发育造成障碍；虫体分泌的毒素引起宿主中毒；虫体聚集成团，可堵塞小肠腔，导致腹痛、肠扭转甚至肠破裂。当其他哺乳动物和人作为中间宿主时，多寄生与内脏器官，引起严重疾病。

5. 临床表现

棘球蚴在家畜体内寄生时，由于虫卵逐渐增大，可压迫组织，引起组织萎缩和机能障碍。随着寄生部位的不同，出现的临床症状也各异。当肝、肺寄生囊蚴数量多且大时，则实质受压迫面高度萎缩，能引起死亡。囊蚴数量少且小时，则呈现消化障碍，呼吸困难，腹水等症状，患畜逐渐消瘦，终因恶病质或窒息死亡。

绵羊对棘球蚴较敏感，死亡率也较高。轻度感染和感染初期，通常无明显症状，严重感染的羊被毛逆立，时常脱毛，营养不良，消瘦。膘情欠佳，腹围增大，手触有波动感。肺部感染时有明显的咳嗽，病羊往往卧地，不愿起立。剖检主要见虫体经常寄生的肝脏和肺脏，表现凹凸不平，重量增大，有数量不等的棘球蚴囊泡突起，肝脏、肺脏实质中存在有数量不等、大小不一的棘球蚴包囊，囊内含有大量液体。

6. 诊断

动物棘球蚴病根据流行病学资料和临床症状，参照动物棘球蚴病诊断国家标准和农业行业标准进行间接血球凝集试验（IHA）或酶联免疫吸附试验（ELISA）诊断。对动物尸体剖检时，在肝、肺等处发现棘球蚴可以确诊。此外可借助 X 射线和超声波诊断本病。其他如多种 PCR 检测方法（常规 PCR、巢式 PCR、荧光定量 PCR 及多重 PCR），环介导等温扩增技术（loop-mediated isothermal amplification，LAMP），PCR/斑点杂交技术（PCR/天 ot blot assay）等，是一类潜在的寄生虫病诊断方法，依赖于蛋白质组学的诊断方法。

7. 防制

(1) 策略和措施。

①策略：采取以控制传染源为主，结合健康教育、牲畜屠宰管理和病人治疗等的综合性防治策略。

②措施：在包虫病流行区采取下列措施。

第一，传染源管理和驱虫：在流行区对所有的犬进行登记管理，减少和消除无主犬。在半农半牧区以村为单位，在纯牧区以牧业组或草场为单位，设置驱虫督导员督促犬驱虫工作，广泛动员疫区群众参与和配合犬驱虫工作；在存在动物疫源地的区域，采集狼、狐等动物的粪便，了解其感染和分布情况，对存在感染的区域，在其经常出没的区域投放驱虫药物，以降低或消除其感染。

第二，中间宿主的管理：家畜动物屠宰的管理，加强对动物的检疫和含病灶内脏的处理，避免犬食入生的动物脏器；在泡型包虫病流行区，查明主要中间宿主，开展中间宿主监测工作，对密度较大、感染率较高的区域，结合草原鼠害防治采取灭鼠措施。

第三，健康教育：根据当地实际，开展形式多样的健康教育和健康促进工作，以增强疫区群众的防病意识，促进对包虫病防治的参与。

第四，病人的查治：在包虫病流行区具备 B 超检查能力的各级医疗部门开设包虫病免费门诊，并管理和治疗发现的病人；在人群患病率高和泡型包虫病流行区，通过派出查病工作队的方式，进行包虫病的普查。

第五，人员培训：在包虫病流行区，对各级医疗部门、疾控机构、动物疾控机构和动物卫生监督所机构参与包虫病防治专业人员和各流行乡、村包虫病防治骨干开展相应的培训。

第六，检查监督：每年通过抽查的方式对工作的落实和进展情况进行检查监督。

（2）监测。对其他区域采取以下措施。

①以屠宰牲畜检疫为主，对屠宰的牲畜进行检疫登记，对发现牲畜内脏存在棘球蚴病灶的区域，进行犬感染情况的调查及人群检查。

②对确认的疫点，采取防治措施。

（3）防治。

①治疗：在早期诊断的基础上尽早用药，能够取得较好的效果。对绵羊棘球蚴病可用丙硫咪唑治疗，剂量为每千克体重 90 毫克/千克，连服 2 次，对原头蚴的杀虫率为 82% ~ 100%，吡喹酮也有较好的疗效，且无副作用，剂量为每千克体重 25 ~ 30 毫克，每天服 1 次，连用 5 天（总剂量为每千克体重 125 ~ 150 毫克）。

对人的棘球蚴病主要通过外科手术摘除，也可用吡喹酮和丙硫咪唑等进行治疗。

②预防：对犬应定期驱虫，可用吡喹酮每千克体重 5 毫克/千克、甲苯咪唑每千克体重 8 毫克/千克或氢溴酸槟榔碱每千克体重 2 毫克/千克，一次口服，以根除感染源。驱虫后的犬粪，

要进行无害化处理，杀灭其中的虫卵。

对数量最大、最易感染且与牧羊犬密切接触的山羊和绵羊应进行免疫预防接种。

二、片形吸虫病

片形吸虫病又称肝蛭病，是羊的主要寄生虫病之一，片形吸虫寄生于羊的肝脏、胆管，引起急性或慢性肝炎和胆管炎，并伴发全身性中毒现象和营养障碍。幼畜及绵羊常因此病导致大批死亡。慢性和隐性症状的患羊可因消瘦、发育不良及毛、乳产量显著降低而造成严重损失。

1. 病原

片形吸虫病病原是由片形科、片形属的肝片吸虫和大片吸虫。羊在吃草或饮水时吞食了囊蚴而感染该病。每年的春季、夏末、秋初发病。

2. 生活史

片形吸虫成虫寄生于羊肝脏胆管内，虫卵随粪便排出体外发育成毛蝴，毛坳进入中间宿主椎实螺体内，经胞蝴、雷勤、尾蝴3个阶段的发育又回到水中，成为囊蝴，囊坳被羊吞食即能感染。

3. 临床特征与表现

急性型病羊初期发热、衰弱、离群落后，叩诊肝区半浊音界限扩大、压痛明显、贫血、黏膜苍白，严重者几天死亡。慢性型病羊主要表现消瘦，贫血、黏膜苍白、食欲缺乏、异嗜，被毛乱无光泽，眼睑、颌下、胸前、腹下出现水肿，便秘与下痢交替发生。急性死亡的可见到急性肝炎和贫血现象，慢性的可见慢性增生性肝炎，胆管内可见虫体。

4. 诊断

多呈地方性流行，常引起大批羊的发病及死亡。多发生于潮湿多水地区，夏、秋季多发。病羊体温升高，精神沉郁，食欲减退或消失，腹泻，贫血，黄疸。剖检时，急性病例可见肝大，包膜有纤维沉积，有2～5毫米长的暗红色虫道，虫道内有凝固的血液和少量幼虫。慢性病例主要表现慢性增生性肝炎，在肝组织被破坏的部位出现淡白色索状瘢痕，肝实质萎缩、褪色、变硬，边缘钝圆，小叶间结缔组织增生。胆管肥厚、扩展，呈绳索样突出于肝表面；胆管内有磷酸钙和磷酸镁等盐类的沉积，使内膜粗糙，刀切时有沙沙声，胆管内有虫体和污浊稠厚的液体。病尸消瘦、贫血和水肿；胸腹腔及心包内有透明的积液。粪便中找到虫卵和死后剖检查到虫体具有确诊意义。

采用直接涂片或水洗沉淀法进行虫卵检查，同时结合临床症状及病理变化进行诊断。

5. 预防

（1）定期驱虫是预防和治疗的重要方法之一。通常情况下，可选在每年的春季和秋末冬初进行两次预防性驱虫。也可以根据当地的具体情况及条件决定驱虫的次数和时间。

（2）粪便处理及时对畜舍内的粪便进行堆肥发酵，以便利用生物热杀死虫卵。

（3）饮水及饲草卫生尽可能避免在沼泽、低洼地区放牧，以免感染囊蚴。饮水最好用自来水、井水或流动的河水，保持水源清洁卫生；有条件的地区可采用轮牧方式，以减少感染机会。

（4）消灭中间宿主肝片吸虫的中间宿主椎实螺生活在低洼阴湿地，可结合水土改造，破坏椎实螺的生活条件。流行地区应用药物灭螺时，可选用1：50 000的硫酸铜溶液或每升2.5毫克的血防67对椎实螺进行浸杀或喷杀。

6. 治疗

（1）丙硫咪唑（抗蠕敏）按每千克体重10～20毫克口服治疗。

（2）五氯柳胺按每千克体重 15 毫克口服治疗，本药对成虫有高效的驱除效果，急性感染治疗时可增至每千克体重 45 毫克。

（3）硫双二氯酚（别丁）驱虫率为 98.7% ~100%，但对 14 ~28 天龄的童虫无效。按每千克体重 80 ~100 毫克，口服治疗。

三、羊肺线虫病

羊肺线虫病，又称肺丝虫病，是由于网尾科和原圆科的线虫寄生在羊的气管、支气管、细支气管乃至肺部引起一种以支气管炎和肺炎为主要症状的寄生虫病。羊肺线虫病分布较广，危害较大，不仅造成羊发育障碍、畜产品质量降低，严重时引起死亡，给畜牧业经济造成很大损失。

1. 病原

主要有网尾科和原圆科两种线虫。网尾科线虫较大，为大型肺线虫，致病力强虫体呈细线状，乳白色，黑色肠管穿入体内，雌雄异体，雄虫长 0.3 ~0.8 厘米，雌虫长 0.5 ~1.1 厘米。原圆科线虫较小，长为 0.1 ~0.3 厘米，为小型肺线虫，危害相对较轻。本病在春秋季节常呈地方性流行。可造成羊特别是羔羊大批死亡。

2. 临床特征与表现

发病时，有个别羊干咳，继而发展到许多羊咳嗽，运动时和夜间更为明显，此时呼吸声明显粗而重如拉风箱。咳嗽时发啰音和呼吸促迫，鼻孔中排出黏稠分泌物，干涸后形成鼻痂，从而使呼吸更加困难。常打喷嚏、逐渐消瘦、贫血，有个别病羊头及四肢水肿，羔羊症状严重，死亡率也高，羔羊轻度感染或成年羊感染时，则症状表现较轻。

剖检可见尸体消瘦、贫血，支气管中有黏性、黏液脓性、混有血丝的分泌团块，团块中有成虫、虫卵和幼虫。支气管肿胀、

出血。有虫体寄生的部位，肺表面稍隆起，呈灰白色，触诊时有坚硬感，切开时常可见有虫体。

3. 诊断

根据是羊群咳嗽发生的季节和症状，考虑是否有肺线虫发生的可能，通过检查粪便、鼻腔分泌物、唾液等发现虫体，或是剖检在支气管、气管中发现一定量的虫体或相应病变时，即可确诊。

4. 预防

（1）在该病流行区，每年对羊群进行1～2次预防性驱虫。

（2）驱虫治疗期间，应将粪便进行生物热处理。

（3）低湿沼泽地区放牧。

（4）羔羊应与成年羊分开放牧，并饮用井水或流动水，有条件的要实行轮牧。

（5）接种致弱的幼虫苗，可增强羊对本病的抵抗力。

5. 治疗

（1）丙硫咪唑每千克体重5～15毫克，这种药对各种肺线虫均有疗效。

（2）左旋咪唑按每千克体重7.5～12毫克，口服。

（3）伊维菌素每千克体重0.2毫克，皮下注射。

（4）海群生（枸橼酸乙胺嗪）按每千克体重200毫克，混于饲料中给予，适用于童虫的驱除（感染后14～25天的虫体）。

四、捻转胃虫病

捻转胃虫病，又称捻转血矛线虫病，是捻转血矛线虫寄生于山羊真胃内引起的疾病，严重感染可引起羊群大批死亡，对养羊业危害很大。

1. 病原

捻转血矛线虫寄生于真胃，偶见于小肠，是一种纤细柔软淡红色的线虫雄虫。长15~19毫米，其交合伞的背肋偏于左侧，呈倒“Y”字形，雌虫长27~30毫米，其白色的生殖器官和红色的肠管相互扭转形成两条似红白纱绞成的线段。雌虫在羊胃内产卵，卵随粪便排出体外，在适宜的温度、湿度条件下，经4~5天就孵化发育成幼虫，羊吞食带有这种幼虫的草后，就会感染捻转胃虫病。

2. 临床特征与表现

病羊主要表现贫血，精神不振，食欲减少，眼结膜苍白，消瘦，便秘与腹泻交替出现，下颌间隙水肿，心跳弱而快，呼吸数增多，严重者卧地不起，最后因体质极度衰竭、虚脱而死、羔羊感染时，常呈急性死亡。剖检可见消化道各部有数量不等的相应线虫寄生。尸体消瘦，贫血，胸、腹腔内有淡黄色渗出液，大网膜、肠系膜胶样浸润，真胃瓤膜水肿，有时可见虫咬的痕迹和针尖大到粟粒大的小结节，大肠可见到黄色小点状结节或化脓性结节。当大肠上的虫卵结节向腹膜面破溃时，可引起溃疡性和化脓性肠炎。

3. 诊断

结合临床症状和当地的流行病学资料作出初步诊断，生前诊断可采用饱和食盐水漂浮法检查虫卵，但虫卵特征性不强，进一步鉴定需作幼虫培养，对第三期幼虫进行鉴定，死后诊断可剖检查找虫体而确诊。

4. 预防

（1）加强饲养管理，提高营养水平，以提高畜体的抵抗力。

（2）放牧时避开潮湿地带，不入“露水草”，不饮小坑死水，尽量避开幼虫活跃的时间，减少感染的机会。

（3）有条件的地方，实行划地轮牧或不同种畜间轮牧，减少感染机会。

（4）进行计划性驱虫，春秋两季各进行一次，在流行区的流行季节，通过粪便检查进行治疗性驱虫，粪便实施集中管理，采用生物热发酵的方法杀死其中的病原，以避免污染环境。

（5）可进行免疫预防，利用 X 射线或紫外线等，将幼虫致弱后接种，在国外已获得成功。

5. 治疗

（1）左旋咪唑按每千克体重 6～10 毫克，一次口服。

（2）丙硫咪唑每千克体重 10～15 毫克，一次口服。

（3）伊维菌素每千克体重 0.2 毫克，一次口服或皮下注射。

（4）甲苯咪唑每千克体重 10～15 毫克，一次口服。

五、结节虫病

羊结节虫病，又称食道口线虫病，是由食道口属的线虫寄生在羊的大肠（主要是结肠）所引起的一类线虫病，因某些种类的食道口线虫幼虫可在寄生部位的肠壁上形成结节，故称为结节虫病，本病导致有病变的肠管不能制作肠衣，对出口肠衣工作造成严重经济损失。

1. 病原

食道口线虫有微管食道口线虫、粗纹食道口线虫、甘肃食道口线虫、哥伦比亚食道口线虫等。虫体形态因种类不同而异，其共同特点：一般虫体为乳白色，较粗厚，体长 12～22 毫米，口囊小大，头端有内外叶冠，距头端不远处有明显的颈沟，颈部两侧有颈乳头。有的种类在颈沟后面有侧翼，多数种类在头端有膨大的头泡。雄虫交合伞发达，并有两根细长的交合刺。雌虫的阴门靠近肛门，在生殖孔开口处有肾状射卵器。羊食道口线虫虫卵随粪便排出体外，在外界适宜的条件下，发育成感染性幼虫，羊食入感染性幼虫后，感染性幼虫侵入羊的结肠的肠壁内生长发育，最后到肠腔内发育为成虫。30～40 天即可发现虫卵排出。羊感染主要发生在春、秋季，主要侵害羔羊。

2. 临床特征与表现

主要分为两期，由幼虫侵入肠壁而引起的急性期和由成虫寄生而引起的慢性期。急性期的特征是患羊顽固性下痢，粪便呈黑绿色，多浮有黏液，有时混血，腹痛，伸展后肢，弓背，翘尾。个别病羊体温升高，拒食、消瘦，按压腹部有痛感，常由顽固性下痢造成死亡。剖检尸体，肠壁上有结节。当转入慢性时，往往表现出间歇性下痢，患羊继续瘦弱，贫血，被毛粗乱易断，生长发育严重受阻。若病情继恶化，最后患羊虚脱而死。

3. 诊断

根据临床症状，进行生前粪便检查，可检出大量虫卵；鉴别则需进行幼虫检查。结合剖检在肠壁发现大量结节，在肠腔内找到虫体，即可确诊。

4. 预防

(1) 加强饲养管理，提高营养水平，以提高畜体的抵抗力。

(2) 放牧时避开潮湿地带，减少感染的机会。

(3) 进行计划性驱虫，春秋两季各进行一次，在流行区的流行季节，通过粪便检查进行治疗性驱虫。

(4) 粪便实施集中管理，采用生物热发酵的方法杀死其中的病原，以避免污染环境。

5. 治疗

(1) 左旋咪唑每千克体重 6~10 毫克，一次口服。

(2) 丙硫咪唑每千克体重 10~15 毫克，一次口服。

(3) 伊维菌素每千克体重 0.2 毫克，一次口服或皮下注射。

(4) 甲苯咪唑每千克体重 10~15 毫克，一次口服。

(5) 中草药防治鹤虱 7.5 克，使君子 3 克，苦楝 3 克，石榴皮 7.5 克，贯仲 9 克，共研末加油一两为引。煎汤后再冲入雷丸 4.5 克，成年羊一次灌服。

六、摆腰病

摆腰病又称脑脊髓丝状虫病，为山羊及绵羊的共患病，在夏末秋初容易发生。因为病的主要特征是腰部无力，走路摇摇摆摆，故又称之为“趔腰病”。本病在陕西普遍发生，湖北及河南也有报道。

1. 病原

本病是由牛指状腹腔丝虫的微丝蚴引起的。成虫虫体呈长线状，多为灰白色，长4~8厘米，宽0.5~0.7毫米。

本病的中间宿主为蚊子。当蚊子吸刺病牛时，微丝蚴即进入蚊体内。经过在蚊体内发生变态后，再于咬刺时传给绵羊或山羊。以后微丝蚴进入羊的腹腔内，部分可以达到脑及脊髓，而破坏重要的中枢神经组织，使羊发病。

2. 临床特征与表现

根据寄生虫侵入的部位、日数和破坏程度的大小而不同。

急性：病羊突然卧倒，不能起立。眼球上转，颈部肌肉强直或痉挛，而且表现倾斜。健肢抓蓐草，呈现兴奋、骚乱及叫喊等神经症状。有时可见全身肌肉强直，完全不能起立。由于卧地不起，头部又不住抽搐，致使眼皮受到摩擦而充血，眼眶周围的皮肤被磨破；呈现显著的结膜炎，甚至发生外伤性角膜炎。

慢性：腰部无力，步态踉跄，或横卧地上不能起立，但食欲及精神均正常。时间长久时，则逐渐发生褥疮，食欲亦逐渐下降，病羊消瘦、贫血，终至发生死亡。

疾病最常发生于一个后肢，有时见于同侧二肢。在此情况下，可以继续正常生活，但大半遗留歪屁股及斜尾巴症状。走起路来身体呈歪斜姿势，例如，向南走时，可能头向东南而尾向西北，或者相反地头向西北而尾向东南。如果路面不平，一不小心即可能跌倒，但立刻又可自行起立，继续前进。在这种情况下，病羊可以随群放牧，奶量亦不降低，仍有继续保留价值，只是对于羊群的外观稍有影响而已。

尸体解剖变化主要在脑及脊髓。眼观脑脊髓的病变部分稍带黄褐色，脊髓的病变主要见于表面，脑子病变则见于内部，有时可在内囊及豆状核附近看到明显而水肿的黄色软化灶。有时由于脑组织的显著软化，致切面上呈现海绵状。脊髓液不太混浊。眼观脊髓变化，主要位于一侧，而且多在腹侧。主要变化是在白质部分。灰质的变化很轻，多由白质变化的蔓延所引起。

3. 诊断

一旦发现运步不正常者，在排除外伤、风湿性疫病和骨软症等之后，可怀疑为本病。还可通过皮内反应试验进行确诊。

4. 预防

（1）做好防蚊工作。在蚊蝇季节，将种公羊、小羊和干奶母羊赶到高原地带去放牧。畜舍要明亮、干燥，排水良好，设置窗纱。羊在傍晚入舍以前，先给舍内喷洒杀虫剂或进行熏蚊工作。

（2）在发病前杀死体内感染之虫体。在寄生虫未达到脑和脊髓以前，注射海群生、锑剂或砒素剂杀死虫体。从感染虫体直到疾病发生时，潜伏期最短为 15 天，普通为 20 ~ 30 天，故于蚊子发生时期，每 20 ~ 30 天中，进行 2 次或 3 次预防注射。锑剂的预防注射量是每千克体重 5 ~ 6 毫克，分两次注射。

5. 治疗

（1）乙胺嗪（海群生）每千克体重 10 毫克，灌服 1 日 3 次，连用两日。或者每千克体重 20 毫克，每日 1 次，连用 6 ~ 8 次。此药对成虫、幼虫和微丝蚴都有效。

（2）左噻咪唑（左咪唑）每千克体重 10 毫克，肌内注射，每日 1 次，连用 7 天。

（3）实施对症疗法。

①将病羊隔离于清洁干燥处。用冰水灌注头部，以肥皂水或微温水灌肠。

②注射4%的乌洛托品及复方安基比林，并进行输液。

③给予泻剂，可用硫酸钠80～100克溶于1 000毫升水中灌服，或者灌服人工盐70～100克。

④不能起立时，应垫以大量蓐草，并时常更换位置及翻转身体，或用吊带吊起，以防发生褥疮。

⑤给接地的眼部施用绷带，以免磨碰而发生损伤。

⑥不全麻痹时，应给以镇静剂。初期行刺激疗法（如涂擦刺激剂，或用柔软干草摩擦患肢），亦可获得相当效果。

七、眼虫病

眼虫病，又称绵羊吸吮线虫病，是由吸吮线虫寄生在羊的眼部而引起一种寄生虫病，其主要特征是引起结膜角膜炎。本病呈世界性分布，在我国黑龙江、吉林、内蒙古、甘肃、山东、陕西、江苏、贵州、湖南、福建、广西、中国台湾等均有报道。本病的流行与季节有关，多见于蝇活动的季节，一般在5～9月。各种年龄的羊均可感染。在温暖地区，吸吮线虫可整年流行，在寒冷地区仅流行于夏秋两季。

1. 病原

吸吮线虫又叫结膜丝虫或东方眼虫，寄生在羊的结膜囊内、第三眼睑（瞬膜）下或泪管中。一般隐藏在眼内角瞬膜之后，偶尔可以迅速横过角膜。虫体有雌雄之分，致病的都是成熟的雌虫。从外形看，虫体为线状，呈乳白色。虫卵呈椭圆形，壳薄，产出时已含有胚胎。中间宿主为家蝇属的蝇类。

雌虫在羊眼寄生部位产出能活动的幼虫（胎生），幼虫随眼的分泌物流出，存在于眼内角及其附近的眼分泌物中。当蝇舔食眼分泌物时，即将幼虫咽下，幼虫在蝇体内发育成侵袭性幼虫，移行到蝇的吻突中。当蝇再吸吮健康羊的眼分泌物时，即将侵袭性幼虫排入健羊眼内。经过20天左右，幼虫发育为成虫，在眼内活动，引起眼虫病。在眼内越冬的幼虫，成为第二年春季本病流行的传播来源。

2. 临床特征与表现

主要表现为结膜炎、角膜炎。病羊流泪、畏光，结膜发红肿胀，甚至有时发生溃烂。角膜有不同程度的混浊。严重时在角膜上造成圆形或椭圆形的溃疡，少数病例可引起失明。

3. 诊断

当羊群中的结膜角膜炎有增多趋势时，可怀疑有本病存在，即应多次检查眼睛，注意有无虫体寄生。在眼内吸吮线虫即可确诊，为了便于检查，可用1%~2%地卡因或2%~4%可卡因对眼球进行表面麻醉，使其失去知觉，在检查时保持安静状态，同时可促使虫体爬出或随麻醉液排出。

4. 预防

（1）进行预防性驱虫。在本病流行地区，于冬春季节（12月至次年3月）每月进行一次。驱虫方法可用2%~3%硼酸水、0.5%来苏儿或1%敌百虫溶液2~3滴点眼。

（2）用上述方法进行成虫期前驱虫，一般在6月至7月上旬，每月2次。

（3）消灭蝇类。注意羊棚舍内外的清洁卫生，用适当农药喷洒灭蝇，杀灭蝇及幼虫，消除蝇类的滋生地。

5. 治疗

（1）用机械方法取出虫体。可用镊子取出或棉花拭子刷掉虫体，事前应该用可卡因或丁卡因进行麻醉。如果需要重复麻醉，最好用地卡因，因为可卡因有刺激性，重复应用时，有可能使角膜变为不清亮。取出虫体以后，用2%~3%硼酸水冲洗眼睛。

(2) 用药液杀死虫体。可用1%的敌百虫、克辽林或5%胶体银点眼，早晚各1次。

(3) 左旋咪唑每千克体重8～10毫克，口服，每天1次，连用2天。也可用5%～10%左旋咪唑溶液点眼。

(4) 用药液将虫体冲洗出来。可用2%～3%硼酸水或1：(1 500～2 000) 碘溶液，隔5～6天冲洗1次，共冲洗2次或3次。

(5) 对症治疗。对结膜角膜炎可用抗生素眼药水或眼药膏进行治疗。

第三节　蜘蛛昆虫病

一、羊疥螨

羊疥螨是由疥螨寄生在体表而引起的慢性寄生性皮肤病，具有高度传染性，往往在短时间内可引起羊群严重感染，危害十分严重。

1. 病原

疥螨寄生于皮肤角化层下，并不断在皮内挖凿隧道，虫体即在隧道内不断发育和繁殖。疥螨的成虫形态特征为：虫体小，长0.2～0.5毫米，肉眼不易看见；虫体呈圆形，浅黄色，体表有大量小刺；前端口器呈蹄形铁；虫体腹面前部和后部各有两对粗短的足，后两对足不突出于体后缘之外。其传播方式为接触感染，在潮湿、阴暗、拥挤及卫生条件差的情况下，极容易造成严重流行。

2. 临床特征与表现

该病初发时。因虫体小刺、刚毛和分泌的毒素刺激神经末梢，引起剧痒，可见病羊不断在圈墙、栏柱等处摩擦，在阴雨天气、夜间通风不好的圈舍以及随着病情的加重，痒觉表现更为剧烈。山羊疥螨病，主要发生在嘴唇周围、眼圈、鼻梁和耳根部，可蔓延到腋下、腹下和四肢曲面等无毛及少毛部位。严重时口唇皮肤皲裂，采食困难，病变可波及全身，死亡率很高。绵羊疥螨病，主要在头部明显，患羊嘴巴周围、鼻梁、眼圈、耳根等处的皮肤上有白色坚硬的胶皮样痂皮，俗称“石灰头”，病变部位也可以扩大。

3. 诊断

根据羊的临床症状表现，刮取皮肤组织查找病原。方法：用经过火焰消毒的凸刃小刀，涂上50%甘油水溶液或煤油，在皮肤的患部与健康部的交界处刮取皮屑，要求一直刮到皮肤轻微出血为止刮取的皮屑放入10%氢氧化钠或氢氧化钾溶液中煮沸，待大部分皮屑溶解后，经沉淀取其沉渣镜检虫体。无此条件时，亦可将刮取物置于平皿内，把平皿在热水上稍微加温或在日光下照晒后，将平皿放在黑色背景上，用放大镜仔细观察有无螨虫在皮屑间爬动。

4. 预防

羊疥螨病重在预防。定期进行畜群检查和灭螨处理。疥螨病对绵阳和山羊的危害极大，在牧区常用药浴的方法。畜舍要经常保持干燥清洁，通风透光，不要过于拥挤，并定期消毒。引种时应事先了解有无螨病存在，引入后应隔离一段时间，详细观察，并作螨病检查，必要时作灭螨处理后再合群。及时检查患畜并隔离治疗。

5. 治疗

（1）敌百虫0.5%～1%水溶液，喷洒。

（2）螨净（二嗪农）0.5%溶液，喷洒。

（3）贝特按每升水50毫克溶液，喷洒。

（4）氰戊菊酯按每升水500毫克浓度，喷洒。

（5）依佛菌素按每千克体重0.2毫克，皮下或肌内注射。

（6）通灭（多拉菌素）按每千克体重0.2毫克，皮下或肌内注射。

以上每种治疗方法应间隔5~7天重复一次。

5.7　药浴疗法该法适用于病畜数量多且在气候温暖的季节，也是预防本病的主要方法。药浴时，药液可选用0.025%~0.030%林丹乳油水溶液，0.05%蝇毒磷乳剂水溶液，0.5%~1%敌百虫水溶液。0.05%辛硫酸乳油水溶液，0.05%双甲脒溶液等。大规模药浴最好选择山羊抓绒、绵羊剪毛后数天时进行。药液温度应按药物种类所要求的温度予以保持，药浴时间应维持1~2分钟，药浴时应注意羊头的浸浴。大规模治疗时，应对选用的药物预作小群安全试验。药浴前让羊饮足水，以免误饮药液。工作人员也应注意自身安全防护。因大部分药物对螨的虫卵无杀灭作用，治疗时可根据使用药物情况重复用药2次或3次，每次间隔5天，方能杀灭新孵出的螨虫，达到彻底治愈的目的。

二、蠕形螨病

羊蠕形螨病是蠕形螨寄生虫于羊的毛囊和皮脂腺所引起的慢性皮肤病，本病主要发生于冬季、秋末和春初，通过接触传播或通过被螨及其卵所污染的厩舍、用具所间接接触引起感染。是严重危害羊群健康的寄生虫病之一。

1. 病原

病原为蠕形螨属的螨。该螨的虫体细长，由头、胸、腹3部分构成。体长为0.25~0.3毫米，宽约0.01毫米。头部有口器和一对脚触器；胸部有4条短腿，均分3节；腹部背面有细线状横纹。雌虫的阴门在腹面。雄虫的雄茎突出于胸部背面。虫卵为梭形，长0.07~0.09毫米。

2. 临床特征与表现

病羊主要表现为皮炎、皮脂腺—毛囊化或化脓性皮脂腺—毛囊炎。病变多在眼、耳、头上，其他部位也可能发生。除损害皮肤外，常在皮下发生脓性囊肿。山羊蠕形螨，主要发生于肩胛、四肢、颈、腹等处，皮下可触摸到黄豆至蚕豆大、圆形或近圆形、高出于皮肤的结节，有时结节处皮肤稍红，部分结节中央可见小孔，可挤出干酪样内容物。重度感染时呈现消瘦，被毛粗乱。成年羊较幼羊症状明显。患羊的皮革质量严重下降。

3. 诊断

根据羊的症状表现及疾病流行情况，刮取皮肤组织查找病原，以便确诊。其方法是：用经过火焰消毒的凸刃小刀，涂上50%甘油水溶液或煤油，在皮肤的患部与健康部的交界处刮取皮屑，要求一直刮到皮肤轻微出血为止剜取的皮屑放入10%氢氧化钾或氢氧化钠溶液中煮沸，待大部分皮屑溶解后，经沉淀取其沉渣镜检虫体。无此条件时，亦可将刮取物置于平皿内，把平皿在热水上稍微加温或在日光下照晒后，将平皿放在黑色背景上，用放大镜仔细观察有无螨虫在皮屑间爬动。

4. 预防

每年定期对羊进行药浴，可取的预防与治疗的双重效果。加强检疫工作，对新购入的羊应隔离检查后再混群。保持圈舍卫生、干燥和通风良好，定期对圈舍和用具清扫和消毒；对患畜应及时治疗，可疑患畜应隔离饲养；治疗期间，应注意对饲养人员、圈舍、用具同时进行消毒，以免病原散布，不断出现重复感染。

5. 治疗

（1）敌百虫3%浓度的溶液，患部涂擦。

（2）双甲醚每千克体重500毫克，涂擦、喷淋或药浴。

（3）溴氰菊酯每千克体重500毫克，喷淋或药浴。

（4）巴胺磷每千克体重200毫克，药浴。

（5）辛硫磷每千克体重500毫克，药浴。

（6）二嗪农（螨净）每千克体重250毫克，喷淋或药浴。

（7）伊维菌素或阿维菌素每千克体重0.2毫克，皮下注射。

三、虱病

本病较为常见，山羊比绵羊发生更多。

1. 病原

为羊虱。羊虱可分为两大类。一类是吸血的，有山羊颚虱、绵羊颚虱。另一类是不吸血的，为以毛、皮屑等为食的羊毛虱，寄生于羊的为山羊毛虱和绵羊毛虱。

山羊颚虱寄生于山羊体表，虫体色淡、长1～5毫米。头部呈细长圆锥形，具有吸式口器，其后方陷于胸部内。胸部略呈四角形，有足3对。腹呈长腿圆形，侧缘有长毛，气门不显著，跗部分为9节组成，雌虱腹部末端分叉，雄虱末端钝圆。

2. 临床特征与表现

虱在吸血时，分泌有毒素的唾液，刺激神经末梢，引起皮肤发痒，病畜不安，啃痒或到处擦痒，造成皮肤损伤，有时还可继发感染。羊因虱寄生后，由于虱的长期骚扰，病羊烦躁不安，影响采食和休息，以致逐渐消瘦、贫血，羊毛受损污染、脱落。幼羊发育不良，奶羊泌乳量显著下降。单体虚弱，体抗力降低，严重者可引起死亡。

3. 诊断

在体表发现虱和虱卵即可确诊。

4. 预防

预防虱病，羊体应经常刷梳；羊舍要经常打扫，消毒，保持通风、干燥；垫草要勤换、常晒；护理用具要定期用热碱水或开水烫洗消毒。对羊群应经常检查，及时发现及及时隔离治疗；对新引进的羊只必须检查，有虱这应先灭虱治疗，然后合群；及时对羊群灭虱，应根据气候不同采用洗刷、喷洒或药浴。

5. 治疗

用杀虫剂喷洒病畜，应用药物灭虱要全面、彻底，羊体灭虱和外界环境灭虱相结合，达到杀灭虫体的目的。

（1）敌百虫按每千克体重100毫克，配成2%水溶液，灌腹。

（2）依佛菌素按每千克体重0.2毫克，皮下注射。

（3）双甲脒按1：（300～400）稀释，体表喷洒。

四、蜱病

由传播媒介硬蜱传播的由泰勒科泰勒属的焦虫寄生于羊引起的疾病，称为羊硬蜱病。硬蜱作为羊的一种主要的外寄生虫，一方面可以引起羊不安、蜱瘫等疾病；另一方面又可以传播羊的多种重要疾病，严重威胁养羊业的发展。本病于6～8月多发，7月达到高峰。

1. 病原

硬蜱的成虫呈长椭圆形，背腹扁平，外观可分为假头和躯体两部分。躯体一般呈卵圆形，饱血雌蜱像蓖麻子大小，雄蜱一般较小。硬蜱的种类很多，其中，与羊关系较密切的包括硬蜱属、玻眼属、血蜱属、肩头蜱属和牛蜱属。

2. 临床特征与表现

硬蜱吸血时，把唾液腺中的病原体注入家畜血液中。由于吸血时口器刺入皮肤可造成局部损伤，组织水肿、出血、皮肤肥厚，有的还可继发细菌感染，引起化脓、肿胀和蜂窝织炎等。当幼羊被大量蜱侵袭时，蜱唾液内的毒素进入机体内，造成造血器官，溶解红细胞，形成恶性贫血，使血液有形成分极具下降。蜱唾液内的毒素作用有时还可出现神经症状及麻痹，造成“蜱瘫痪”。

3. 诊断

结合流行病学、临床症状，以及发现寄生在羊体表的硬蜱，即可确诊。

4. 预防

预防本病要杀灭家畜体表及环境中的硬蜱，切断传播途径。

消灭圈舍内的蜱：有些蜱如残缘玻璃眼蜱在圈舍的墙壁、地面、饲槽等缝隙中栖身，可先用药物喷洒或粉刷后，再用水泥、石灰或黄泥堵塞。必要时也可隔离、停用圈舍 10 个月以上或更长时间，使蜱自然死亡。

消灭自然蜱：根据具体情况可采取轮牧，相隔时间 1～2 年，牧地上的成虫即可死亡。也可在严格监督下进行烧荒，破坏蜱的滋生地。有条件时，可用杀虫剂的高浓度制剂或原液，进行抄底量喷雾。

5. 治疗

（1）机械法，即用手捉除蜱。捉蜱时应使蜱与动物的皮肤成垂直状态地往上拔出，以免因拔断的假头留置于畜体，引起局部炎症。捉蜱时常引起家畜不安和疼痛，应注意预防动物脚踢、角顶或最咬，必要时须加以保定。捉到的蜱应立即杀死。但这种方法费时费工，也不易彻底，因此，只能用于少量寄生时或用作辅助方法。

（2）药物灭蜱。可用 3% 马拉硫磷、2% 害虫敌、5% 西维因等粉剂，涂擦体表，羊计量 30 克，在蜱的活动季节，每隔 7～10 天处理一次。用 1% 马拉硫磷、0.2% 辛硫磷、0.2% 杀冥松、0.25% 北硫磷、0.2% 害虫敌等乳剂喷洒畜体，剂量，羊每次 200 毫升，每隔 3 周处理一次。也可使用氟苯醚菊酯，剂量为每千克体重 2 毫克，一次背部浇注，2 周后重复一次。

（3）药浴。可选用 0.05% 双甲脒、0.1% 马拉硫磷、0.1% 辛硫磷、0.003% 氟苯醚菊酯、0.006% 氯氰菊酯等乳剂，对羊进行药浴。

（4）阿维菌素每千克体重0.2毫克，皮下注射。

五、羊蝇蛆病

羊鼻蝇蛆病是由羊狂蝇的幼虫寄生于羊的鼻腔及其附近的腔窦中引起的呈慢性鼻炎症状的寄生虫病。在我国西北、东北、华北地区较为常见。羊鼻蝇蛆主要危害绵羊，对山羊危害较轻。病羊表现为精神不安，体质消瘦，甚至发生死亡。

1. 病原

羊鼻蝇蛆形似蜜蜂，全身密生短绒毛，体长10～12毫米；头大、呈半球形、黄色；两复眼小，相距较远；触角球形，位于触角窝内；口器退化；胸部有4条断续而不明显的黑色纵纹，腹部有褐色及银白色斑点。

2. 临床特征与表现

成蝇侵袭羊群产幼虫时，羊群骚动，惊慌不安，互相拥挤，频频摇头，喷笔，低头或以鼻孔抵于地面，或将头部钻入另一羊的腹下或腿间，严重扰乱羊只的正常采食和休息。

当鼻蝇幼虫在鼻腔或腔窦内固着或移行时，以口前钩和腹面的小刺机械性地刺激损伤黏膜组织，引起鼻黏膜肿胀、发炎和出血，造成鼻液增加，在鼻孔周围干涸时，则形成硬痂。患羊流脓性鼻涕，打喷嚏，鼻孔堵塞，呼吸困难，体质消瘦，甚至死亡。个别第一期幼虫可进入颅腔或因鼻窦发炎而波及脑膜，此时可出现神经症状，即所谓“假旋回症”，患羊表现运动失调，做旋转运动，头弯向一侧或发生麻痹；最后病羊食欲废绝，因极度衰竭而死亡。

3. 诊断

可结合流行病学、临床症状及发病早期用药喷射鼻腔，查找有无死亡的幼虫排出，将流出的死亡虫体或将死亡羊解剖取出虫体进行确定诊断。

4. 预防

成蝇出现季节，羊定期以 0.005% 倍特喷洒；成蝇消失季节，对全部羊群使用敌百虫或依佛菌素进行一次杀虫。

5. 治疗

（1）伊维菌素或阿维菌素有效成分按每千克 0.2 毫克，以 0.1% 溶液皮下注射。

（2）敌百虫按每千克体重 75 毫克，加水口服；或以 5% 溶液肌注；或以 2% 溶液喷入鼻腔或采用气雾法（在密室中）给药。

（3）氯氰碘柳胺按每千克体重 5～10 毫克口服，或按每千克体重 2.5～5 毫克皮下注射，可杀死各期幼虫。

（4）涂药法对个别良种羊，可在成蝇的飞翔季节将敌敌畏软膏涂擦在羊的鼻孔周围，每 5 天 1 次，可杀死雌蝇产下的幼虫。

第三章　羊内科普通病

第一节　羊消化系统疾病

一、口炎

口炎是口腔黏膜炎症的统称，分为卡他性、水疱性、固膜性和蜂窝织性等类型。各种动物均可发生。

1. 病因

非传染性病因，包括机械性、温热性和化学性损伤，以及核黄素、抗坏血酸、锌等营养缺乏症。传染性口炎，见于口蹄疫、坏死杆菌病、钩端螺旋体病、泰勒虫病，羊痘等特殊病原疾病。

2. 症状

卡他性口炎，恒伴有流涎、采食和咀嚼障碍，口腔检查可认黏膜潮红、增温、肿胀和疼痛。

其他类型口炎，除卡他性口炎的基本症状外，还有口腔黏膜的水疱、溃疡、脓疱或坏死等病变，有些病例伴有发热等全身症状。

3. 治疗

给予柔软饲料和清冷饮水。用1%食盐或明矾、2%～3%硼酸、0.1%高锰酸钾等消毒、收敛液冲洗口腔，溃疡面涂布碘酊甘油、龙胆紫或1%磺胺甘油混悬液。

必要时施行抑菌消炎等全身疗法。

对特殊病原所致的传染性口炎，应着力治疗原发病，并注意实施隔离。

二、咽炎

咽炎是咽黏膜、软腭、扁桃体（淋巴滤泡）及其深层组织炎症的总称。按病程和炎症的性质，分为急性和慢性，卡他性、蜂窝织性和格鲁布性等类型。

1. 病因

原发性病因是机械性、温热性和化学性刺激；受寒、感冒、过劳时，机体防卫能力减弱，链球菌、大肠杆菌、巴氏杆菌、坏死杆菌以至沙门氏菌等条件致病菌内在感染。

继发性咽炎，常伴随于重症口炎、食管炎、喉炎、血斑病以及腺疫、流感、炭疽、巴氏杆菌病、口蹄疫等传染病。

2. 症状

头颈伸展，吞咽困难，流涎，呕吐，流出混有食糜、唾液和炎性产物的污秽鼻液。沿第一颈椎两侧横突下缘向内或下颌间隙后侧舌根部向上作咽部触诊，病畜表现疼痛不安并发弱痛性咳嗽。

咽腔视诊，可见软腭和扁桃体高度潮红、肿胀，被有脓性或膜状覆盖物。蜂窝织性和格鲁布性咽炎，还伴有发热等明显或重剧的全身症状。

慢性咽炎，病程缓长，咽部触痛等刺激症状轻微。

3. 防治

本病预防在于防止受寒、感冒，注意饲养管理，避免条件致病菌的侵害。

治疗的要点是抑菌消炎，严禁胃管投药。

处置方法如下。

（1）病的初期，咽部先冷敷后热敷，每天 2 ~ 4 次，每次

20~30分钟，也可用樟脑酒精溶液、涂布鱼石脂软膏或醋调复方醋酸铅散；2%~3%食盐水或碳酸氢钠溶液喷雾或蒸汽吸入。

（2）重剧咽炎，宜用10%水杨酸钠溶液10~20毫升静脉注射，同时用青霉素80万~160万单位肌内注射，每天2次，连用3~5天。或用0.25%普鲁卡因溶液和青霉素40~80万单位，进行咽部封闭，效果很好。

（3）慢性咽炎，局部应用鲁格氏液涂布，配合磺胺制剂或抗生素治疗。

三、草噎

食管阻塞，又称食道梗阻，俗称草噎，是由于羊吞咽物过于粗大饲料和/或咽下机能紊乱所致发的一种食管疾病。按其程度，可分为完全阻塞和不全阻塞。按其部位，可分为咽部食管阻塞、颈部食管阻塞和胸部食管阻塞。

1. 病因

堵塞物除日常饲料外，还有马铃薯、甜菜、萝卜等块根块茎或骨片、木块、胎衣等异物。

原发性阻塞常发生在饥饿、抢食、采食受惊等应激状态下或麻醉复苏直后。

继发性阻塞常伴随于异嗜癖（营养缺乏症）、脑部肿瘤以及食管的炎症、痉挛、麻痹、狭窄、扩张、憩室等疾病。

2. 症状

采食中止，顿然起病；口腔和鼻腔大量流涎；低头伸颈，徘徊不安或晃头缩脖，做吞咽动作；几番吞咽或试以饮水后，随着一阵颈项挛缩和咳嗽发作，大量饮水和/或唾液从口腔和鼻孔喷涌而出。颈部食管阻塞，可见局限性膨隆，能摸到堵塞物。病羊常继发瘤胃鼓气。确诊依据于食管探诊和X射线检查。

3. 治疗

要点是润滑管腔，缓解痉挛，清除堵塞物。

首先用水合氯醛等镇痛解痉药灌肠，并以1% ~2%普鲁卡因溶液混以适量石蜡油或植物油灌入食管。

然后依据阻塞部位和堵塞物性状，选用下列方法疏通食管。

(1) 疏导法栓缰绳于左前肢系凹部在坡道上来回驱赶或皮下注射新斯的明等拟胆碱药，借助于食管运动而使之疏通；

(2) 压入法胃管推送或接连打气管气压推进；

(3) 挤出法颈部垫以平板，手掌抵堵塞物下端，向咽部挤压；

(4) 手术法切开食管，取出堵塞物。

四、瘤胃积食

瘤胃积食，又称瘤胃食滞或瘤胃阻塞，是接纳过多和/或后送障碍所致发的瘤胃急性扩张。其临床特征是，瘤胃运动停滞，容积增大，充满黏硬内容物，伴有腹痛、脱水和自体中毒等全身症状。多发于早春和晚秋，可导致死亡。

本病有四种临床病型：按其病因，可分为原发性瘤胃食滞和继发性瘤胃食滞；按瘤胃内容物的酸碱度，可分为酸过多性瘤胃食滞和碱过多性瘤胃食滞。

1. 病因

原发性瘤胃食滞概因贪食，瘤胃接纳过多所致。

(1) 贪食过量适口性好的青草、苜蓿、红花草（紫云英）、甘薯、胡萝卜、马铃薯等青绿或块茎、块根类饲料。

(2) 由放牧突然变为舍饲，特别是饥饿时采食大量谷草、稻草、豆秸、花生秧、甘薯蔓、羊草乃至棉秆等难以消化的粗饲料。

(3) 过食豆饼、花生饼、棉籽饼以及酒糟、豆渣等糟粕类饲料。

其过食谷类、块茎块根类高糖饲料的，常引起酸过多性瘤胃食滞；其过食豆科植物、籽实、尿素等高氮饲料的，常引起碱过多性瘤胃食滞。

继发性瘤胃食滞概因瘤胃内容物后送障碍所致，见于其他胃肠疾病的经过中，如创伤性网胃腹膜炎、瓣胃秘结、真胃变位、迷走神经性消化不良、真胃阻塞、黑斑病甘薯中毒等。

2. 临床表现

初期病畜神情不安，目光呆滞，拱背站立，回头观腹，后肢踢腹或以角撞腹，有时不断起卧，痛苦呻吟，表现肚腹疼痛。食欲废绝，反刍停止，空嚼，流涎，嗳气，有时作呕或呕吐。瘤胃蠕动音减弱以至完全消失。触诊瘤胃，内容物黏硬或坚实，用拳按压留浅痕，甚至重压亦不留痕。腹部膨胀，饥窝平满或稍显突出。瘤胃背囊有一层气帽，穿刺时可排出少量气体和带有腐败酸臭气味并混有泡沫的液体。腹部听诊，肠音微弱或沉衰。排粪量减少，粪块干硬呈饼状。有的排淡灰色带恶臭的软粪或发生下痢。

晚期病情恶化，肚腹更加膨胀，呼吸促迫，心搏亢进，脉搏疾速，皮温不整，四肢、耳根及耳郭冰凉，全身肌颤，眼球下陷，黏膜发绀，运动失调乃至卧地不起，陷入昏迷，或因脱水和自体中毒而陷入虚脱状态。

3. 病程及预后

取决于积滞内容物的性质和数量。轻症病例、应激因素引起的，常于短时间内康复。一般病例，及时加以治疗，3～5天后亦可痊愈。继发性瘤胃食滞，病程较长，持续7天以上的，瘤胃高度弛缓，陷入弛缓性麻痹状态，预后大多不良。

4. 诊断

依据肚腹膨大，饥窝平满，瘤胃内容物黏硬或坚实以及呼吸困难、黏膜发绀、肚腹疼痛等现症，可论证诊断为瘤胃食滞。

依据过食的生活史或其他胃肠疾病的病史，可确定其病因病程类型为原发性瘤胃食滞或继发性瘤胃食滞。

依据瘤胃内容物酸碱度（pH 值）测定，可确定为酸过多性瘤胃食滞或碱过多性瘤胃食滞。

5. 治疗

总的原则是促进积滞瘤胃内容物的转运和消化，缓解或纠正脱水和自体中毒。

瘤胃食滞，不论古今或中外，均惯用下列胃肠消导疗法。

病初停止饲喂 1～2 天，施行瘤胃按摩，每次 5～10 分钟，隔半小时一次，或先灌服大量温水，然后按摩；或用酵母粉 500～1 000 克，常水 3～5 升，一日两次分服。

病情较重的用硫酸镁或硫酸钠 300～500 克，液体石蜡或植物油 500～1 000毫升，常水 6～10 升，一次灌服。投服泻剂后，用毛果芸香碱 0.05～0.2 克，或新斯的明 0.01～0.02 克等拟胆碱类药物，皮下注射，以兴奋前胃神经，促进瘤胃内容物运化。有时，先用1%食盐水洗涤瘤胃，再输注促反刍液，即 10%氯化钙液 100 毫升，10%氯化钠液 100～200 毫升，20%安那咖注射液 10～20 毫升，静脉注射，以改善中枢神经系统调节功能，增强心脏活动，鼓舞胃肠蠕动，促进反刍。

病的后期除反复洗涤瘤胃外，还要及时用5%葡萄糖生理盐水 2 000～3 000 毫升，20%安那咖注射液 10～20 毫升，静脉注射，以纠正脱水。或者用 5% 碳酸氢钠液 300～500 毫升或 11.2%乳酸钠溶液 200～300 毫升。静脉注射。另用 5%硫胺素注射液 40～60 毫升，静脉注射，以促进丙酮酸氧化脱羧，缓解酸血症。

药物治疗如不见效果，应即进行瘤胃切开术，取出其中的内容物，同时，摘出网胃内的金属异物并接种健羊的瘤胃液。

五、前胃弛缓

前胃弛缓，是瘤胃、网胃、瓣胃神经肌肉装置感受性降低，平滑肌自动运动性减弱，内容物运转迟滞所致发的反刍动物消化障碍综合征。临床特征：食欲减损，反刍障碍，前胃运动稀弱乃至停止。前胃弛缓按病因和病程，有原发和继发之分。原发性前胃弛缓，又称单纯性消化不良，多取急性病程，预后良好；继发性前胃弛缓，又称症状性消化不良，多取亚急性或慢性病程，广泛显现于各系统和各类疾病的经过之中，病情复杂，预后不良的居多。

1. 病因

（1）原发性前胃弛缓概起因于饲养管理不当和环境条件改变。

①饲料过粗过细：长期单一饲喂稻草、麦秸、豆秸、谷草、糠秕或山芋蔓、花生秧等含木质素多，质地坚韧，难以消化的饲料，强烈刺激胃壁，前胃内容物易缠结形成难移动的团块，而影响微生物的正常消化活动；反之，长期饲喂质地柔软刺激性小或缺乏刺激性的饲料，如麸皮、面粉、细碎精料等，不足以兴奋运动机能，均易发生前胃弛缓。

②饲料霉败变质：如采食受热发蔫的堆放青草、冻结的块根、变质的青贮以及霉败的豆渣、粉渣、豆饼、花生饼、菜籽饼、棉籽饼等糟粕类饲料。

③饲草与精料比例不当：如饲草不足而精料过多；农忙季节任意加喂精料；闯进饲料房或堆谷场，偷食大量谷物；片面追求高产，给羊饲喂过量新收的大麦、小麦以及青贮。

④矿物质与维生素不足：严冬或早春，水冷草枯，或日粮配合不当，缺乏钙、钾或维生素，使神经体液调节紊乱，胃肠弛缓。

⑤环境条件突然变换：如由放牧突然变为舍饲；干旱年份，饮水不足；水涝地区，饲喂生长不良的再生草；误食尼龙绳、塑料袋等化纤制品；妊娠、分娩、羊羔离乳、车船运输、天气骤变以至预防接种等应激因素，使胃肠神经受到抑制，消化动力定型遭到破坏。

（2）继发性前胃弛缓常作为症状性消化不良，显现于下列各类疾病。

①消化系统疾病：口、舌、咽、食管等上部消化道疾病以及创伤性网胃腹膜炎、肝脓肿等肝胆、腹膜疾病的经过中，通过对前胃运动的反射性抑制作用或因损伤迷走神经胸支和腹支所致；瘤胃积食、瓣胃秘结、真胃阻塞、真胃溃疡、真胃变位、真胃炎、肠便秘、盲肠弛缓与扩张等胃肠疾病经过中，由于胃肠内环境尤其酸碱环境的相互影响以及内脏—内脏反射反馈抑制作用所致。

②营养代谢病：如生产瘫痪、酮血病、骨软症、运输搐搦、泌乳搐搦、青草搐搦、低磷酸盐血症性产后血红蛋白尿病、低钾血症、硫胺素缺乏症以及锌、硒、铜、钴等微量元素缺乏症。

③中毒性疾病：如霉稻草中毒、黄曲霉毒素中毒、杂色曲霉毒素中毒、棕曲霉毒素中毒、霉麦芽根中毒等真菌毒素中毒；白苏中毒、萱草根中毒、栎树叶中毒、蕨中毒等植物中毒；棉籽饼中毒、亚硝酸盐中毒、酒糟中毒、生豆粕中毒等饲料中毒；有机氯、五氯酚钠等农药中毒。

④传染性疾病：如流感、黏膜病、结核、副结核、羊肺疫、布氏杆菌病等。

⑤侵袭性疾病：如前后盘吸虫病、肝片吸虫病、细颈囊尾蚴病、血茅线虫病、泰勒焦虫病、锥虫病等。

2. 临床表现

前胃弛缓，在临床上分急、慢两种病程类型。

(1) 急性前胃弛缓。食欲减退或废绝；反刍缓慢或停止；瘤胃收缩的力量弱、次数少，瓣胃蠕动音亦稀弱；瘤胃内容物充满，触诊背囊感到黏硬（生面团样），腹囊则比较稀软（粥状）。

其原发性的，即所谓单纯性消化不良，体温、脉搏、呼吸等生命指征多无明显异常，血液生化指标亦无明显改变，经过2～3日，只要饲养管理条件得到改善，给予一般的健胃促反刍处置即能康复，甚至不药而愈。

其继发性的，即所谓症状性消化不良，除上述前胃弛缓的基本症状而外，还显现相关原发病的症状，相应的血液生化指标亦有明显改变，一般性健胃促反刍处置多不见效，病情复杂而重剧，病程一周左右，预后慎重。

(2) 慢性前胃弛缓。食欲不定，有时正常，有时减退或废绝。常常虚嚼、磨牙、异嗜，舐墙啃土，或采食污草、赃物。反刍不规则、无力或停止；嗳出气有臭味。瘤胃和瓣胃音减弱。瘤胃内容物呈液状（瘤胃积液），冲击式触诊闻震水声。便秘与腹泻相交替。粪便干小或糊状，气味腥臭，附黏液和血液。

病程数周，病情弛张。全身状态渐进增重，精神委顿，被毛猬立，逐渐消瘦，最终出现鼻镜干燥、眼球下陷、卧地不起等脱水和衰竭体征。

3. 诊断

前胃弛缓是羊最常见多发的一种消化障碍综合征，有多种病因、病程和病理类型，广泛显现或伴随于几乎所有消化系统疾病以及众多动物群体性疾病的经过中。因此，前胃弛缓综合征的诊断应按以下程序逐步展开。

第一步：确认前胃弛缓依据十分明确，包括食欲减退，反刍障碍以及前胃（主要是瘤胃和瓣胃）运动减弱。在乳畜，还有泌乳量突然下降。

第二步：区分是原发性前胃弛缓还是继发性前胃弛缓主要依

据是疾病经过和全身状态。

其仅表现前胃弛缓基本症状，而全身状态相对良好，体温、脉搏、呼吸等生命指征无大改变，且在改善饲养管理并给予一般健胃促反刍处置后短期（48～72 h）内即趋向康复的，为原发性前胃弛缓，即单纯性消化不良。再依据瘤胃液 pH 值、总酸度、挥发性脂酸含量以及纤毛虫数目、大小、活力和漂浮沉降时间等瘤胃液性状检验结果，确定是酸性前胃弛缓还是碱性前胃弛缓，有针对性地实施治疗。

其除前胃弛缓基本症状外，体温、脉搏、呼吸等生命指征亦有明显改变，且在改善饲养管理并给予常规健胃促反刍处置后数日病情仍继续恶化的，为继发性前胃弛缓，即症状性消化不良。

第三步：区分原发病是消化系统疾病还是群体性疾病主要依据是流行病学和临床表现。

凡单个零散发生，且主要表现消化障碍病征的，要考虑各种消化系统疾病，包括瘤胃食滞、瘤胃炎、创伤性网膜炎、瓣胃秘结、瓣胃炎、真胃阻塞、真胃变位、真胃溃疡、真胃炎、盲肠弛缓和扩张以及肝脓肿、迷走神经性消化不良等，可进一步依据各自的示病症状、特征性检验所见和证病性病变，分层逐个地加以鉴别和论证。

凡群体成批发生的，要着重考虑各类群体性疾病，包括各种传染病、侵袭病、中毒病和营养代谢病。可依据有无传染性、有无相关虫体大量寄生、有无相关毒物接触史以及酮体、血钙、血钾等相关病原学和病理学检验结果，按类、分层、逐个地加以鉴别和论证。

4. *治疗*

总的原则是改善饲养管理条件，调整胃肠内环境特别是酸碱环境，矫正胃肠的神经体液调控，恢复胃肠运动机能，促进前胃内容物的微生物消化和运转。为此，应针对不同的病因类型、病程类型和病理类型，分别采用如下治疗措施。

（1）原发性前胃弛缓应禁食 1～2 日，再饲喂优质干草或放牧。或者用自来水直接冲洗瘤胃之后：酸过多性胃肠弛缓可以选择碳酸盐缓冲合剂：碳酸钠 10 克，碳酸氢钠 84 克，氯化钠 20 克，氯化钾 4 克，温水 2 升，胃管灌服，每日一次；碱过多性胃肠弛缓可以选择醋酸盐缓冲合剂：醋酸钠 26 克，冰醋酸 5 克，氯化钠 20 克，氯化钾 4 克，常水 2 升，胃管灌服，每日一次。

（2）绵羊妊娠病所表现的症状性前胃弛缓可静脉注射高浓度葡萄糖液和胰岛素，常迅速见效。

（3）应激或过敏因素所致的前胃弛缓可用 2% 盐酸苯海拉明注射液 5 毫升肌肉注射，配合钙剂应用，效果更佳。

（4）对重症晚期病例因瘤胃积液，伴发脱水和自体中毒，可用 25% 葡萄糖液 250～500 毫升，40% 乌洛托品溶液 10～20 毫升，20% 安那咖注射液 5～10 毫升，静脉注射。

（5）对继发性前胃弛缓应首先治疗原发病，并采取健胃清肠等相应的对症疗法，提高治愈率。

5. 预防

前胃弛缓的预防要领在于改善饲养管理，合理调配日粮，不喂霉败冰冻变质饲料，并防止环境条件的突然改变，避免应激性刺激。

六、气胀

气胀，即瘤胃鼓气，是由于前胃神经反应性降低，收缩力减弱，采食的易发酵饲料，在瘤胃内菌群作用下，迅速酵解，酿生大量气体，不能及时排出而引起的瘤胃和网胃急剧臌气。依病因，有原发性和继发性之分。按病性，可分为泡沫性臌气（frothy bloat）和游离气体性臌气（freegas bloat）。本病多发于绵羊，山羊少见。夏季放牧羊常成群发生，病死率可达 30%。

1. 病因

(1) 原发性瘤胃鼓气多发于水草茂盛的夏季。中国南方地区，清明到夏至最为常见，通常见于采食大量容易发酵的饲草或饲料以及由舍饲转为放牧的羊群。尤其是在繁茂草地上放牧的头两三天之内。

①羊在放牧季节，采食幼嫩牧草，如苜蓿，紫云荚、金花菜(野苜蓿)、三叶草、野豌豆等豆科植物，尤其是下午采食过多，更易引起泡沫性鼓气。再生草、甘薯蔓、萝卜缨、青草等，也是瘤胃鼓气的主要致病因素。

②采食堆积发热的青草、雨露浸渍或霜雪冻结的牧草、霉败的干草以及多汁易发酵的青贮饲料，特别是舍饲羊，突然饲喂过多。

③饲料配合或调理不当，谷物类饲料碾磨过细，饲喂过多，饲草不足；玉米、豆饼、花生饼、棉籽饼、酒精、干麦芽等，未经浸渍和调理；矿物质不足，钙、磷比例失调等，都可成为本病的致病因素。补饲黄豆过量，也常成为泡沫性臌气的病因。

④给羊加喂胡萝卜、甘薯、马铃薯、芜青等多汁块根饲料；开春后，在草场、田埂、路边、山坡上刈草饲喂或放牧误食毒芹、乌头、白藜芦、佩兰、白苏或毛茛科等有毒植物，乃至采食桃、李、杏、梅等富含氰甙类毒物的幼枝嫩叶。

(2) 继发性瘤胃鼓气主要见于前胃弛缓，创伤性网胃腹膜炎，食管阻塞、痉挛和麻痹，迷走神经胸支或腹支受损，纵隔淋巴结结核性肿胀，食道癌以及前胃粘连等疾病经过中，系瘤胃内气体排除障碍所致。

2. 症状

通常在采食大量易发酵饲料之后数小时甚至在采食中突然发病，病情发展急剧。

病的初期，兴奋不安，精神沉郁，食欲废绝，反刍停止；结膜充血，角膜周边血管扩张；回头望腹，不断起卧，表现腹痛。随着病程发展，病畜呆立不动，黏膜发绀，呼吸急促，出汗，皮温不整，步态蹒跚，以致突然死亡。肚腹迅速膨大，腰旁窝突出，腹壁紧张而有弹性，叩诊呈鼓音，病羊的右腹部也突出。随着瘤胃鼓气，膈肌受压迫，呼吸用力而促迫，甚至伸展头颈，张口伸舌呼吸，每分钟达 60 次以上。心搏亢进，脉搏疾速，脉性强硬，每分钟可达 100 次以上，病的后期，心力衰竭，脉不感手，病情危重。

泡沫性臌气病羊常有泡沫状唾液从口腔逆出或喷出。瘤胃穿刺时，只能断断续续地排出少量气体，同时，瘤胃液随着胃壁收缩向上涌出，放气困难。

病的末期，心力衰竭，静脉怒张，口色青紫，呼吸极度困难，神情恐惧。由有毒植物引起的，颜貌忧苦，流涎或潧沫；站立不稳，往往突然倒地抽搐，出现窒息危象，顿时死亡。

3. 病程及预后

本病的病程短促，重剧病例，如不及时采取急救措施，可于数小时内窒息死亡。轻症病例，及时治疗，可以迅速痊愈，预后良好。消胀后又复发的，预后多不良。

4. 治疗

原则在于排气消胀，理气止酵，强心输液，健胃消导。

病初，病情轻者，抬举其头，用草把按摩腹部，促进瘤胃收缩和气体排出。松节油 5 ~ 8 毫升，鱼石脂 2 ~ 5 克；酒精 5 ~ 10 毫升，加温水适量，一次内服，可止酵消胀。或将病羊立于斜坡上，保持前高后低姿势，不断牵引其舌，或用木棒涂油给病羊衔在口内，促进气体排出。

重剧病例发生窒息危象时，应行瘤胃穿刺放气急救。游离气体性臌气，可用稀盐酸 5 ~ 15 毫升或鱼石脂 5 ~ 15 克，酒精 50 毫升，常水 500 毫升，或用生石灰水 500 ~ 1 000 毫升，或用 8%

氧化镁溶液 300 ~ 500 毫升，从穿刺针孔注入瘤胃，防腐止酵。用 0.25% 普鲁卡因溶液 30 ~ 50 毫升，青霉素 100 万单位，注入瘤胃内，效果更佳。

泡沫性臌气宜用 2% 聚合甲基硅煤油溶液，25 毫升，加水稀释后内服。或用消胀片（15 毫克/片），15 片，内服，具有杀沫消胀的作用。

应用豆油、花生油、菜籽油、香油，100 毫升，加温水 200 毫升，制成油乳剂，通过胃管投入，或用套管针注入瘤胃内，可降低泡沫的稳定性，迅速消胀。用液状石蜡 500 ~ 1 000 毫升，松节油 30 ~ 40 毫升，加常水适量内服，亦有消沫消胀作用。另外，近期有报道用香烟治羊肚气胀有效。发病时，用普通香烟（最便宜的就行）一包的香烟 10 根，剥去纸皮，分 3 次把烟丝塞进羊嘴内，让羊吃下去后，方可再次塞入。病轻者吃烟后 1 小时见效；重者 1 个小时后再喂一次，3 小时后有效。用药无效时，应立即施行瘤胃切开术，取出其中内容物，若有条件，于排气后接种健康瘤胃液 1 ~ 2 升，并将青霉素或土霉素投入瘤胃内，可增进治疗效果。

在治疗过程中，应注意调整瘤胃内容的 pH 值。当 pH 值降低时，可用 2% ~ 3% 碳酸氢钠溶液进行瘤胃洗涤。亦可参照瘤胃食滞疗法，给予盐类或油类泻剂，促进瘤胃内腐酵物质排除。必要时可用毛果芸香碱 20 ~ 50 毫克或新斯的明 10 ~ 20 毫克，皮下注射，以兴奋前胃神经，增强瘤胃收缩力，促进反刍与嗳气。

5. 预防

注意饲料保管与调制，防止饲料霉败；谷物饲料不宜粉碎过细。不可饥饱无常，更不宜骤然变换饲料；舍饲羊群开春变换饲料应逐步进行，以增强其消化功能的适应性。

放牧羊群夜间或临放牧前，先饲喂干谷草、羊草、稻草或作物的秸秆。易发酵的牧草，特别是豆科植物，应刈割后饲喂。放牧前，可适当应用有抗泡沫作用的表面活性药物，如豆油、花生油、菜籽油等。在牧区，可于放牧前，饲喂乳化的牛羊脂，效果也很理想。治疗用的聚氧化乙烯、聚氧化丙烯合剂，加少量植物油3~5毫升，于放牧前灌服，或混在饮水中饮服。

七、百叶干

瓣胃秘结，系由于前胃弛缓，瓣胃收缩力减弱，内容物充满、干燥所致发的瓣胃阻塞和扩张。中兽医称为“百叶干”。依据瓣胃内容物的酸碱度，可分为酸过多性瓣胃秘结和碱过多性瓣胃秘结两种病型。

1. 病因

(1) 原发性瓣胃秘结。常因饲养粗放，长期饲喂干草，特别是粗纤维坚韧的甘薯蔓、花生秧、豆秸、红茅草，以及豆荚、麦糠、粉渣、酒糟等含有泥沙的饲料，或受到外界不良因素的刺激和影响，惊恐不安，而导致本病的发生。突然变换饲料，或由放牧转为舍饲，饲料质量过差，缺乏蛋白质、维生素及某些必需的微量元素，如铜、铁、钴、硒等；或饲养不正规，饲喂后缺乏饮水，运动不足，消化不良，也能引起本病的发生。

(2) 继发性瓣胃秘结。通常伴发于前胃弛缓、真胃阻塞、真胃变位、真胃溃疡、创伤性网胃腹膜炎、腹腔脏器粘连、产后血红蛋白尿病、生产瘫痪、黑斑病甘薯中毒、急性肝炎以及血液原虫病和某些急性热性病经过中，系瓣胃收缩力减弱所致。

2. 临床表现

(1) 初期。病的初期，精神迟钝，前胃弛缓，食欲缺乏或减退，粪便干燥成饼状。瘤胃轻度鼓气，瓣胃蠕动音减弱或消失。触诊瓣胃区（右侧第7~9肋间中央），病畜退让，表现疼痛。叩诊瓣胃浊音区扩大。

(2) 中期。随着病程的进展，全身症状逐渐加重，鼻镜干燥、龟裂，磨牙、虚嚼，精神沉郁，反应减退；呼吸疾速，心搏亢进，脉搏可达 80～100 次/分钟。食欲、反刍消失。瘤胃收缩力减弱。瓣胃穿刺（右侧第 9 肋间肩关节水平线上）感到阻力加大，瓣胃不显现收缩运动。直肠检查，肛门括约肌痉挛性收缩，直肠内空虚，有黏液和少量暗褐色粪便。

（3）晚期。晚期病例，瓣叶坏死，伴发肠炎和全身败血症，体温上升至 40℃左右，病情显著恶化。食欲废绝，排粪停止，或仅排少量黑褐色粥状粪便，附着黏液，具有恶臭。呼吸次数增多，心搏动强盛。脉搏增至 100～140 次/分钟，脉律不齐，结代或徐缓。尿量减少。呈深黄色，或无尿。尿呈酸性反应，比重高，含大量蛋白、尿蓝母及尿酸盐。微血管再充盈时间延长，皮温不整，末梢部冷凉，结膜发绀，眼球塌陷，显现脱水和自体中毒体征。体质虚弱，神情忧郁，卧地不起，以致死亡。

一般病例，病程较缓，经及时治疗，1～2 周多可痊愈，预后良好。重剧病例，突然发病，病程短急，伴有瓣叶坏死及败血症的，3～5 天后即卧地不起，陷入昏迷状态，终至死亡。

3. 诊断

本病的临床表现，与前胃疾病、真胃疾病乃至某些肠道疾病相同或相似，诊断困难。有些病例，直到死后剖检时才得以发现。因此，临床诊断时，必须对病畜的胃肠道进行全面细致的检查，主要依据食欲减损或废绝，瘤胃蠕动减弱，瓣胃蠕动音低沉或消失，触诊瓣胃敏感性增高，排粪迟滞甚至停止等，作出论证诊断。必要时进行剖腹探查。

酸碱性瓣胃秘结的鉴别，可依据瘤胃内容物 pH 值测定结果间接地加以推断。

4. 治疗

治疗原则在于增强前胃运动机能，促进瓣胃内容物软化与排除。

病的初期，可用硫酸钠或硫酸镁100~150克，水1~2升(或液状石蜡250~500毫升，或植物油100~200毫升，一次内服。为增强前胃神经兴奋性，促进前胃内容物运转与排除，可同时应用10%氯化钠溶液30~60毫升，20%安钠咖注射液5~10毫升，静脉注射。氨甲酰胆碱、新斯的明，盐酸毛果芸香碱等拟胆碱药，应依据病情选择应用。但妊娠母羊及心肺功能不全、体质弱的病羊忌用!

对重症病例，各地采用瓣胃注射治疗。据报道，用10%硫酸镁或硫酸钠溶液500~800毫升，液状石蜡或甘油80~120毫升，普鲁卡因1克，呋喃西林2克，混合后注入瓣胃内，可收到一定效果。

近年来，多采取瓣胃冲洗疗法，即施行瘤胃切开术，用胃管插入网瓣孔冲洗瓣胃。瓣胃孔经冲洗疏通后，病情随即缓和，效果良好。

病羊伴发肠炎或败血症时，应根据全身机能状态，首先用氢化可的松0.2~0.5克，生理盐水40~100毫升，静脉注射。同时用10%硼葡萄糖酸钙溶液，或用撒乌安注射液100~200毫升，静脉注射。并注意强心补液，以纠正脱水和缓解自体中毒。

5. 预防

预防要点是，尽量防止可导致前胃弛缓的各种不良因素。饲草不宜铡得过短，适当减少坚韧粗硬的纤维饲料，加强运动，并给予充足的饮水。

八、消化性酸中毒

瘤胃酸中毒，系瘤胃积食的一种特殊类型，又称急性碳水化合物过食、谷粒过食、乳酸酸中毒、消化性酸中毒、酸性消化不良以及过食豆谷综合征等，是由于突然超量采食谷粒等富含可溶性糖类物质，瘤胃内急剧产生、积聚并吸收大量L，D-乳酸等有毒物质所致的一种急性消化性酸中毒。主要病理学变化：消化道和实质器官，包括瘤胃乃至真胃和小肠的出血、水肿和坏死，肝、脑、心、肾的出血、变性和坏死。特征性临床表现：瘤胃积滞酸臭稀软内容物，重度脱水，高乳酸血症以及短急的病程。

1. 病因

通常发生于下列时机：为了催乳、肫肥或促茸而由粗饲突然变为精饲；突然变更精料的种类或其性状；粗饲料缺乏或品质不良；偷食或偏爱。

所谓精料超量是相对的，关键在于其突然性，即突然超量。如果精料的增加是逐步的，则日粮中的精料比例即使达到85%以上，甚至在不限量饲喂全精料日粮的肫肥羊，也未必发生急性瘤胃酸中毒。

能造成急性瘤胃酸中毒的物质有：谷粒饲料，如玉米、小麦、大麦、青玉米、燕麦、黑麦、高粱、稻谷；块茎块根类饲料，如饲用甜菜、马铃薯、甘薯、甘蓝；酿造副产品，如酿酒后干谷粒、酒糟；面食品，如生面团、黏豆包；水果类，如葡萄、苹果、梨、桃；糖类及酸类化合物，如淀粉、乳糖、果糖、蜜糖、葡萄糖、乳酸、酪酸、挥发性脂酸。

影响谷类饲料致发本病的因素很多，主要在两个方面：一是饲料的种类和性状；一是动物的体况、习惯性和营养状态。

就谷物种类而言，小麦、大麦和玉米的“毒”性最大，而燕麦和高粱的“毒”性最小；就谷物性状而言，原粮的“毒”性最小，压片和碎粒的“毒”性较大，而粉料尤其细粉的“毒”性最大。

整粒小麦对山羊的中毒量为每千克体重100～120克，而粉碎小麦每千克体重50～80克即可致死绵羊。

动物本身的体况，习惯性和营养状态对谷类饲料中毒量和致死量的影响更大。

处于应激状态的动物（如围产期）比体态正常的动物对加喂谷类的适应性差，敏感性高。

加工的谷物对乳牛的一般致死量为每千克体重25～60克，但初喂该料的乳牛耐受性很差，采食总量仅10千克即可发病，甚而致死；而习惯的乳牛耐受性较强，通常可采食15～20千克，即使中毒，病情也轻。

营养不良动物过食谷物比营养佳良动物更易中毒，例如同样粉碎的小麦，对肥壮绵羊的致死量为每千克体重75～80克，而对瘦弱绵羊仅为每千克体重50～60克。

2. 临床表现

羊的急性瘤胃酸中毒的临床症状和疾病经过，因病型而不同。

最急性型精神高度沉郁，极度虚弱，侧卧或不能站立，双目失明，瞳孔散大；体温低下（36.5～38.0℃）。重度脱水（体重的8%～12%）。腹部显著膨胀，瘤胃停滞，内容物稀软或水样，瘤胃液pH值低于5.0，可至pH值4.0，无纤毛虫存活。循环衰竭，心率每分钟110～130次，微血管再充盈时间显著延长（超过5秒，乃至10秒），通常于暴发后的短时间内（3～5小时）突然死亡。死亡的直接原因概属内毒素休克。

急性型食欲废绝，精神沉郁，瞳孔轻度散大，反应迟钝。消化道症状典型，磨牙虚嚼不反刍，瘤胃膨满不运动，一般触诊感回弹性，冲击式触诊听震荡音，瘤胃液的pH值在5.0～6.0，无存活的纤毛虫。排稀软酸臭粪便，有的排粪停止。脱水体征明显，中度脱水（体重的8%～10%），眼窝凹陷，血液黏滞，尿少色浓或无尿。全身症状重剧，体温正常、微热或低下（38.5～39.5℃，有的37.0～38.5℃）。脉搏细弱（每分钟百次上下），结膜暗红，微血管再充盈时间延长（3～5秒）。后期出现明显的神经症状，步态蹒跚或卧地不起，头颈侧屈（似生产

瘫痪）或后仰（角弓反张），昏睡乃至昏迷。若不予救治，多在24 小时内死亡。

亚急性型食欲减退或废绝，瞳孔正常，精神委顿，能行走而无共济失调。轻度脱水（体重的4% ~6%）。全身症状明显，体温正常（38.5 ~39℃），结膜潮红，脉搏加快（每分钟 80 次上下），微血管再充盈时间轻度延长（2 ~3 秒）。瘤胃中等度充满，收缩无力，触诊感生面团样或稀软的瘤胃内容物，瘤胃液 pH 值介于 5.5 和 6.5 之间，有一些活动的纤毛虫。常继发或伴发蹄叶炎和瘤胃炎而使病情恶化，病程 24 ~96 小时不等。

轻微型呈消化不良体征，表现食欲减退，反刍无力或停止，瘤胃运动减弱，稍显膨满，触诊内容物呈捏粉样硬度，瘤胃液 pH 值 6.5 ~7.0，纤毛虫活力几乎正常。脱水体征不显，全身症状轻微。数日间腹泻，粪便灰黄稀软或水样，混有一定量的黏液。多能自愈。

3. 诊断

急性瘤胃酸中毒的论证诊断，依据下列 3 个方面：

在病史上，恒于突然超量摄取谷类等富含可溶性碳水化合物（淀粉、糖）的食物后不久起病。

在体征上，瘤胃充满而内容物稀软，脱水体征明显而腹泻轻微或不显，全身症状重剧而体温并不升高。

在检验上，血浆 CO_2 结合力可降到20% 以下，血液 pH 值极度低下，可达 pH 值 7.0，血乳酸增多为 4.44 ~ 8.88 毫摩/升（40 ~ 80 毫克/分升），其中出现 D-乳酸 1.11 ~ 3.33 毫摩/升（10 ~30 毫克/分升）；PCV 可高达 50% ~60%；瘤胃内容物稀粥状或液状，pH 值 5.5 ~4.0，乳酸含量高达 50 ~150 毫摩/升；乳酸杆菌和巨型球菌等革兰氏阳性菌为优势菌；尿液量少色暗比重高，pH 值 5.0 左右，粪便呈酸性，pH 值 5.0 ~6.5 不等。

鉴别诊断对象，主要是瘤胃食滞和生产瘫痪。

与瘤胃食滞的鉴别要点：瘤胃内容物稀软而有震荡音；脱水体征突出，出现得早，发展得快；血、尿、粪、瘤胃液检验，一致显示酸中毒、全身性乳酸酸中毒。

与生产瘫痪的鉴别要点：本病的发生与妊娠和分娩没有直接关系；瘫痪、昏迷等神经症状，出现于重症晚期而不是早期主症；脱水体征明显；酸中毒检验指标的改变突出而且一致；血钙只是偏低，补钙治疗对病程发展没有显著影响，不像生产瘫痪时有立竿见影的救治功效。

4. *治疗*

急性瘤胃酸中毒的治疗原则：彻底清除有毒的瘤胃内容物；及时纠正脱水和酸中毒；逐步恢复胃肠功能。

除个别散发病例外，反刍兽的过食性乳酸酸中毒常在畜群中暴发，应对畜群进行普遍检查，依据病程类型和病情的轻重，分别采取下列措施，逐头实施急救治疗。

（1）瘤胃冲洗国内外当前都推荐作为首要的急救措施，尤其适用于急性型病畜。方法是用双胃管（国外惯用）或内径25～30毫米的粗胶管（国内惯用）经口插入瘤胃，排除液状内容物，然后用1%食盐水或碳酸氢钠水或自来水管水或1：5石灰水反复冲洗，直至瘤胃内容物无酸臭味而呈中性或弱碱性为止。该法疗效卓著，常立竿见影。安徽阜阳李仰曾先生自20世纪70年代创用此法治疗以来，抢救重症病牛逾千例，使本病的病死率几乎降为零值。

（2）补液补碱。5%碳酸氢钠液1～2升，葡萄糖盐水500毫升至1升，给羊一次静脉输注。先快速输注30分钟，以后平速输注。对危重病畜，应首先采用此项措施抢救。

（3）灌服制酸药和缓冲剂氢氧化镁或氧化镁或碳酸氢钠或碳酸盐缓冲合剂（干燥碳酸钠150克，碳酸氢钠250克，氯化钠100克，氯化钾40克）50～150克，常水1～2升，一次灌服。

单用此措施，只对轻症及某些亚急性型病畜有效。

(4) 瘤胃切开彻底冲洗或清除内容物，然后加入少量碎干草。此法耗资费时，且对瘤胃内容物 pH 值 4.0 ~ 4.5 的危重病牛疗效不佳。

5. 预防

随着病因及病理的深入阐明，急性瘤胃酸中毒预防措施的研究也有很大进展，主要在以下 4 个方面。

(1) 主张日粮构成要相对稳定，强调加喂精料要逐步过渡，研究了妊娠期及产周期应激状态下的乳羊饲喂特点，规定了乳畜日粮的精粗比例，确定奶山羊谷物日粮不得超过 1 千克。

(2) 在给肫肥肉羊加喂谷物精料前，应移植高精料饲喂适应羊的瘤胃内容物。

(3) 精料内添加缓冲剂和制酸剂，如碳酸氢钠、氧化镁和碳酸钙等，使瘤胃内容物保持在 pH5.5 以上。

(4) 精料内添加拉沙里菌素、莫能菌素、硫肽菌素等能抑制乳酸生成菌作用的抗生素。

九、便秘

羊的便秘，也称肠便秘，包括十二指肠、空肠、盲肠、结肠等不同肠段的秘结。是以肠弛缓为病理基础，肠内食糜或粪便积滞所造成的一种机能性肠阻塞。

1. 病因

本病的发生与饲养管理关系密切。

(1) 饲喂粗韧纤维饲料，如山芋蔓、花生藤、麦秸、枯老的绿肥或其他牧草。

(2) 饲料中缺乏矿物质，舔食的被毛在真胃中缠绕形成毛球，并进入肠道而引起阻塞。

(3) 大量稻谷摄入后积滞于盲肠，堵塞盲结肠口而引起阻塞。

(4) 饮水不足，缺乏运动，重役，偷吃大量稻谷，加上年老．齿病和围产期消化功能减退而发病。

2. 临床表现

病羊大都食欲废绝，反刍停止。结肠阻塞羊偶有少量食欲。病初，多数病羊有阵发性轻度腹痛，表现为四肢频频踏地，头向右侧顾腹，拱背努责，举尾。前胃弛缓，常伴有轻度臌气。排粪量减少变干。乳羊泌乳量下降。体温、心率、呼吸都无明显变化。接着腹痛中止，精神沉郁，出现轻度脱水、前胃弛缓、排粪停止而代之以白色胶冻状黏液，且心率加快，呼吸增数。病程进入中后期，则病羊极度沉郁，喜卧，体温低下，心跳过速，有的达100次/分，呈中度以上脱水，并出现心包摩擦音，可视黏膜由发绀变为苍白，末梢厥冷，陷入休克状态，最后昏迷或抽搐而死。

病程5～10天，阻塞部越靠后病程越长，结肠阻塞可拖延2周左右。

实验室检查有助于对病情严重程度的判断。主要有以下几点：

(1) 血液浓缩。红细胞压积容量增高，血浆总蛋白含量增高。

(2) 代谢性碱中毒。血浆中Cl^-、K^+减少，血液pH值升高，血浆碱储增高，其速率和阻塞部位有关。阻塞部越靠前，出现得越早，越严重。尿呈酸性，尿蓝母阳性。但由稻谷引起的盲肠便秘，血液pH值下降，碱储减少，血乳酸含量增高，呈代谢性酸中毒。

(3) 血液尿素氮含量上升，后期血氨升高。

(4) 血糖随病情的严重程度而升高，后期血糖陡然下降是濒死的预兆。

3. 诊断

根据病史、腹痛，排粪停止而排出胶冻状黏液，可作出初步诊断。确定诊断则须结合实验室检查、超声检查，或者剖腹探查。

4. 治疗

（1）保守疗法包括补液、强心、解毒等全身处置和各种疏通疗法，如经口灌服或经瓣胃注入硫酸钠、石蜡油等泻剂，以及注射拟胆碱药，以促进阻塞物排出。

临床实践证明，这些保守疗法，对十二指肠阻塞，特别进入中期以后是无效的。对盲肠和结肠阻塞，也只是早期有效，还必须同时通过直肠按摩阻塞部。稻谷所致的盲肠阻塞，则可经直肠抖动阻塞部使谷团松散，有一定效果。

凡采用保守治疗、经6～12小时仍未见好转的，应即施行手术治疗，切莫延迟。

（2）手术疗法站立保定，右侧腰旁麻醉结合切口局部浸润麻醉。自第三腰椎下5厘米起作一的垂直切口。如系盲肠阻塞病例，切口应向后移一个腰椎距离，分层切开腹壁。然后沿膨胀的肠管由前向后或沿萎陷的肠管由后向前找到秘结部，实施隔肠按压或侧切取粪。肠壁已坏死或接近坏死的，则坚决切除，施行断端吻合术，切莫姑息。

十、腹膜炎

腹膜炎是腹膜壁层和脏层各种炎症的统称。按疾病的经过，分为急性和慢性腹膜炎；按病变的范围，分为弥漫性和限局性腹膜炎；按渗出物的性质，分为浆液性、浆液—纤维蛋白性、出血性、化脓性和腐败性腹膜炎。临床上以腹壁疼痛和腹腔积有炎性渗出液为其特征。

1. 病因

(1) 原发性腹膜炎包括腹壁创伤、透创、手术感染（创伤性腹膜炎）；腹腔和盆腔脏器穿孔或破裂（穿孔性腹膜炎）；羊的幼年肝吸虫等腹腔寄生虫的重度侵袭（侵袭性腹膜炎）。

(2) 继发性腹膜炎常发生于下列两种情况：邻接蔓延，如子宫炎、膀胱炎、肠炎、肠变位、前胃炎、真胃炎、肠系膜动脉血栓—栓塞、顽固性肠便秘时，因脏壁损伤，失去正常的屏障机能，腹、盆腔脏器内的细菌经脏壁侵入腹膜脏层和壁层所致（蔓延性腹膜炎），血行感染，如巴氏杆菌病等病程中，病原体经血行感染腹膜所致（转移性腹膜炎）。

2. 症状

临床症状因病型和病因而显著不同。

继发于产褥热或胃、肠、子宫、膀胱、脓肿破裂的脓毒性腹膜炎，发高热或轻热，全身症状重剧，衰竭，腹泻，可于数日内或数小时内死于脓毒败血症或内毒素休克。

一般原因所致的急性弥漫性腹膜炎，临床症状也不如马那样重剧而典型。病羊背腰拱曲，四肢置于腹下，腹部吊起，呆立一处，或呈拖行步态（尤其在子宫腹膜炎时）。变换体位时，颜面忧苦，发呻吟声，表现隐微的腹痛。触诊腹壁有时也表现疼痛反应。

比较明显的外部表现是反射性瘤胃弛缓和臌气以及反射性肠弛缓和便秘。显现精神沉郁，发热（中热或轻热），脉搏显著加快而微弱，短促的胸式呼吸。随着病程的进展，腹膜刺激症状和缓，腹腔内积有大量渗出液，腹壁疼痛减轻而松弛，下侧方腹围显现膨大，腹腔穿刺可获得大量渗出液。胃肠症状依然存在而全身症状不断恶化。

3. 病程及预后

因病型而异。穿破性、化脓性及腐败性腹膜炎，常于数日内

以至数小时内死于脓毒败血症或内毒素休克。急性弥漫性腹膜炎，可拖延7~14日。结核病和诺卡氏菌病伴发的慢性弥漫性腹膜炎，经过数周至数月，终归死亡。

慢性腹膜炎，常造成腹腔脏器特别是肠管的广泛粘连，引起消化不良而陷入恶病质状态，预后不良。限局性腹膜炎，除非因粘连而造成肠狭窄，多数预后良好。

4. *治疗*

原则是抗菌消炎，制止渗出，纠正水盐代谢紊乱。

（1）抗菌消炎治疗腹膜炎的首要原则。腹膜炎常因多种病原菌混合感染而引起，广谱抗生素或多种抗生素联合使用的效果较好。如四环素、卡那霉素、庆大霉素、红霉素、青霉素、链霉素等静脉注射、肌肉注射或大剂量腹腔内注入。

（2）消除腹膜炎性刺激的反射性影响可用0.25%盐酸普鲁卡因液150~200毫升作两侧肾脂肪囊内封闭，或用0.5%~1%盐酸普鲁卡因液80~120毫升作胸膜外腹部交感神经干封闭或阻断。

（3）制止渗出可静脉注射10%氯化钙液，50~100毫升，每日1次。

（4）纠正水、电解质与酸碱平衡失调可用5%葡萄糖生理盐水或复方氯化钠液（20~40毫升/千克），静脉注射，每日2次。对出现心律失常、全身无力及肠弛缓等缺钾症状的病畜，可在糖盐水内加适量10%氧化钾溶液，静脉滴注（氧化钾的总用量应依据血钾恢复程度确定）。

腹腔渗出液蓄积过多而明显障碍呼吸和循环功能时，可穿刺引流。

出现内毒素休克危象的病畜，应依据情况，按中毒性休克施行抢救。

十一、肝炎

肝炎，又称急性实质性肝炎，是以肝细胞变性、坏死和肝组织炎性病变为病理特征的一组肝脏疾病。按病程，有急性和慢性之分。按病理变化，分为黄色肝萎缩和红色肝萎缩。

1. 病因

致发肝组织坏死和炎症的原因很多很杂，通常归类于中毒、感染、侵袭、营养缺乏和循环障碍等5类因素。

(1) 中毒性肝炎见于各种有毒物质中毒，如磷、砷、锑、硒、铜、钼、四氯化碳、六氯乙烷、棉酚、煤酚、氯仿等化学毒中毒；千里光、猪屎豆、羽扇豆、杂三叶、天芥菜等有毒植物中毒；黄曲霉、红青霉、纸板髓孢霉、杂色曲霉、构巢曲霉、黑团孢霉等真菌毒素中毒；还见于饲喂尿素过多或尿素循环代谢障碍所致的氨中毒等。

(2) 感染性肝炎见于细菌、病毒、钩端螺旋体等各种病原体感染，如沙门氏菌病、钩端螺旋体病以及伴有肝脏肉芽肿形成的全身性真菌病等。

(3) 侵袭性肝炎主要见于肝片吸虫、血吸虫的严重侵袭。蛔虫幼虫的移行，也是动物肝炎的常见原因。

(4) 营养性肝炎主要见于硒缺乏、维生素 E 缺乏、蛋氨酸缺乏和胱氨酸缺乏。如绵羊的饮食性肝坏死（Blood，1983）。

(5) 充血性肝炎充血性心力衰竭时，肝窦状隙内压增大，肝实质受压并缺氧，可导致肝小叶中心变性和坏死。如犬恶丝虫病所致的腔静脉综合征时，前腔后腔静脉内有大量心丝虫成虫，造成严重的肝被动性充血，可引起急性肝炎、肝衰竭甚至死亡。

2. 临床表现

(1) 急性肝炎表现消化不良，粪便臭味大而色泽浅淡。可视黏膜黄染（肝性黄疸），肝浊音区扩大，触诊疼痛。

(2) 充血性肝炎可见肝脏搏动，精神沉郁、嗜眠、昏睡、昏迷或兴奋狂暴等神经症状（肝脑病症状）。鼻、唇、乳房等无色素部皮肤发红、肿胀、瘙痒，甚至溃疡，显现光敏性皮炎。体温升高或正常，脉搏和心动徐缓。有的全身无力，表现轻微腹痛或排粪带痛。

(3) 慢性肝炎由急性肝炎转化而来，呈现长期消化不良，逐渐消瘦，可视黏膜苍白，皮肤水肿，继发肝硬化则出现腹水。充血性肝炎还伴有慢性充血性心力衰竭及其原发病所固有的症状和体征。

(4) 肝功能检查血清黄疸指数升高；直接胆红素和间接胆色素含量增高；尿中胆红素和尿胆原试验呈阳性反应；血清胶体稳定性试验强阳性；谷草转氨酶（GOT）、乳酸脱氢酶（LDH）、丙氨酸转氨酶（ALT）、门冬氨酸转氨酶（AST）等反映肝损伤的血清酶类活性增高。

3. 诊断

论证诊断，依据于临床表现、肝功能试验以及肝活体组织病理学检验。

病因诊断较难，应首先作出上述 4 种病因类型的归属，然后逐个确定其具体病因。

在临床表现上，黄疸和感光过敏如不明显，则很容易误诊为脑病。充血性肝炎，常被突出的充血性心力衰竭症状所掩盖，注意不要漏诊（参见黄疸综合征鉴别诊断）。

4. 治疗

要点是除去病因，保肝利胆。除去病因，在大多数情况下指的是治疗原发病，而许多原发病本身是很难治愈的。

常用的疗法包括：静脉注射 25% 葡萄糖溶液、5% 维生素 C 溶液和 5% 维生素 B_1 溶液；服用蛋氨酸、肝泰乐等保肝药，内服人工盐等盐类泻剂配合鱼石脂等制酵剂，以清肠利胆，有出血倾向的可用止血剂和钙制剂，狂躁不安的，应给予镇静安定药等，作对症处置。

十二、胃肠卡他

胃肠卡他，即卡他性胃肠炎，或称消化不良，是胃肠黏膜表层炎症和消化紊乱的统称。按疾病经过，分为急性胃肠卡他或急性消化不良和慢性胃肠卡他或慢性消化不良。按病变部位，分为胃卡他即以胃和小肠为主的消化不良以及肠卡他，即以大肠为主的消化不良。

1. 病因

（1）饲料品质不良如饲草粗硬而不易消化，受潮而霉败以及霜冻的块根，堆积发热的青贮，夹杂泥沙的草料等。

（2）饲养管理不当如喂饮失时，动物过饱过饥，久渴而暴饮；日粮的构成、草料的种类、猪食的稠度和温度以及饲喂的顺序和方法突然改变，动物的消化动力定型遭到破坏；饲喂后立即重役或重役后立即饲喂，动物的胃肠消化功能难以适应。

（3）误用刺激性药物如水合氯醛不加黏浆剂，稀盐酸、乳酸不冲淡，吐酒石未溶解，健胃酊剂过浓过量等。

（4）伴发或继发于各种疾病如捻转胃虫病、肠道蠕虫病、肠道球虫病、肝吸虫病等寄生虫病；霉玉米中毒、黑斑病甘薯中毒，多种植物中毒、多种矿物质中毒等中毒性疾病；齿牙磨灭不正、唾液腺炎、慢性肝胆病和心肺病等邻接器官或相关器官的疾病。

2. 临床表现

消化不良（机能性和器质性）的基本症状包括：食欲减退或废绝．有的异嗜；饮欲增进或烦渴贪饮，口腔干燥或湿润，有臭味，口色红黄或青白，舌体皱缩，被有舌苔；肠音增强、活泼、不整或减弱、沉衰；粪便或干小或稀软，含消化不全的粗纤维或谷粒，放不同程度的臭味；全身症状不明显，体温、脉搏、呼吸无大变化。

（1）胃机能障碍为主的急性消化不良病畜精神倦怠，呆立嗜眠，不时打呵欠，抬头翻举上唇（蹇唇似笑），饮食欲大减，有的异嗜，吃尿湿的垫草，舔食咸碱的沙土；结膜中度黄染；口腔症状明显，黏膜潮红，唾液黏稠，口甘臭或恶臭，舌面被覆灰白色舌苔，肠音减弱或沉衰；粪便成球，干小而色暗，表面附少量黏液，含消化不全的粗纤维和谷粒；体温有时升高，易疲劳出汗。

（2）肠机能障碍为主的急性消化不良最突出最重要的症状是腹泻和贪饮。粪便呈稀糊状以至水样，放恶臭，混有黏液、血丝和未经消化的饲料。

可通过腹壁触诊发现肠痛，恒可听到增强的以至雷鸣般的带有金属音调的肠蠕动音，常伴发臌气。有的伴有轻热和中热。直肠卡他时，可见明显的里急后重，粪便表面覆盖有黏液和血丝，直肠温度增高，黏膜潮红，偶尔直肠脱出。

（3）慢性胃肠卡他或消化不良病畜精神沉郁，结膜色淡并黄染，食欲不定，往往表现异嗜，舔食平时不愿吃的东西，如煤渣，沙土和粪尿浸染的垫草，还有大口吃粪的，口腔干燥或黏滑，口臭味大，有厚薄不等的灰白色或黄白色舌苔。肠音增强，不整或减弱。便秘与腹泻交替发生。粪便内含消化不全的粗大纤维和谷粒，病程数月至数年不等，最终陷于恶病质状态。

3. 治疗

治疗原则包括除去病因，改善饮食，清肠制酵，调整胃肠机能。

（1）除去病因是消化不良得以彻底康复、不再复发的根本措施。如草料品质不良所致的，要改换为优质草料；长期休闲所致的，要给予适当的使役或运动；齿牙不良所致的，要修整牙齿；胃肠道寄生虫所致的，要及时彻底驱虫；钙、食盐等矿物质营养缺乏所致的，要在日粮中补足等等。

（2）改善饮食减饲并施行食饵疗法，对消化不良的康复至关重要。病初减饲1～2天，给予优质易消化的草料如青草、麸皮粥，最好放牧。

（3）清肠制酵指的是清理胃肠内容，制止腐败发酵过程，具有减轻胃肠负荷和刺激，防止和缓解自体中毒的作用，对排粪迟滞的消化不良病畜尤为必要。蓖麻油或液状石蜡加适量制酵剂硫桐脂（鱼石脂代用品）或克辽林加水稀释后灌服，50～100毫升。

硫酸镁或硫酸钠、氯化钠等盐类泻剂亦可应用，绵羊、山羊20～50克。

（4）调整胃肠机能以胃机能障碍为主的消化不良，多在清理胃肠的基础上，酌情给予稀盐酸（2～10毫升），混在饮水中自行饮服，每日2次，连续3～5日，同时内服苦味酊、龙胆酊、橙皮酊、大蒜酊等苦味健胃剂或刺激性健胃剂以及酵母粉、胃蛋白酶等助消化剂，增强胃肠分泌和运动，则效果更好。

第二节　羊呼吸系统疾病

一、感冒

感冒，是寒冷感作所致发的一种以上呼吸道黏膜发炎为主症的急性全身性疾病。临床上以体温突然升高、咳嗽、羞明流泪和流鼻液为特征。没有传染性。

治疗要点在于解热镇痛，祛风散寒，防止继发感染。

解热镇痛可内服阿司匹林或氨基比林，羊2～5克；亦可肌肉注射30%安乃近液，或用安痛定液，或用百尔定液，羊5～10

毫升。在应用解热镇痛剂后，体温仍不下降或症状仍未减轻时，可适当配合应用抗生素或磺胺类药物，以防止继发感染。

祛风散寒应用中药效果好。当外感风寒时，宜辛温解表，疏散风寒，方用荆防败毒散加减；当外感风热时，宜辛凉解表，祛风清热，方用桑菊银翘散加减。

二、喉炎

1. 病因

原发性喉炎，主要起因于受寒感冒，机械性或化学性刺激。继发性喉炎，主要是邻近器官炎症，如鼻炎、咽炎、气管炎等的蔓延或继发于某些传染病，如腺疫、鼻疽、流行性感冒、传染性上呼吸道卡他、结核等。

2. 症状

突出的表现是剧烈的咳嗽和喉部体征。病初发短干痛咳，以后则变为湿而长的咳嗽。饮冷水、采食干料以及吸入冷空气时，咳嗽加剧，甚至发生痉挛性咳嗽。患畜喉部肿胀，头颈伸展，呈吸气性呼吸困难。触诊喉部，摇头伸颈，表现知觉过敏，并发连续的痛咳，喉狭窄音远扬数步之外；喉部听诊闻大水泡音。有时流浆液性、黏液性或黏液脓性鼻液，下颌淋巴结急性肿胀。并发咽炎时，则咽下障碍，有大量混有食物的唾液随鼻液流出。重症病例，精神沉郁，体温升高 1～1.5℃，脉搏增数，结膜发绀，吸气性呼吸困难，甚至引起窒息死亡。

慢性喉炎，患畜长期弱咳、钝咳，早晚吸入冷空气时更为明显。触诊喉部稍敏感，引发弱咳。每因喉部结缔组织增生、黏膜显著肥厚、喉腔狭窄而造成持续性吸气性呼吸困难。

3. 治疗

（1）消除炎症初期宜用冰水冷敷喉部，以后可用 10% 食盐水温敷，每日 2 次，也可局部涂擦 10% 樟脑酒精或涂布复方醋酸铅散、鱼石脂软膏等。重症喉炎，可注射磺胺、抗生素制剂。以0.5%~1%普鲁卡因30~50毫升，青霉素40万单位进行喉囊封闭，每日2次，两侧交替进行，效果显著。必要时，可行蒸气吸入或雾化吸入。

（2）祛痰镇咳当患畜频发咳嗽而鼻液黏稠时，可内服溶解性祛痰剂，常用人工盐5~10克，茴香末10~20克，制成舔剂，一次内服；或碳酸氢钠3~6克，远志酊8~12毫升温水100毫升，一次内服；或氯化铵4克，杏仁水8毫升，远志酊8毫升，温水100毫升，一次内服。有窒息危象时，应施行气管切开术。

三、支气管炎

1. 病因

寒冷刺激，可使支气管黏膜下的血管收缩，黏膜缺血而防御机能降低，呼吸道常在菌（如肺炎球菌、巴氏杆菌、链球菌、葡萄球菌、化脓杆菌等）或外源性非特异性病原菌乘虚而入，呈现致病作用。

机械性和化学性刺激，如吸入粉碎饲料、尘埃、真菌孢子，氯、氨、二氧化硫等刺激性气体及火灾时的闷热空气；投药以及吞咽障碍时异物进入气管，均可引起吸入性支气管炎。

继发于某些传染病和寄生虫病，如鼻疽、病毒性肺炎、结核、口蹄疫及肺丝虫病等。

2. 临床表现

（1）急性大支气管炎主要症状是咳嗽。病初呈干、短、痛咳，以后变为湿、长咳。从两侧鼻孔流出浆液性、黏液性或黏液脓性鼻液。胸部听诊可听到干性或湿性啰音。全身症状较轻，体温正常或升高0.5~1.0℃。

（2）急性细支气管炎多继发于大支气管炎，呈现弥漫性支气管炎的特征。全身症状重剧，体温升高1~2℃，呼吸疾速，

呈呼气性呼吸困难，可视黏膜蓝紫色，有弱痛咳，胸部听诊，肺泡呼吸音增强，可听到干啰音和小水泡音，还可听到捻发音。胸部叩诊音较正常高朗，继发肺泡气肿时，呈过清音，肺叩诊界扩大。

（3）腐败性支气管炎除急性支气管炎的基本症状外，病畜全身症状重剧，呼出气带腐败性恶臭，两侧鼻孔流污秽不洁并带腐败臭味的鼻液。叩诊有时呈金属性鼓音或破壶音，该部位听诊可听到支气管呼吸音或空瓮性呼吸音。

（4）慢性支气管炎主要症状是持续性咳嗽。咳嗽多发生在运动、采食、夜间或早晚气温较低时，常为剧烈的干咳，鼻液少而黏稠。并发支气管扩张时，咳嗽后有大量腐臭鼻液流出。病势弛张，气温突变或服重役时症状加重。胸部可听到干啰音。叩诊一般无变化。并发肺泡气肿时发过清音，肺界后移。全身症状一般不明显。后期并发支气管周围炎和肺泡气肿，则显不同程度的呼气性呼吸困难。

3. 病程及预后

（1）急性大支气管炎，经过1～2周，预后良好。细支气管炎，病情重剧，常有窒息倾向，或变为慢性而继发慢性肺泡气肿，预后慎重。腐败性支气管炎，病情严重，发展急剧，多死于败血症。

（2）慢性支气管炎病程较长，可持续数周、数月乃至数年，往往导致肺膨胀不全、肺泡气肿、支气管狭窄、支气管扩张，预后不良。

4. 诊断

主要依据于受寒感冒病史，咳嗽、流鼻液、听诊干，湿啰音等现症。X线检查，肺部有纹理较粗的支气管阴影，而无病灶阴影。

5. 治疗

治疗原则为加强护理，消除病因，祛痰镇咳，抑菌消炎，必要时抗过敏。

祛痰镇咳动物频发咳嗽，分泌物黏稠不易咳出时，应用溶解性祛痰剂；频发痛咳，分泌物不多时，可选用镇痛止咳剂。常用的有：复方樟脑酊，羊5~10毫升，内服，每日2~3次；或磷酸可待因，羊0.05~0.1克，每日1~2次。

抑菌消炎为促进炎性渗出物的排除，可用松节油、来苏儿、克辽林、木馏油、薄荷脑、麝香草酚等蒸气吸入，或用无刺激性的药物，如碳酸氢钠等进行雾化吸入疗法；为抑制细菌生长，可向气管内注入抗生素，即以青霉素100万单位，或链霉素100万单位，溶于1%普鲁卡因液15~20毫升内，一次注入，每日一次，5~6次为一疗程；也可向气管内注入5%薄荷脑石蜡油（先将液状石蜡煮沸，放凉至40℃左右，按石蜡的5%加入薄荷脑，融化后密封，备用），羊2~3毫升，头2日每日一次，以后隔日一次，4次为一疗程，并施行全身磺胺、抗生素疗法。

呼吸困难时，可肌肉注射氨茶碱，羊0.25~0.5克，每日2次。

抗过敏疗法据报道，一溴樟脑粉和普鲁卡因粉具有较强的抗过敏作用。用法是：第1天，一溴樟脑粉4克，普鲁卡因粉2克，甘草、远志末各20克，制成丸剂，早晚各一剂。第2天，一溴樟脑粉增加到6克，普鲁卡因粉增加到3克。第3~4天，分别增加到8克和4克，另加氯霉素粉6克（兼消炎）。

慢性支气管炎时，为稀释和排除黏稠的渗出物，可用蒸气吸入和祛痰剂，或用碘化钾，羊1~2克，或木馏油25克，加入蜂蜜50克，拌于500克饲料中喂予，有较好效果。

真菌性支气管炎，行抗过敏疗法。

四、肺炎

卡他性肺炎，又称支气管肺炎（broncho-pneumonia）或小叶性肺炎（lobular pneumonia），是定位于肺小叶的炎症。以肺泡内充满由上皮细胞、血浆与白细胞等组成的浆液性细胞性炎症渗出物为病理特征。临床上以弛张热型，叩诊有散在的局灶性浊音区和听诊有捻发音为特征。幼畜及老龄动物尤为多发。

1. 病因及发病机理

多由支气管炎发展而来。病因同支气管炎，如寒冷刺激、理化学因素等。

过劳、衰弱、维生素缺乏及慢性消耗性疾病等凡使动物呼吸道防卫能力降低的因素，均可导致呼吸道常在菌大量繁殖或病原菌入侵而诱发本病。

已发现的病原有衣原体属、肺炎球菌、绿脓杆菌、化脓杆菌、猪嗜血杆菌、沙门氏菌、大肠杆菌、坏死杆菌、葡萄球菌、链球菌、化脓棒状杆菌、真菌以及腺病毒、鼻病毒、流感病毒、3型副流感病毒和疱疹病毒等。

本病常继发或并发于许多传染病和寄生虫病，如流行性感冒、传染性支气管炎、鼻疽、结核、口蹄疫、肺线虫病、羊衣原体肺炎等。

上述病因作用于动物机体，首先引起支气管炎，随后蔓延至肺泡，引起肺小叶或小叶群的炎症。炎症组织蔓延融合成大片的融合性肺炎时，病变范围如同大叶性肺炎，但病变新旧不一，肺泡内仍然是细胞性渗出物和脱落的上皮而非纤维蛋白，病性截然不同。

2. 症状

病初呈急性支气管炎的症状，但全身症状较重剧。病畜精神沉郁，食欲减退或废绝，结膜潮红或蓝紫。体温升高1.5～2℃，呈弛张热，有时为间歇热。脉搏随体温而变化，羊、则可超过百次。呼吸增数，羊可超过百次。咳嗽是固定症状，由干性痛咳转为湿性痛咳。流少量鼻液，呈黏液性或黏液脓性。

胸部叩听诊：病灶浅在的，可发现一个或数个小浊音区，通常在胸前下三角区内；融合性肺炎时，则出现大片浊音区；深在病灶，叩不出浊音或呈浊鼓音。

听诊病灶部肺泡呼吸音减弱，可听到捻发音；其他部位肺泡呼吸音增强。

融合性肺炎区可听到干、湿性啰音和支气管肺泡（混合性）呼吸音。

X 射线检查：肺纹理增强，显现大小不等的灶状阴影，似云雾状，有的融成一片（融合性肺炎）。

3. 病程及预后

病程一般持续 2 周。大多康复；少数转为化脓性肺炎或坏疽性肺炎，转归死亡。

4. 诊断

本病论证论断不难。类症鉴别应注意细支气管炎和纤维素性肺炎。

(1) 细支气管炎呼吸极度困难，呼气呈冲击状。因继发肺气肿，叩诊呈过清音，肺界扩大。

(2) 纤维素性肺炎稽留热型，定型经过，有时见铁锈色鼻液，叩诊的大片浊音区内肺泡音消失，出现支气管呼吸音。X 射线检查，显示均匀一致的大片阴影。

5. 治疗

治疗原则包括抑菌消炎、祛痰止咳和制止渗出。

抑菌消炎主要应用抗生素和磺胺类制剂。常用的抗生素为青霉素、链霉素及广谱抗生素。常用的磺胺类制剂为磺胺二甲基嘧啶。

在条件允许时，治疗前最好取鼻液作细菌对抗生素的敏感试验，以便对症用药。例如，肺炎双球菌、链球菌对青霉素较敏感，青霉素与链霉素联合应用效果更好。对金黄色葡萄球菌，可用青霉素或红霉素，亦可应用苯甲异恶唑霉素。

对肺炎杆菌，可用链霉素、卡那霉素、氯霉素、土霉素，亦可应用磺胺类药物。

对绿脓杆菌，可伍用庆大霉素和多黏菌素 B、F。

对多杀性巴氏杆菌使用氯霉素，按每千克体重 10 毫克，肌肉注射，疗效很高。

大肠杆菌所引起的，应用新霉素，按每日每千克体重 4 毫克，肌肉注射，每天注射 1 次。

病情顽固的，可应用四环素，羊 0.1～0.25 克，溶于葡萄糖生理盐水或 5% 葡萄糖注射液中，静脉注射，每日 2 次。

祛痰止咳和制止渗出，参见急性支气管炎治疗。

五、胸膜炎

1. 病因

原发性胸膜炎，比较少见，可因胸壁严重挫伤、穿刺创感染、胸膜腔肿瘤，或受寒冷刺激、过劳等使机体防御机能降低，病原微生物乘虚侵入繁殖而致病。

继发性胸膜炎，较为常见。常起因于邻近器官炎症的蔓延，如卡他性肺炎、大叶性肺炎、坏疽性肺炎、创伤性网胃一心包炎、胸部食管穿孔以及肋骨骨折等，常可引起胸膜炎。

也常继发于某些传染病，如腺疫、鼻疽、传染性胸膜肺炎、流行性感冒、结核、马传染性贫血及猪肺疫等。

2. 症状

患畜精神不振，被毛蓬乱，食欲减退，体温升高达 40℃，呈弛张热或不定热。呼吸浅表频数，多呈断续性呼吸和腹式呼吸，间或有弱痛咳。

触诊胸壁患畜躲闪、战栗或呻吟。常取站立姿势，肘部外展。躺卧时亦多健侧朝下或作伏卧。

胸部叩诊初期病畜常因疼痛而抗拒，并激发咳嗽；渗出期，可于肩端水平线上下，发现水平浊音，并随体位而变动。叩诊液面上方呈鼓音。

胸部听诊病初可听到胸膜摩擦音或心包胸膜摩擦音；随着渗出液的蓄积，摩擦音消失。健康部位的肺泡呼吸音则增强。恢复期，渗出液被吸收，可重新听到胸膜摩擦音。浊音区上缘有时出现极其微弱的支气管呼吸音，浊音区内肺泡呼吸音减弱或消失，水平浊音区以上肺泡呼吸音增强，在腐败性胸膜炎，还可听到胸腔拍水音。胸腔积液时，两心音均减弱。

胸腔穿刺当胸腔内积聚大量渗出液时，可流出多量黄色或红黄色液体，含大量纤维蛋白，放置易于凝固，比重大于1.016，蛋白质含量在3%以上，雷瓦尔他（Rivalta）氏反应阳性。穿刺液有腐败臭味或脓汁时，表明病情恶化，已转为化脓坏死性胸膜炎。

3. 病程及预后

急性轻度纤维素性胸膜炎，约经数小时或数日而痊愈。重剧的渗出性胸膜炎，病程2~3周；化脓腐败性及出血性胸膜炎，多死于窒息和心力衰竭，预后不良。

4. 诊断

根据呼吸浅表而困难，明显的腹式呼吸，胸壁触诊疼痛，听诊有胸膜摩擦音，胸部叩诊呈水平浊音，超声检查出现液平段，胸腔穿刺有大量渗出液流出，即可确诊。

5. 治疗

治疗原则是，消除炎症，制止渗出，促进渗出液吸收及制止自体中毒。

（1）为促进炎症消散，可在胸壁上涂擦10%樟脑酒精、芥子精或松节油等刺激剂，而后实施温包。亦可应用紫外线或透热疗法进行治疗。与此同时，应用青、链霉素等抗生素肌肉注射和胸膜腔注入。

（2）为制止渗出，在马可静脉注射10%氯化钙100～200毫升，每日一次，持续数日。

（3）为促进渗出液吸收，可应用强心剂、利尿剂及缓泻剂，或者应用水杨酸钠4～10克，樟脑1～2克，硝酸钾3～5克，水适量，一日两次分服。

（4）胸腔渗出液过多，呼吸困难时，可进行胸腔穿刺放液。必要时可反复施行。

（5）化脓性胸膜炎，在穿刺排液后，可用0.1%雷佛奴尔液或0.01%～0.02%呋喃西林等消毒液冲洗胸腔，然后向胸腔内注入抗生素，常用青霉素100万～200万单位或链霉素200万～300万单位，一次注入。

第三节　羊泌尿系统疾病

一、急性肾炎

急性肾炎，是肾小球、肾小管以及间质组织发生急性炎症性病理变化的统称。由于炎症主要侵害肾小球，又称急性肾小球肾炎。

1. 病因

（1）感染性因素某些传染病经过中，如流感、炭疽、传染性胸膜肺炎、出血性败血症、结核、口蹄疫以及链球菌感染等常致发或并发急性肾炎。

（2）中毒性因素内源性毒物，如重剧胃肠炎、肝炎、肺炎、腹膜炎及大面积烧伤等疾病经过中所产生的毒素和组织分解产物；外源性毒物，如采食有毒植物、霉败饲料，误食有毒物质汞、砷、铅、磷、斑蝥、松馏油、石炭酸、氯仿等，经肾脏排出时，可引起本病。

(3) 机械性因素肾脏在冲击、蹴踢、跌倒、急剧转弯时，受机械性损伤而发病。

此外，膀胱炎、肾盂炎以及麻痹性肌红蛋白尿病常继发急性肾炎。

2. 症状

急性弥漫性肾炎，前驱感染后 1～3 周突然起病。患畜精神沉郁，食欲减退，体温升高，背腰拱起，站立时四肢张开或集于腹下，不愿行动，强使行走，则背腰凝硬或后肢举步困难。

压迫肾区或直肠触压肾脏时，疼痛明显。严重病例，于眼睑、胸腹下、四肢下端及阴囊等处出现水肿，犬、猫等中小动物水肿更为明显。轻症仅见面部、后肢以及眼睑部水肿。

病初，患畜频频排尿，但每次尿液不多或呈点滴状排出，而后甚至完全不排尿（尿闭）。当尿中含大量红细胞时，则尿呈淡红乃至深红褐色（血尿）。尿比重增高，含有蛋白质（蛋白尿）。尿沉渣中可见数量不等的肾上皮细胞，红、白细胞，细胞管型，颗粒管型或透明管型（管型尿）等。脉搏强硬，主动脉第二心音增强，血压升高。血液稀薄，血浆蛋白含量降低，血中非蛋白氮含量增高，可达正常值的 10 倍以上（正常值 0.4～0.5 克/升）。

重症后期，常出现尿毒症。病畜衰弱无力，昏睡乃至昏迷，全身肌肉痉挛，呼吸困难，顽固性腹泻，甚至呼出气和皮肤散发尿臭味，血中非蛋白氮显著增高。

3. 病程及预后

急性弥漫性肾炎病程持续 1～2 周。延误治疗，多转为慢性。重症病例，多死于尿毒症。

4. 诊断

论证诊断依据：严重感染、中毒后发病的病史；少尿或无尿、肾区触痛、血压升高、主动脉第二心音增强、轻度水肿等临床表现，蛋白尿、血尿、肾上皮细胞、各种管型、氮血症等检验所见。

5. 治疗

要点在于消除炎症，抑制免疫反应和利尿消肿。

（1）抗菌消炎链霉素和青霉素肌肉注射，连用 1 周。其次可用氯霉素、卡那霉紊、庆大霉素等。磺胺类药物与抗菌增效剂—甲氧苄氢嘧啶（TMP）并用，可提高疗效。

（2）免疫抑制疗法使用某些免疫抑制药，如醋酸强的松龙、氢化强的松龙等，亦可应用醋酸可的松或氢化可的松。用量，可按 0.5 ~ 15 毫克/千克，静脉注射，每周 1 次。也可内服片剂。

（3）利尿消肿可选用下列利尿剂：双氢克尿噻，羊 0.05 ~ 0.2 克，加水适量，内服，每日 1 次，连用 3 ~ 5 日后停药。利尿素，羊 0.5 ~ 2 克，加水适量内服，每日 1 次。

二、慢性肾炎

慢性肾炎，以肾小球血管内皮和肾小管变性以及肾间质增生为病理特征，主要临床表现为皮肤水肿、体腔积水和慢性氮血症性尿毒症。

1. 病因

原发性病因，与急性肾炎相同，只是刺激较缓和，持续时间较长。

继发性慢性肾炎，见于某些慢性疾病如慢性传染性贫血、鼻疽、慢性子宫炎、结核等。

2. 症状

病畜逐渐消瘦，血压升高，脉搏增数，硬脉，主动脉第二心音增强；后期则于眼睑、胸前、腹下或四肢末端出现水肿。重症出现体腔积水。尿量不定，尿中有少量蛋白质，尿沉渣中有大量肾上皮细胞、透明管型、上皮管型、颗粒管型及少量红、白细胞。

血中非蛋白氮含量增高，尿蓝母增多，最终导致慢性氮血症性尿毒症，表现倦怠、消瘦、贫血、瘙痒、抽搐及出血倾向，直至死亡。

3. 治疗

动物的慢性肾炎，一经确诊，多已陷入尿毒症，应即淘汰处理。

三、肾盂肾炎

肾盂肾炎，是肾盂和肾实质因细菌感染而引起的一种炎症。多为化脓性肾盂肾炎，取慢性病程。

1. 病因

除葡萄球菌、大肠杆菌、化脓性棒状杆菌、链球菌、绿脓杆菌、肠炎沙门氏菌外，肾棒状杆菌为最常见的病原菌。这种细菌对泌尿道有特异的亲和力，能引起尿路的炎症。母畜的尿道短而宽，常常发生创伤，微生物易进入膀胱，上行感染而发病。

据日本学者研究，肾棒状杆菌可分Ⅰ、Ⅱ、Ⅲ型。Ⅲ型菌所致者最为严重。此外，肾结石或肾寄生虫（膨结线虫、冠尾线虫）的机械刺激，内服具有强烈刺激性的药物（松节油、斑蝥）以及尿潴留时氨的刺激，也可引起本病。

2. 症状

患畜多拱背站立，行走时背腰僵硬。腹部触诊可感知肾体积增大，敏感性增高。病畜常取排尿姿势，但排尿困难，用力挤压仅排出少量尿液。尿液混浊，混有黏液、脓液和大量蛋白质。

尿沉渣检查有大量脓细胞、红细胞、白细胞、肾盂上皮细胞、肾上皮细胞、少量管型（透明、颗粒管型）以及磷酸铵镁和尿酸铵结晶。尿液直接涂片或细菌培养常可发现病原菌。病程数月至数年，概衰竭而死。

3. 治疗

原则是抑菌消炎和尿路消毒。

抑菌消炎可应用抗生素进行治疗。感染肾棒状杆菌的，使用大剂量青霉素，连续8~15天，常有显著效果；对革兰阴性菌所致的，常用大剂量青霉素、链霉素，即青霉素6 000~12 000单位/千克，链霉素6~12毫克/千克，分2次肌肉注射，持续8~15天。还可选用卡那霉素、庆大霉素、先锋霉素等抗生素。

尿路消毒可应用呋喃坦啶（呋喃妥因），各种动物内服日量均为0.012~0.015克/千克，2次或3次分服。

四、膀胱炎

膀胱炎是膀胱黏膜表层或深层的炎症。

1. 病因

(1) 细菌感染病原体主要是化脓杆菌和大肠杆菌，其次是葡萄球菌、链球菌、绿脓杆菌、变形杆菌等，经血行或尿路感染。

(2) 理化损伤导尿管过于粗硬，插入粗暴，膀胱镜使用失当，损伤膀胱黏膜。膀胱结石、膀胱内新生物、尿滞留时的分解产物，以及斑蝥、松节油、甲醛等强烈刺激性药物的刺激。

(3) 邻接蔓延肾炎、输尿管炎、尿道炎，尤其母畜的阴道炎、子宫内膜炎等，极易蔓延至膀胱而引起本病。

2. 症状

急性膀胱炎，主要表现排尿异常，尿液变化，痛性尿淋漓等典型症状。病畜恒取排尿姿势，疼痛不安，频频排出少量尿液或点滴流出。因膀胱颈肿胀、膀胱括约肌挛缩而引起尿潴留时，病畜呻吟不安，公畜阴茎频频勃起，母畜阴门频频开张。经直肠触压膀胱，病畜疼痛不安，膀胱通常空虚；但尿液潴留时膀胱充盈。

尿液变化：尿液浑混，放氨臭味，混多量黏液、凝血块、脓液、纤维蛋白或坏死组织片。尿沉渣中含有多量红细胞、白细胞、脓细胞、膀胱上皮细胞和磷酸铵镁结晶，并有多量散在的细菌。

3. 治疗

（1）防腐消毒行膀胱洗涤，导尿管排出膀胱内积尿后，用微温生理盐水反复冲洗，再用药液冲洗。常用1%～3%硼酸液、0.1%高锰酸钾液、0.02%呋喃西林液、0.1%雷佛奴尔液、0.01%新尔洁灭液等。为止血收敛，可用1%～2%明矾液或0.5%鞣酸液等。

（2）抑菌消炎青霉素80～120万单位，溶于蒸馏水50～100毫升内，膀胱冲洗后注入，每日1次或2次，效果较好。同时，施行磺胺、抗生素疗法。绿脓杆菌感染的，用吖啶黄或雷佛奴尔；变形杆菌感染的，用四环素；大肠杆菌感染的，用卡那霉素或新霉素。也可伍用尿路消毒剂，如呋喃坦啶或乌洛托品等。

五、尿路结石

在尿中呈溶解状态的盐类物质，析出结晶，形成的矿物质凝聚结构，称为尿石或尿结石；结石刺激尿路黏膜并造成尿路阻塞，称为尿结石症。多发于去势公畜。有时呈地方性发生。

尿石分两部分。中央为核心物质，多为黏液、凝血块、脱落的上皮细胞、坏死组织片、红细胞、微生物、纤维蛋白和砂石颗粒等，称为基质；外周为盐类结晶，如碳酸盐、磷酸盐、硅酸盐、草酸盐和尿酸盐，以及胶体物质，如黏蛋白、核酸和黏多糖等，称为实体。其中，盐类结晶占97%～98%，胶体物质占2%～3%。

1. 病因及发病机理

(1) 高钙饮食如饲喂高钙饲料时，形成高钙血症和高钙尿症，为碳酸钙尿石的形成奠定了物质基础。

(2) 饮水缺乏饮水不足，尿液浓缩，盐类浓度过高，容易析出结晶而形成尿石。

(3) 尿钙过高如甲状旁腺机能亢进，肾上腺皮质激素分泌增多，过量地服用维生素D等。

(4) 尿液理化性质改变尿液的pH值改变，可影响一些盐类的溶解度。尿液潴留，其中，尿素分解生成氨，使尿液变为碱性，形成碳酸钙、磷酸钙、磷酸铵镁等尿石。酸性尿易促进尿酸盐尿石的形成。尿中柠檬酸盐含量下降，易发生钙盐沉淀，形成尿石。

(5) 维生素A缺乏维生素A缺乏，尿路上皮角化及脱落，可促进尿石形成。

(6) 尿中黏蛋白、黏多糖增多日粮中精料过多，或肥育时应用雌激素，尿中黏蛋白、黏多糖的含量增加，有利于尿石形成。

(7) 肾及尿路感染发炎。

2. 临床表现

(1) 基本症状精神沉郁，姿势异常，运步时出现高抬腿动作，小心前进，不愿快步奔跑。站立时拱背缩腹，拉弓伸腰，表现各种假性腹痛症状，如呻吟、磨牙、踢腹、起卧等。

(2) 突出症状排尿异常，表现排尿量减少，排尿困难，频频作排尿姿势，叉腿，拱背，缩腹，举尾，阴茎抽动，努责，嘶鸣，线状或点滴状排出混有脓汁、血凝块的红色尿液，尿液的始末红色尤显。严重的尿道阻塞，全然无尿排出，发生尿潴留。公羊包皮尖端的毛丛上，常附有砂粒状物质。

肾盂、输尿管及膀胱等尿路造影检查，可确定尿石阻塞的部位。膀胱破裂的，表现出排尿动作停止，疼痛表现消失，腹部下侧方迅速膨大，冲击式触诊有震水音，腹腔穿刺有大量液体流出，呈淡黄色或红色，有尿臭味，往往混有砂粒样物质。

3. 防治

常用下列方法和药物。

（1）尿道肌肉松弛剂 2.5% 氯丙嗪溶液，羊 2 ~4 毫升，肌肉注射。

（2）水冲洗导尿管插入尿道或膀胱，注入清洁液体，反复冲洗。适用于粉末状或沙砾状尿石。

（3）手术疗法对用保守疗法不能治愈的尿石症，可施行尿道切开或膀胱切开术，将尿石取出。

（4）饮用磁化水饮水通过磁化器后，pH 值升高，溶解能力增强，不仅能预防尿石的形成，而且可使尿石疏松破碎而排出。水磁化后放入木槽中，经过 1 小时，让病畜自由饮用。

（5）地方性尿石地区动物的饲料、饮水和尿石，应查清其成分，找出尿石形成的原因，合理调配饲料，使饲料中的钙磷比例保持在 1.2：1 或 1.5：1 的水平，并注意维生素 A 的供给。

（6）应保证足够的饮水和适量的食盐。

第四节　羊循环系统疾病

一、贫血病

贫血的确切定义应是全身循环血液中红细胞总容量减少至正常值以下。临床上的所谓贫血，一般是指单位体积的循环血液中红细胞比积、血红蛋白量和或红细胞数低于正常值而言。贫血不是一个独立的疾病，而是许多不同原因引起或不同疾病伴有的综合征。

1. 病因及发病机理

在生理状态下，循环血液中的红细胞处于不断耗损、不断补充的动态平衡中。如若耗损过多或补充不足，则失去这种平衡而发生贫血。造成耗损过多，无非是红细胞的丢失和崩解；造成补充不足，无非是造血物质缺乏、红细胞生成素不足和造血机能衰退。因此，贫血可按其病因及发病机理，分为四大类型，即失血性贫血、溶血性贫血、营养性贫血和再生障碍性贫血。

（1）失血（失血性贫血）。属急性失血的，有各种创伤（意外或手术）；侵害血管壁的疾病（大面积胃肠溃疡、寄生性肠系膜动脉瘤破裂、鼻疽或结核肺空洞）；造成血库器官破裂的疾病（肝淀粉样变、脾血管肉瘤）；急性出血性疾病（敌鼠钠等抗凝血毒鼠药中毒、蕨类植物中毒，新生畜同族免疫性血小板减少性紫癜、弥散性血管内凝血等）。

属慢性失血的，有胃肠寄生虫病（钩虫病、圆线虫病、血矛线虫病、球虫病等）、胃肠溃疡、慢性血尿、血管新生物、血友病、血小板无力症、血小板病等。

（2）溶血（溶血性贫血）。属血管内溶血的，有细菌感染，包括钩端螺旋体病、溶血性梭菌病（羊的细菌性血红蛋白尿病）、A型产气荚膜杆菌病（羔羊）、溶血性链球菌病和葡萄球菌病；血液寄生虫病，包括梨形虫病、锥虫病；同族免疫性抗原抗体反应，包括新生畜溶血病、疫苗（血苗）接种、不相合血输注；化学毒，包括酚噻嗪类、美蓝、醋氨酚（退热净）、非那唑吡啶、铜、铅、萘、皂素、煤焦油衍生物；生物毒，包括蛇毒、野洋葱、黑麦草、甘蓝、蓖麻素、金雀花、毛茛、栎树枝芽、冻坏的萝卜、物理因素，包括烧伤、水中毒、冷血红蛋白尿病；低磷酸盐血症。

属血管外溶血，即网状内皮系统吞噬溶血的，有血液寄生虫病，包括血巴尔通氏体病、附红细胞体病；自体免疫性抗原抗体反应，包括自体免疫性溶血性贫血、红斑狼疮、白血病、无定形体病；微血管病，包括血管肉瘤、弥散性血管内凝血；红细胞先天内在缺陷，包括遗传性丙酮酸激酶缺乏症、遗传性葡萄糖-6-磷酸脱氢酶缺乏症、遗传性磷酸果糖激酶缺乏症、遗传性谷胱甘肽缺乏症、遗传性谷胱甘肽还原酶缺乏症等红细胞酶病；家族性棘红细胞增多症、家族性球红细胞增多症、家族性口形细胞增多症、家族性椭圆形细胞增多症等红细胞形态异常；动物红细胞生成性卟啉病和原卟啉病等卟啉代谢病。

（3）造血物质缺乏（营养性贫血）。属血红素合成障碍的，有铁缺乏、铜缺乏、维生素 B_6 缺乏和铅中毒（抑制血红素合成过程中的酶）、钼中毒（诱导铜缺乏）；属核酸合成障碍的，有维生素 B_{12} 缺乏、钴缺乏（影响维生素 B_{12} 合成）、叶酸缺乏、烟酸缺乏（影响叶酸合成）；属珠蛋白合成障碍的，有饥饿及消耗性疾病的蛋白质不足、赖氨酸不足；属机理复杂或不明的，有泛酸缺乏、维生素 E 缺乏及维生素 C 缺乏。

在血红蛋白合成中，需要蛋白质、铁，铜和维生素 B_6 作为原料，其中任何一种物质缺乏，都会影响血红蛋白的合成，而发生小细胞低色素型贫血。

（4）造血机能减退（再生障碍性贫血）。

①属骨髓受细胞毒性损伤造成的，有放射线（辐射病）、化学毒（如三氯乙烯豆粕中毒）、植物毒（如蕨类植物中毒）和真菌毒素（如梨孢镰刀菌毒病）。

②属感染因素造成的，如羊的毛圆线虫病等。

③属骨髓组织萎缩造成的，有慢性粒细胞白血病、淋巴细胞白血病、网状内皮组织增生、转移性肿瘤和骨髓纤维化。

④属红细胞生成素减少造成的，有慢性肾脏疾病和内分泌腺疾病，包括垂体功能低下、肾上腺功能低下、甲状腺功能低下、

雄性腺功能低下及雌性激素过多。

2. 临床表现

可视黏膜苍白和由于血液携氧能力降低、组织缺氧所引起的全身状态改变，是贫血的基本症状。轻度贫血时，可视黏膜稍淡，精神沉郁，食欲不定，活动持久性差。中度贫血时，可视黏膜苍白，食欲减退，倦怠无力，不耐使役。重度贫血时，可视黏膜苍白如纸，出现水肿，呼吸、脉搏显著加快，心脏听诊有缩期杂音（贫血性杂音），不堪使役，即使稍微运动，也会引起呼吸困难和心跳疾速，甚至昏倒。

各型贫血，除表现上述基本症状外，还具有各自的临床特点，通常表现于起病情况、可视黏膜色泽、体温高低、病程长短以及血液和骨髓检验改变等方面。

（1）急性失血性贫血起病急剧，可视黏膜顿然苍白，体温低下，四肢发凉，脉搏细弱，出冷黏汗，乃至陷于低血容量性休克而迅速死亡。

（2）慢性失血性贫血起病隐袭，可视黏膜在长期间内逐渐变得苍白。随着反复经久的血液流失，血浆蛋白不断减少，铁贮备最后耗竭，病畜日趋瘦弱，贫血渐进增重，后期伴有四肢和胸腹下水肿，乃至体腔积水。

（3）溶血性贫血起病快速（血管内溶血）或较慢（网内系溶血），可视黏膜苍白黄染，往往排血红蛋白尿，体温正常或升高，病程短急或缓长。

（4）缺铁性贫血起病徐缓，可视黏膜逐渐苍白，体温不高，病程较长。

（5）缺钴性贫血多见于缺钴地区的牛羊，具群发性。起病徐缓，食欲减退且反常，异嗜污物和垫草，消化紊乱顽固不愈而渐趋瘦弱，可视黏膜苍白，体温一般不高，病程很长，可达数月乃至数年，最终陷入恶病质状态。

（6）再生障碍性贫血除继发于急性辐射病者而外，一般起病较慢，可视黏膜苍白有增无减，全身症状越来越重，而且伴有出血综合征，常常发生难以控制的感染，预后不良。

3. 诊断

贫血是症候性疾病，诊断的关键在于确认病因或原发病，详见贫血病症状鉴别诊断。

4. 治疗

基本原则是除去致病因素，补给造血物质，增进骨髓功能，维持循环血量，防止休克危象。类型不同的贫血，治疗原则应各有侧重，治疗措施也不尽一致。

（1）急性失血性贫血的治疗要点是制止出血和解除循环衰竭。外出血时，可用外科方法止血，如结扎止血或敷以止血药。内出血时，可静脉注射10%氯化钙液20～40毫升，或10%柠檬酸钠液20～30毫升或1%刚果红液20毫升。

为解除循环衰竭，应立即静脉注射5%葡萄糖生理盐水500～1 000毫升，其中，可加入0.1%肾上腺素液1～2毫升。条件许可时，最好迅速输给全血或血浆1 000～2 000毫升，隔1～2日再输注一次。

脱离危险期后，应给予富含蛋白质、维生素及矿物质的饲料并加喂少量的铁剂，以促进病畜康复。

（2）溶血性贫血的治疗要点是消除感染，排除毒物，输血换血。凡感染和中毒所引起的急性溶血性贫血病畜，只要感染被抑制或毒物被排出，则贫血本身一般无需治疗，可由骨髓代偿性增生而迅速自行恢复。

但溶血性贫血常因血红蛋白阻塞肾小管而引起少尿、无尿，甚至肾衰竭，应及早输液并使用利尿剂。对新生畜溶血病，可行输血。输血时力求一次输足，不要反复输注，以免因输血不当而加重溶血。最好换血输血，即先放血后输血或边放血边输血，以

除去血液中能破坏病畜自身红细胞的同种抗体，以及能导致核黄疸的游离胆红素。

(3) 营养性贫血的治疗要点是补给所缺造血物质，并促进其吸收和利用。缺铁性贫血通常应用硫酸亚铁，配合人工盐，制成散剂混入饲料中喂给，或制成丸剂投给。开始每日 3～5 克，3～4 日后逐渐减少到 1～2 克，连用 1～2 周为一疗程。为促进铁的吸收，可同时用稀盐酸 10～15 毫升，加水 0.5～1 升投服，每日 1 次。

缺铜性贫血非但不缺铁，反而有大量含铁血黄素沉积。因此，只需补铜而切莫补铁！否则会造成血色病。通常应用硫酸铜口服或静脉注射，羊 0.5～1 克，溶于适量水中灌服，每隔 5 天 1 次，3～4 次为一疗程。静脉注射时，可配成 0.5% 硫酸铜溶液，羊 30～50 毫升。

缺钴性贫血可直接补钴或应用维生素 B_{12}。绵羊可用维生素 B_{12} 100～300 微克肌肉注射，每周 1 次，3～4 次为一疗程。此法耗费昂贵，多不大批采用。通常应用硫酸钴内服，羊 7～10 毫克，每周 1 次，4～6 次为一疗程。

(4) 再生障碍性贫血的治疗要点是治疗原发病，激励骨髓造血功能。鉴于此类贫血的原发病常难根治，致发的骨髓功能障碍多不易恢复。反复输血维持生命又失去经济价值，故以往概不予治疗。

近年国外报道，人医应用的骨髓移植术已开始试用于治疗动物的再生障碍性贫血，目前，还处于实验研究阶段，前景辉煌。

二、心包炎

心包炎是心包囊的脏（浆膜）层和壁（纤维）层炎性疾病的总称。按病程，有急性和慢性之分。按性质，可分为浆液性、纤维蛋白性、化脓性和腐败性等病理类型。

临床特征：心区疼痛、心包摩擦音、心包拍水音、心浊音区扩大以及急性渗出期心压塞或慢性机化时心包闭塞和缩窄所致的充血性心力衰竭。

1. 病因及发病机理

心包炎可在心包先天发育缺陷、心包肿瘤等先天性或获得性心包疾病的基础上发生。

病原微生物的感染途径包括3个方面：胸膜炎、心肌炎等邻接蔓延；创伤感染，如牛的创伤性网胃心包炎；血源感染，见于各种细菌性、真菌性、病毒性全身感染，发生于各种动物。绵羊和山羊心包炎见于巴氏杆菌病、败血性链球菌病、金黄色葡萄球菌病、霉形体病、弯杆菌病、艾希氏大肠杆菌病等。

在器械性刺激、创伤和病原微生物的作用下，心包囊的脏层和壁层发生充血、出血和渗出，蓄积大量的浆液性、浆液纤维蛋白性、出血性、化脓性以至腐败性渗出物。渗出液的数量非常可观，羊可达5~8升。随着病程的进展，渗出液逐渐被吸收而进入慢性期，心包结缔组织增生，纤维蛋白机化（纤维化），以致厚达3~5厘米的心包膜完全黏结于增厚的心外膜上，或者呈块片状粘连而遗留许多充满渗出物的小腔洞。

2. 症状

血源性感染或邻接蔓延所致的急性心包炎，通常在其他疾病的经过中起病显症。表现精神沉郁，食欲废绝，中热至高热稽留或弛张，呼吸加快、浅表且以腹式为主。

病畜多不愿走动，双肘外展，背腰拱起，颜貌忧苦，茫然站立。

特征性临床表现是心区的各项体征：

初期即干性心包炎期，炎性刺激症状明显：视诊心搏动加快、强盛，震动胸壁以至躯干；触诊心搏动有力，有时感有胸壁震颤，动物呻吟不安，诉有痛觉；听诊心音增强，心律失常

（期前收缩和阵发性心动过速），可闻心包摩擦音，其音质柔和或粗粝，出现的时相不定，常常跨越舒缩两期，位置大多在心脏基底部；叩诊心区，动物有疼痛反应，而心浊音界不认改变。

随着病程的进展（通常经过 24 小时左右），心包内出现大量渗出液，即进入湿性心包炎期：刺激症状和疼痛表现逐渐缓和，而心脏压塞体征开始显现：触诊心律依然失常，心率显著加快，心搏动微弱；听诊两心音低沉而遥远，心包摩擦音减弱以至消失（在心基部残留时间较长），往往出现心包拍水音；叩诊心脏绝对浊音区明显扩大，有的发鼓音或金属音。脉搏细弱而频数，每分钟超过百次，有的不感于手；而颈静脉膨隆、粗大，搏动明显，直抵上颈部。

病程进一步发展的标志是显现不同程度的心力衰竭体征：主要是右心衰竭、体循环静脉系统淤滞的一系列症状：如皮肤静脉怒张，颈静脉极度粗隆硬固，下颌隙、胸前（垂皮）、腹下以至四肢末端部出现无热无痛的捏粉样肿胀，严重的伴有腹腔积水和胸腔积水，呼吸困难，黏膜发绀等。

慢性心包炎主要表现心包闭塞或缩窄的症状，除心区体征外，全身症状以颈静脉怒张和皮肤水肿为特征，而气喘和心动过速等症状不像急性心包炎那样显著，病程缓长，数月至经年不等。

检验所见包括：血液检验有白细胞总数增多，中性粒细胞比例增高以及核型左移等炎性指征；X 射线胸透显示心脏体积（含心包）极度增大；心区超声检查显示液平面；心电图检查，除心律失常的图形外，各导联均属低电压波型，QRS 综合波振幅明显减低缩小，甚而如锯齿状。

3. 病程及预后

主要取决于病因及原发病。血源感染性心包炎，尤其浆液性心包炎，常取急性经过，病程数日至数周，如不死于原发病，多可自行康复或转为慢性。

创伤性心包炎，概为化脓腐败性心包炎，多取亚急性或慢性经过，终归死亡，预后不良。

4. 诊断

心包炎的心区体征和循环系统的症状典型，辅之以影像诊断和心电图检查，必要时施行心包穿刺，一般都可作出明确的诊断。但原发病的确认很难，必须进行全面的检查，尤其病原学特殊检查。

5. 治疗

血源感染的心包炎，应针对原发病，兼顾心包炎，施行磺胺—抗生素疗法。

创伤性心包炎多无救治希望，后期一经确诊，应即淘汰。

三、急性心内膜炎

急性心内膜炎，是心内膜及其瓣膜的急性炎症的总称，包括恶性心内膜炎即溃疡性心内膜炎和良性心内膜炎即疣状心内膜炎或增殖性心内膜炎。按发生部位，可分为壁性心内膜炎和瓣膜性心内膜炎。按病程，可分为急性心内膜炎和亚急性心内膜炎。按病因，可分为细菌性心内膜炎和风湿性心内膜炎。兽医临床上，以亚急性型细菌性瓣膜性心内膜炎居多。

1. 病因及发病机理

（1）原发性非细菌性心内膜炎，在动物中很少发生，主要见于严重的全身性风湿病以及心包、心肌等邻接组织的炎症蔓延。

（2）继发性细菌性心内膜炎，是动物急性心内膜炎的主要病因类型。通常见于腺疫、痘疮、口蹄疫、传染性胸膜肺炎等传染病的经过中。更多继发于呈现脓毒败血症和慢性菌血症的化脓坏死性疾病，如子宫内膜炎、乳房炎、创伤性网胃腹膜炎、化脓

性脐带炎、蹄叶炎、坏死杆菌病、脓肿、腐蹄病等。致发急性心内膜炎的细菌有：脑膜炎球菌、葡萄球菌、链球菌、化脓杆菌、巴氏杆菌、大肠杆菌以及结核杆菌等。在绵羊尤其羔羊，链球菌和大肠杆菌感染比较常见。

2. 临床表现

动物的急性心内膜炎，除个别因静脉注射或插管感染而外，通常发生于其他疾病的经过之中。其临床表现因病理类型、原发病和转移病灶的部位而不同。

病畜的全身症状明显，中热或高热稽留、弛张或反复，食欲废绝，精神委顿，衰弱无力，不耐运动。

主要病征在心脏和血液循环系统心搏动强盛以至亢进，震动胸壁以至躯干，轻微运动或兴奋后则心搏亢进更加明显，常出现阵发性心动过速等各种心律失常，显示心内膜和心肌的刺激症状。

病的后期，心脏功能障碍愈益严重，出现血液循环紊乱，可视黏膜发绀，静脉极度扩张，颈静脉搏动明显，呼吸困难（肺充血及肺水肿）以及胸前、腹下水肿等，

在溃疡性心内膜炎，还常因栓子脱落而于各组织器官形成栓塞性血管炎和转移性脓肿，表现相应的症状，如皮肤和可视黏膜的出血斑点（栓塞性血管炎）；关节强直、渗出、疼痛和肌痛（栓塞性关节炎和肌炎）；呼吸困难、咳嗽（粟粒性肺脓肿）；晕厥、抽搐、癫痫发作（脑血管栓塞）；腹痛、腹泻（肠血管栓塞）背腰疼痛（肾血管栓塞）；急性心力衰竭（心肌炎、心肌梗死）；肢体萎缩、厥冷、麻痹、脉搏缺失等（肢端大的末梢动脉分支栓塞）。

检验所见，主要包括：白细胞增多症，中性粒细胞增多症，核型左移；末梢血染色、镜检和培养，可证实菌血症。

3. 病程及预后

急性心内膜炎和亚急性心内膜炎，病程数日至数周不等。疣状心内膜炎，多转为慢性心内膜炎，变成心脏瓣膜病，终身不愈。溃疡性心内膜炎取恶性病程，于 1 周左右死于急性心力衰竭，心、肺、脑、肾血管栓塞以及脓毒败血症。

4. 诊断

细菌性心内膜炎的论证诊断依据，主要包括以下 3 个方面。

（1）有起病于化脓坏死性疾病经过中的病史。

（2）有反复发作或稽留、弛张的中高热、心搏亢进，心动过速，易变性心内杂音以及多种组织器官血管栓塞等临床表现。

（3）有白细胞增多症、中性粒细胞增多症、核型左移以及菌血症等检验证据。

5. 治疗

抗菌消炎是治疗细菌性心内膜炎的根本原则和措施。有下列实施要点。

（1）要有针对性，应依据血液培养明确主要致病菌，并依据药敏试验选用对主要致病菌最为敏感的抗生素。

（2）要选最佳途径，对解决菌血症和脓毒败血症的最佳给药途径是静脉注射。

（3）要用突击剂量，日量不低于每千克体重 2 000 单位，最好是最低抑菌浓度（MIC）的 20 倍。

（4）要持续用药，疗程不得短于 7～10 天，依据病情有时必须坚持 4～6 周。

在血液培养取得阳性结果或无条件做药敏试验的情况下，一般选用氨苄青霉素、庆大霉素和红霉素，伍用磺胺制剂和磺胺增效剂则效果更好。

此外，可相机应用一些防血栓、促纤溶以及增强心肌收缩力的药物。

四、急性心肌炎

急性心肌炎，是以心肌实质变性、坏死和间质渗出、细胞浸润为病理形态学特征，以心肌兴奋性增高和收缩力减弱为病理生理学基础的一种急性变质性炎症过程。按疾病起因，有原发和继发之分。按炎症性质，可分为化脓性心肌炎和非化脓性心肌炎。常见的病型是继发性非化脓性心肌炎。

1. 病因及发病机理

动物的急性心肌炎通常继发或并发于某些传染病、寄生虫病、真菌病、脓毒败血症以及多种毒物中毒。羊急性心肌炎，可继发或并发于口蹄疫、布氏杆菌病、结核病等传染病，泰勒虫病、锥虫病等寄生虫病以及夹竹桃等各种毒物中毒。

2. 症状

动物的急性心肌炎，大多继发或伴发于其他疾病的经过中，且临床症状的变动幅度很大。轻症为亚临床型，无特殊表现；重症突发急性心力衰竭而迅速死亡；中等程度的，临床症状常被原发病的症状所掩盖而漏诊或失察，直至尸检时才得到确认。

急性心肌炎的病理生理学基础是心肌兴奋性增高，传导性障碍以及收缩力减弱。其固有的临床综合征应包含两个侧面：一是心律失常；一是心力衰竭。

3. 病程及预后

病程数日至数周不等，取决于病因和原发病。一般预后不良，少数可转为慢性心肌炎。

出现颤动性心律失常、房室传导完全阻滞、脉搏严重短缺和交替脉的，表明心肌损害重剧，是预后不良的征兆。

4. 诊断

典型的急性心肌炎，心律失常和心力衰竭两组体征兼备，即使与原发病的临床表现混杂存在，通常也不难作出诊断。

轻症急性心肌炎，临床表现常不典型，很难与心肌病即心肌营养不良（包括心肌变性和心肌纤维化）鉴别。

为此，可进行心脏功能试验：令患畜作100～200米距离的跑步运动，检测心搏动（或脉搏）数增加的幅度及其回复运动前状态所需之时间。

（1）急性心肌炎病畜运动后心搏数大幅度增加，甚至运动停止后2～3分钟仍继续增加，且需较长时间（5分钟以上）才能回复到运动前的心搏数。

（2）心肌变性病畜心搏数有一定幅度的增加，但运动停止后立刻减缓，再经1～2分钟即恢复正常。

（3）心肌纤维（硬）化病畜即使驱赶跑步10分钟之后，心搏数的增加幅度及其回复所需的时间均与健畜无大差异。

急性心肌炎的病因诊断或原发病的确定甚难。细菌性的，可借助于血液培养；病毒性和原虫性的，则必须进行血清学等病原的特异诊断。

5. *治疗*

应首先针对原发病，实施血清、疫苗等特异疗法以及磺胺—抗生素疗法。

急性心肌炎本身的治疗要点是降低心肌兴奋性，增强心肌收缩力和矫正心律失常。

（1）患畜应完全静息，尽量避免音响、强光、运动以及各种不必要的诊断操作惊扰，有条件时可予吸氧和心区冷敷，初期不宜应用强心剂，洋地黄制剂更属禁忌！

（2）对已显现心力衰竭体征的患畜，要选用强心药，如安钠咖和强尔心（氧化樟脑）交替使用，或在应用硝酸士的宁(0.3%硝酸士的宁注射液皮下注射，剂量：羊2～4毫升）的基础上，用0.1%肾上腺素注射液（羊0.5～1毫升）皮下注射或混入5%葡萄糖生理盐水500～1 000毫升内缓慢点滴静脉注射。

(3) 对心律失常的患畜，应针对心律失常的类型选用合适的心律矫正剂，如复方奎宁、奎尼丁、普鲁卡因酰胺、利多卡因、心得安等。

奎尼丁适用于心搏过速的心律失常，尤其是室性期前收缩和室性阵发性心动过速。通常用硫酸奎尼丁片内服，始用剂量为10～20毫克/千克，以后每隔6～8小时服一剂，剂量为6～10毫克/千克。

普鲁卡因酰胺亦适用于心搏过速的心律失常，尤其是室性期前收缩和室性心动过速。胶囊和片剂口服剂量为6～20毫克/千克，每4～8小时1次；静脉注射首次剂量为2毫克/千克，以后每隔4～8小时注射1次，剂量为1毫克/千克，直至心律矫正。

利多卡因适用于危及生命的室性心动过速和纤颤的急救。用药途径唯独2%溶液静脉注射。剂量为4毫克/千克，作用期短暂。一般为15～20分钟，隔半小时可重复用药1次。

心得安适用于各种心动过速的心律失常，尤其窦性和房性心动过速和纤颤，也适用于各种室上性期前收缩。口服剂量，大犬20～80毫克，每日2～3次。

第五节　羊神经系统疾病

一、日射病和热射病

中暑，又称日射病、热射病或中暑衰竭，是产热增多和/或散热减少所致发的一种急性体温过高。临床上以超高体温、循环衰竭为特征。我国长江以南地区多在4～9月发生，长江以北地区多在7～8月发生。发病时间主要在中午至下午3～4时。

1. 病因

盛夏酷暑，日光直射头部，或气温高，湿度大，风速小，机体吸热增多和散热减少，是主要致发病因。驮载过重、骑乘过快，肌肉活动剧烈，产热增多，是促发因素。被毛丰厚、体躯肥胖及幼龄和老龄动物对热耐受力低，是易发素因。

2. 症状

体温超过40℃时，大多数动物，即表现精神沉郁，运步缓慢，步样不稳，呼吸加快，全身大汗，行进中主动停于树荫道旁，寻找水源。

体温达41℃时，精神高度沉郁，站立不稳，有的可呈现短时间的兴奋不安，乱冲乱撞，强迫运动，但很快转为抑制。出汗停止，皮表烫手，呼吸高度困难，鼻孔开张，两肋扇动，或舌伸于口外，张口喘气。心悸如捣，脉搏急速，每分钟可达百次以上。

体温超过42℃时，多数病畜昏睡或昏迷，卧地不起，意识丧失，四肢划动，作游泳样动作，呼吸浅表急速，节律紊乱，脉搏微弱，不感于手，第一心音微弱，第二心音消失，血压下降，收缩压为10.66~13.33千帕，舒张压为8.0~10.66千帕，脉压变小。结膜发绀，血液黏稠，口吐白沫，鼻喷白色或粉红色泡沫(肺水肿或肺出血)，在痉挛发作中死亡。

3. 病程及预后

病情发展迅速，病程短促，如不及时救治，可于数小时内死亡。轻症中暑，如治疗得当，可很快好转。并发脑水肿、出血而显现脑症状的，则预后不良。

4. 治疗

要点是促进降温，减轻心肺负荷，纠正水盐代谢和酸碱平衡紊乱。应立即停止使役，将病畜移置荫凉、通风处，保持安静，多给清凉饮水。降温是治疗成败的关键。可采用物理降温或药物降温。

物理降温包括用冷水浇身、头颈部放置冰袋、冰盐水灌肠或让病畜站立于冷水中，亦可用酒精擦拭体表，促进散热。

药物降温可用氯丙嗪，1～2毫克/千克体重，肌肉注射或混于生理盐水中静脉滴注。

为防止肺水肿，在行降温疗法直前或直后，静脉注射地塞米松1～2毫克/千克体重。

对心功能不全的，可适当应用强心剂，如安那咖、洋地黄制剂。

对严重脱水或存在外周循环衰竭的，可静脉注射生理盐水和5%葡萄糖液。

在没有判明酸碱紊乱类型之前，切不可贸然应用5%碳酸氢钠液等碱性药物！

二、脑膜脑炎

1. 病因

原发性脑膜脑炎一般起因于感染或中毒。

感染主要是病毒感染，如疱疹病毒、慢病毒等；其次是细菌感染，如链球菌、葡萄球菌、巴氏杆菌、沙门氏菌、大肠杆菌、化脓性棒状杆菌、变形杆菌、昏睡嗜血杆菌、单核细胞增多性李氏杆菌等。

中毒性因素，可见于铅中毒、猪食盐中毒、马驴霉玉米中毒及各种原因引起的严重的自体中毒。

继发性脑膜脑炎多系邻近部位感染及炎症蔓延，如颅骨外伤、角坏死、龋齿、额窦炎、中耳炎、全眼球炎等。还见于一些寄生虫病，如普通圆线虫病、脑脊髓丝虫病及脑包虫病等。

2. 临床表现

因炎症的部位和程度而异。

（1）脑膜刺激症状以脑膜炎为主的脑膜脑炎，前段颈髓膜常同时发炎，由于脊神经背根受刺激，病畜颈、背部皮肤感觉过敏，轻微的刺激或触摸即可引起强烈的疼痛反应和肌肉强直性痉挛，头颈后仰。腱反射亢进。

（2）一般脑症状病初，病马表现轻度精神沉郁，不听呼唤，不注意周围事物，目光凝视，有的头抵饲槽，呆立不动，反应迟钝。经数小时至1周后，突然转入兴奋状态，骚动不安，攀登饲槽，或冲撞墙壁，或挣脱缰绳，不顾障碍物地前冲，或行圆圈运动。在兴奋发作后，又陷入沉郁状态，头低眼闭，茫然呆立，呼之不应，牵之不动，处于昏睡状态或兴奋与沉郁交替。疾病后期，意识丧失，昏迷不醒，出现陈——施二氏呼吸，四肢作游泳样划动。羊脑膜脑炎，常无目的前冲或后退，冲撞障碍物，时常咩叫。

（3）局部脑症状。属神经刺激症状的有，眼球震颤、斜视、瞳孔大小不等，鼻唇部肌肉痉挛，牙关紧闭及舌纤维性震颤等。

属神经脱失症状的有，口唇歪斜、耳下垂、舌脱出、吞咽障碍、听觉减退、视觉丧失、嗅觉味觉错乱。

病程3～14天，病情弛张，时好时坏，大多数死亡，少数转为慢性脑室积水。

3. 治疗

要点在于降低脑内压和抗菌消炎。

（1）降低脑内压可颈静脉放血200～600毫升，随即静脉输注等量5%葡萄糖生理盐水，并加入25%～40%乌洛托品液100毫升。选用脱水剂，如25%山梨醇液、20%甘露醇液等，快速静脉注射，每千克体重1～2克，效果更佳。

（2）抗菌消炎应用青霉素4万单位/千克体重和庆大霉素2～4毫克/千克体重，静脉注射，每天4次。也可静脉注射氯霉素20～40毫克/千克体重或三甲氧苄氨嘧啶20毫克/千克体重，每天4次。

（3）对症治疗对狂躁不安的，可用溴化钠、水合氯醛、盐酸氯丙嗪等镇静剂；心机能不全的，可用安钠咖、氧化樟脑等强心剂。

三、山羊癫痫

癫痫是一种暂时性的脑机能异常。以反复发生短时间的意识丧失、阵挛性与强直性肌肉痉挛为临床特征。按病因分为真性（功能性或原发性）癫痫和症状性（器质性或继发性）癫痫。

1. 病因

（1）真性癫痫原因尚不清楚。一般认为，由于病畜脑机能不稳定，往往可因体内外环境的改变而诱起发作。

（2）症状性癫痫原因是多方面的。

①颅内疾病引起的，如脑炎、脑膜炎、脑水肿、颅脑挫伤、神经胶质瘤、脑膜瘤。

②传染病和寄生虫病引起的，如传染性鼻气管炎、脑囊虫及脑包虫等。

③营养代谢病引起的，如低钙血症、低血糖症、低镁血症、酮病、妊娠毒血症、维生素 B_1 缺乏等。

④中毒病引起的，如铅、汞等重金属中毒，有机磷、有机氯等农药中毒等。

2. 临床表现

癫痫发作有 3 个特点：突然性、暂时性和反复性。

按临床表现，分为大发作、小发作、局限性发作及精神运动性发作。

（1）大发作又称强直—阵挛性癫痫发作，是动物最常见的一种类型。

在发作前，常可见到一些先兆症状，如皮肤感觉过敏，不断点头或摇头，用后肢扒头部等，极为短暂，仅为数秒钟。大发作时，病畜突然倒地，意识丧失，四肢挺伸，角弓反张，呼吸暂停，口吐白沫，强直性痉挛持续 10～30 秒钟，即代之以阵挛性痉挛，四肢取奔跑或游泳样运动，常见轧齿咀嚼。在强直性或阵挛性痉挛期，瞳孔散大，流涎，排粪排尿，被毛竖立。大发作通常持续1~2分钟，发作后即恢复正常，有的表现精神淡漠，定向障碍，不安及视力丧失，持续数分钟乃至数小时。

（2）小发作在动物极为少见，其特征是短暂的（几秒钟）意识丧失，只见头颈伸展，呆立不动，两眼凝视。

（3）局限性发作肌肉痉挛动作仅限于身体的某一部分，如面部或一肢。局限性小发作常常发展为大发作。

（4）精神运动性发作，以精神状态异常为突出表现，如癔症、愤怒、幻觉及流涎等。

本病多取慢性经过，数年乃至终生。

3. 治疗

对症治疗可用苯巴比妥，每千克体重1~2毫克，每天2次。或普里米酮（扑痫酮），每千克体重10~20毫克，每天3次。或苯妥英钠，每千克体重30~50毫克，每天3次。上述药物亦可配合应用。

四、后躯麻痹

后躯麻痹，是由于支配后驱的脊神经（如坐骨神经，股神经等）被物理性压迫或者机械性损伤而导致后驱神经麻痹的一种疾病。

1. 病因

后肢叉开而滑倒、后肢剧烈地向后滑走和蹴踢、倒马或装蹄时肢体保定不当、重挽曳及跳跃等所致神经过度紧张，叩击、骨折、火器创等造成神经损伤；肿瘤、血肿及脓肿等压迫神经；伴发或后遗于产后不全麻痹、媾疫以及麻痹性肌红蛋白尿病等。

2. 症状

完全麻痹除股四头肌外，后肢所有肌肉自主运动能力消失；除指关节外，其他关节均丧失屈曲能力，患肢变长，不能支持体

重。站立时，几乎完全用系部前面着地，跟腱弛缓。人为伸直关节，尚能负重，除去辅助，即刻恢复原状。运步困难或不能运动。病程稍长，则半膜肌、半腱肌及股二头肌萎缩。

不全麻痹症状较轻微。站立时无明显异常或有时出现球关节掌屈状态；运步时亦表现球节掌屈及蹄前壁接地负重，转弯或患肢踏着不确实时，球节掌屈更易发生。

3. 治疗

除应用外周神经兴奋药外，可采用电针疗法。

电针穴位为：百会、环中、会阴、牵肾、仰瓦、邪气及汗沟等。每次针刺 2 ~ 3 个穴位。6 ~ 7 天为一疗程。

第六节　羊营养代谢病

一、酮病

酮病，又称为酮尿病、酮血病、醋酮病等，是一种以碳水化合物和挥发性脂酸代谢紊乱为基础的代谢病。临床上以呈现兴奋、昏睡、血酮增高、血糖降低以及体重迅速下降、低乳及无乳为特征。多见于冬季舍饲的奶山羊和高产母羊泌乳的第一个月。绵羊发生于冬末春初，山羊则没有严格的季节性。

1. 病因

有原发性和继发性之分。

任何由于摄入碳水化合物不足或营养不平衡，导致生糖先质缺乏或吸收减少的因素，都可引起原发性酮病。原发性酮病常由于大量饲喂含蛋白质、脂肪高的饲料（如豆饼、油饼），而碳水化合物饲料（粗纤维丰富的干草等）不足，或突然给予多量蛋白质和脂肪的饲料，特别是缺乏糖和粗饲料的情况下供给多量精料，更易致病。在泌乳峰值期，高产奶羊需要大量的能量，当所喂饲料不能满足需要时，就动员体内贮备，因而产生大量酮体，酮体积聚在血液中而发生酮血病。

一些能使食欲下降的疾病如子宫炎、乳房炎、创伤性网胃炎、真胃变位、生产瘫痪、胎衣不下等，都可引起继发性酮病。继发性酮病占酮病总数的30%～40%。

2. 临床表现

初期通常呈现酮尿、低乳及厌食。这个阶段，心细的有经验的饲养员能从病牛特殊行为及呼吸或泌乳发出的特殊气味发现酮病。泌乳的气味只要把奶头里的奶用力挤出喷射在手掌上就会放出来，酷似醋酮或氯仿。颈部发汗和排尿也可有相似的气味。行为异常是神经症状的表现，最先呈现机敏和不安，往往同时过度流涎，不断舔食，异常咀嚼运动，肩部和腹胁部肌肉抽动。神情淡漠，对刺激（如尖锐的叫唤声、针头的刺痛等）无反应。有些病例，1～2天内还可出现机敏和不安症状，重者可围绕羊栏，以共济失调的步伐盲目徘徊，或是不顾障碍物向任何方向猛力冲击，这些过度紧张的神经症状，通常在出现不食以后就变得比较缓和。

病畜的不食，实际上往往是偏食，对某些饲料（通常是精饲料）一吃而光，只对其他饲料表现拒食。所谓“低乳症”，即产奶量变低，病初只是轻度的，持续几个星期。采食减少以后，瘤胃空虚，运动减弱，两侧腰旁窝明显塌陷。粪便通常坚实，外表覆盖着闪光的黏液，有时呈液状。

乳房往往肿胀，浅表静脉明显扩张。被毛外观粗糙、杂乱，往往伴同采食、饮水减少而呈现皮肤紧裹及弹性丧失。体质良好、甚至肥胖的羊，也可发生酮病。高产奶山羊往往在早期泌乳中发生酮病之前，就已丧失原有的体重。只要采食减少持续几天，病牛就迅速消瘦下去。

有人根据发病快慢、症状轻重、病程长短及神经过敏性存在与否而将酮病分为神经型和消化型。其实，病的早期，大多数症状是由于神经功能损害所引起，精神抑制和厌食正像运动蹒跚和盲目冲击一样，都是中枢神经机能障碍的一些表现，许多症状都与消化道自主神经系统活动紊乱有关。如果采食减少继续存在，则肝损害将不可能恢复正常，并转变成慢性酮病，厌食、精神抑制以及产奶量再也不能恢复到病前的水平。

临床检验的特征是低糖血症、酮血症和酮尿症。有些母牛血浆游离脂酸增高。血糖水平由正常的2.8毫摩/升（50毫克/分升）下降至1.12～2.24毫摩/升（20～40毫克/分升）。继发性酮病，血糖水平约在2.24毫摩/升（40毫克/分升）以上，并往往超过正常。血酮水平由正常的100毫克/升以下升高至100～1 000毫克/升，继发性酮病很少达到500毫克/升。尿酮浓度的变动范围很大，测定结果不能真实地反映血酮的实际水平。正常母牛尿酮通常低于100毫克/升，也可高至700毫克/升，若为800～1 300毫克/升，则表明存在原发性或继发性酮病。奶中丙酮水平很少变动，由正常的0.5毫摩/升（3毫克/分升）增高到平均6.9毫摩/升。（40毫克/分升）。乳脂百分率增高，亚临床酮病亦然。

血液和瘤胃液挥发性脂酸水平增高，且瘤胃内容物丁酸显著高于乙酸和丙酸。

3. 诊断

根据母羊高产（高于羊群的年均产奶量）、产后时间（多发生在产后4～6周，最多不超过10周）、减食（开始时多少尚有一定的食欲）、低乳（开始时泌乳量并非突然下降很多），以及神经过敏症状及呼吸气息的特殊气味，可以初步诊断。血酮浓度升高、血糖浓度下降及注射葡萄糖立即见效，可以确诊。

但在亚临床酮病，由于见不到明显的临床症状，主要依靠血酮定量测定来诊断。凡血酮水平超过10毫克/分升，即可确定为病羊。有人提倡利用尿酮或乳酮的亚硝基铁氰化钠定性试验，但其准确性差，要么把酮病扩大化，要么造成漏检。

4. 治疗

用于治疗酮病的方法很多，但最常用和最有效的方法，可归纳为以下3类。

（1）静脉注射葡萄糖通常为500毫升40%的溶液，这是提供葡萄糖的最快途径。其缺点是部分葡萄糖从尿中丢失，并且注射稍快时，可激发胰岛素释放，2小时内血糖即回降至正常水平以下。因此，最好以2 000毫升葡萄糖溶液缓慢静脉滴注。只是现场条件下难以实施。

（2）激素疗法多年来一直采用糖皮质激素或ACTH治疗酮病。糖皮质激素的作用在于刺激糖异生而提高血糖水平。ACTH则刺激肾上腺皮质释放糖皮质激素。但重复应用糖皮质激素治疗，可降低肾上腺皮质活性及对疾病的抵抗力。糖皮质激素的应用剂量，建议相当于1克可的松，肌肉或静脉注射，如用ACTH，建议200~800单位，肌肉注射。

（3）口服葡萄糖先质通常应用两种物质。最初应用的是丙酸钠，以后改用价钱便宜、便于管理、味道较好的丙二醇，这两种药物的口服剂量都是125~250克，每天2次，连续5~10天。丙二醇可在肝脏中通过丙酸和草酰乙酸转变为葡萄糖。

但饲喂或灌服蔗糖或蜜糖没有治疗效果，因为这些物质在瘤胃中转变为挥发性脂酸，不像葡萄糖那样能直接被瘤胃所吸收。

5. 预防

要在饲养上做好对高产奶山羊酮病的预防工作是困难的，因为很难做到在妊娠后期既不过肥，也不过瘦，在产犊后既要维持高产，又要维持能量平衡。

防制酮病的饲养程序是产羊羔前取中等能量水平，如以粉碎的玉米和大麦片等为高能饲料，能很快提供可利用的葡萄糖。日

粮中蛋白质含量应该适中，仅可占16%。优质干草至少要占日粮的30%。

当大批母羊早期泌乳时，最好不喂最优质的青贮料，而以干草代替。

pH值低（< 3.8）的青饲料适口性很差，而pH值高（> 4.9）的青贮料丁酸含量高。因此，鼓励推广应用混合饲料，每种饲料组分均不超过4千克。

药物预防，产羔后口服丙酸钠30克，每天2次，连续10天；或丙二醇80毫升，每天1次，连续10天。

二、眼干病

维生素A缺乏症，俗称眼干病，是维生素A长期摄入不足或吸收障碍所引起的一种慢性营养缺乏病，以夜盲、干眼病、角膜角化、生长缓慢、繁殖机能障碍及脑和脊髓受压为特征。

1. 病因

（1）原发性缺乏主要有以下4个方面原因。

①饲料中维生素A原或维生素A含量不足舍饲家畜长期单一喂饲稿秆、劣质干草、米糠、麸皮、玉米以外的谷物以及棉籽饼、亚麻籽饼、甜菜渣、萝卜等维生素A原含量贫乏的饲料。牧畜一般不易发生本病，但在严重干旱的年份，牧草质地不良，胡萝卜素含量不足，长期放牧而不补饲，也可使体内维生素A贮备枯竭。成年羊喂饲低维生素A饲料12～18个月才有可能显现临床症状。羔羊肝脏维生素A的贮备较少，对低维生素A饲料较为敏感，2～3个月即可发病。

②饲料加工、贮存不当饲料中胡萝卜素的性质多不稳定，加工不当或贮存过久，即可使其氧化破坏。如自然干燥或雨天收割的青草，经日光长时间照射或植物内酶的作用，所含胡萝卜素可损失50%以上。煮沸过的饲料不及时饲喂，长时间暴露，胡萝

卜素可发生氧化而遭到破坏。

配合饲料存放时间过长，其中，不饱和脂酸氧化酸败产生的过氧化物能破坏包括维生素 A 在内的脂溶性及水溶性维生素的活性。饲料青贮时胡萝卜素由反式异构体转变为顺式异构体，在体内转化为维生素 A 的效率显著降低。

③饲料中存在干扰维生素 A 代谢的因素磷酸盐含量过多可影响维生素 A 在体内的贮存；硝酸盐及亚硝酸盐过多，可促进维生素 A 和 A 原分解，并影响维生素 A 原的转化和吸收；中性脂肪和蛋白质不足，则脂溶性维生素 A、D、E 和胡萝卜素吸收不完全，参与维生素 A 转运的血浆蛋白合成减少。

④机体对维生素 A 的需要增加见于妊娠、泌乳、生长过快，以及热性病和传染病的经过中。

（2）继发性缺乏胆汁中的胆酸盐可乳化脂类形成微粒，有利于脂溶性维生素的溶解和吸收。胆酸盐还可增强胡萝卜素加氧酶的活性，促进胡萝卜素转化为维生素 A。

慢性消化不良和肝胆疾病时，胆汁生成减少和排泄障碍，可影响维生素 A 的吸收。肝脏机能紊乱，也不利于胡萝卜素的转化和维生素 A 的贮存。

2. 临床表现

突出的临床表现是夜盲、干眼病、失明和惊厥发作。干眼病多见于羔羊，角膜和结膜干燥，角膜肥厚、混浊。有的流泪，结膜炎，角膜软化，腹泻。另外，还有肺炎，尿道结石等症状。

3. 诊断

根据长期缺乏青绿饲料的生活史，夜盲、干眼病、共济失调、麻痹及抽搐等临床表现，维生素 A 治疗有效等，可建立诊断。

4. 治疗

应用维生素 A 制剂。内服鱼肝油，成年羊 20～50 毫升、羔

羊5～10毫升，每日1次，连用数日。肌肉注射维生素A，2万～5万单位，每日1次，连用5～10日。也可肌肉或皮下分点注射经80℃ 2次灭菌的精制鱼肝油，5～10毫升。

5. 预防

主要在于保证饲料中含有足够的维生素A或A原，多喂青绿饲料、优质干草及胡萝卜等。也可肌肉注射维生素A，每千克体重3 000～6 000单位，每隔50～60天1次。妊娠母畜须在分娩前40～50天注射。

此外，青饲料要及时收割，迅速干燥，以保持青绿色。谷物饲料贮藏时间不宜过长，配合饲料要及时喂用，不要存放。

三、骨软病

骨软病，是指成年动物发生的一种以骨质进行性脱钙，未钙化的骨基质过剩为病理学特征的慢性代谢性骨质疏松症。临床上以运动障碍和骨骼变形为特征。本病有一定的地区性，主要发生于土壤严重缺磷的地区，干旱年份之后尤多。

1. 病因

日粮中磷含量绝对或相对缺乏是羊发生骨软病的主要原因。

在成年动物，骨骼中的矿物质总量约占26%，其中钙占38%，磷占17%，钙磷比例约为2∶1。因此，要求日粮中的钙磷比例基本上要与骨骼中的比例相适应。但不同动物对日粮中钙磷比例的要求不尽一致。羊日粮中合理的钙磷比：(0.21～0.52)∶(0.16～0.37)。日粮中磷缺乏或钙过剩时，这种正常比例关系即发生改变。

草料中的含磷量，不但与土壤含磷量有关，而且受气候因素的影响。在干旱年份，植物茎叶含磷量可减少7%～49%，种子含磷量可减少4%～26%。

我国安徽省淮北地区和山西省晋中东部山区属严重贫磷地

区，土壤平均含磷量为0.047%~0.12%，有的甚至在0.002%以下。在这些地区，尤其干旱年份，骨软病发病率较高。

2. 临床表现

病初，表现为异嗜为主的消化机能紊乱。病畜舐墙吃土，啃槽嚼布，前胃弛缓，常因异嗜而发生食管阻塞、创伤性网胃炎等继发症。

随后，出现运动障碍。表现为腰腿僵硬，拱背站立，运步强拘，一肢或数肢跛行，或各肢交替出现跛行，经常卧地而不愿起立。

病情进一步发展，则出现骨骼肿胀变形。四肢关节肿大疼痛，尾椎骨移位变软，肋骨与肋软骨结合部肿胀。发生骨折和肌腱附着部撕脱。额骨穿刺阳性。

尾椎骨X线检查：显示骨密度降低，皮质变薄，髓腔增宽，骨小梁结构紊乱，骨关节变形，椎体移位、萎缩，尾端椎体消失。

3. 诊断

依据异嗜、跛行和骨骼肿大变形以及尾椎骨X线影像等特征性临床表现，结合流行病学调查和饲料成分分析结果，不难作出诊断。磷制剂治疗有效可作为验证诊断。

类症中应首先考虑到慢性氟中毒，后者具有典型的釉斑齿和骨脆症，饮水中氟含量高，可资区别。

4. 防治

关键是调整不合理的日粮结构，满足磷的需要。

补充磷剂，病羊每天混饲骨粉50克，5~7天为一疗程，轻症病例多可治愈。重症病例，除补饲骨粉外，配合应用无机磷酸盐，如20%磷酸二氢钠液60~100毫升，或3%次磷酸钙液200毫升，静脉注射，每天1次，连用3~5天，多可获得满意疗效。

调整日粮，在骨软病流行区，可增喂麦麸、米糠、豆饼等富磷饲料，减少南京石粉的添加量（不宜超过2%）。

国外多采用牧地施加磷肥以提高牧草磷含量，或饮水中添加磷酸盐，以防治群发性骨软病。

四、异食癖

羊异食癖是由于代谢机能紊乱导致味觉异常的多种疾病的综合征。临床特征为羊到处舔食、啃咬通常认为无营养价值而不应该采食的东西。该病多发生于冬季和早春舍饲的羊。

1. 病因

还不十分清楚。一般认为，饲料中矿物质（钙、磷、氯化钠、铜、锰和钴等）、维生素和蛋白质缺乏是本病的基本原因。在低钴和低铜地区群发。在土壤、饲料和饮水中锌、钼含量高的地区，发病率较高。不少学者强调，饲料中缺乏含硫氨基酸是致发本病的主要原因。

2. 症状

病初，互相啃咬股、腹、尾等部位被粪便污染的被毛，或舔食散落在地面上的被毛。有的羔羊出生后即舔食母羊乳房周围的被毛，还常舔食土块、垫草、灰渣等异物。病羊被毛粗乱、焦黄，大片脱毛，皮肤裸露，食欲减退，常伴有腹泻、消瘦和贫血。

羔羊发生真胃幽门或肠毛球阻塞时，食欲废绝，排粪停止，肚腹膨大，磨牙空嚼，流涎，气喘，哞叫，摇尾，拱腰，回顾腹部，取伸展姿势。腹部触诊，有时可感到真胃或肠道内有枣核至核桃大的圆形坚韧物。

3. 治疗

真胃或肠阻塞时，应及时手术，取出毛球。

4. 预防

主要靠调整饲料，全价饲养。有条件的应对饲料的营养成分进行分析，有针对性地补饲所缺乏的物质。一般情况下，可用食盐 40 份、骨粉 25 份、碳酸钙 35 份、氯化钴 0.05 份混合，做成盐砖，任羊自由舔食。

近年来，用硫化物主要是有机硫，尤其蛋氨酸等含巯基的氨基酸防治本病，获得良效。

五、晃腰病

铜缺乏症，主要发生于反刍兽，特称晃腰病。我国宁夏、吉林、黑龙江等省区已相继报道有羊的原发性铜缺乏症发生，应予重视。

1. 病因

原发性铜缺乏长期饲喂在低铜土壤上生长的饲草、饲料，是常见的病因。这类土壤有：缺乏有机质和高度风化的沙土，沼泽地带的泥炭土和腐殖土等。一般认为，饲料（干物质）含铜量低于 3 毫克/千克，可以引起发病。3 ~ 5 毫克/千克为临界值，8 ~ 11 毫克/千克为正常值。

继发性铜缺乏土壤和日粮中含有充足的铜，但动物体对铜的吸收受到干扰。如采食在天然高钼土壤上生长的植物（或牧草），或工矿钼污染所致的钼中毒。硫，也是铜的拮抗元素，饲料中不论是蛋氨酸、胱氨酸，还是硫酸钠、硫酸铵等含硫物质过多，经过瘤胃微生物作用均可转化为硫化物，形成一种难以溶解的铜硫钼酸盐的复合物（$CuMoS_4$），降低铜的利用。实验证明，当日粮中硫的含量达 1 克/千克时，约 50% 的铜不能被机体利用。

研究证实，铜的拮抗因子还有锌、铅、镉、银、镍、锰、抗坏血酸。高磷、高氮的土壤也不利于植物对铜的吸收。

2. 临床表现及诊断

运动障碍本病的主症，尤多见于铜缺乏羔羊。病畜两后肢呈

“八”字形站立，行走时跗关节屈曲困难，后躯僵硬，蹄尖拖地，后躯摇摆，极易摔倒，急行或转弯时，更加明显。重症作转圈运动，或呈犬坐姿势，后肢麻痹，卧地不起。运动障碍的病理学基础在于细胞色素氧化酶等含铜酶活性降低、磷脂合成减少，神经髓鞘脱失。

被毛变化被毛褪色，由深变淡，黑毛变为棕色、灰白色，常见于眼睛周围，状似戴白框眼睛，故有“铜眼镜”之称。被毛稀疏，弹性差，粗糙，缺乏光泽。羊毛弯曲度减小，甚者消失，变成“直毛”或“丝线毛”。被毛变化的病理学基础是黑色素生成所需之含铜酶酪氨酸酶缺乏。

骨及关节变化骨骼弯曲，关节肿大，表现僵硬，触之感痛，跛行，四肢易发生骨折。背腰部发硬，起立困难，行动缓慢。其病理学基础在于赖氨酰氧化酶、单胺氧化酶等含铜酶合成减少和活性降低，导致骨胶原的稳定性和强度降低。

贫血铜尤其铜蓝蛋白（ceruloplasmin）是造血所需的重要辅助因子。其主要功能在于促进铁的吸收、转运和利用。长期缺铜，则可引起小细胞低色素性贫血。

此外，常常可以引起母畜发情异常，不孕，流产。

测定肝铜和血铜有助于诊断。但应注意，临床症状可能早在肝铜和血铜有明显变化之前即表现出来。肝铜（干重）含量低于20毫克/千克，血铜含量低于0.7皮克/毫升（血浆0.5皮克/毫升），可诊断为铜缺乏症。另外，测定血浆铜蓝蛋白活性，可为早期诊断提供重要依据，因其活性下降在出现明显症状之前。健康绵羊血浆铜蓝蛋白为45～100毫克/升。

3. *防治*

补铜是根本措施，除非神经系统和心肌已发生严重损害，一般都能完全康复。治疗一般选用经济实用的硫酸铜口服：羊1.5克，视病情轻重，每周或隔周1次。将硫酸铜按1%的比例加入食盐内，混入配合料中饲喂亦有效。

预防性补铜，可依据条件，选用下列措施：根据土壤缺铜程度，每公顷施硫酸铜5～7千克，可在几年间保持牧草铜含量，作为补铜饲草基地，这是一项行之有效的办法。每千克羊的饲料的含铜量应为5毫克。

甘氨酸铜液，皮下注射，成年牛100毫克，预防作用持续3～4个月，也可用作治疗。饲喂上述加铜食盐亦可。

六、低血镁搐搦

反刍兽低血镁搐搦是低镁血症所致发的一组以感觉过敏、精神兴奋、肌强直或阵挛为主要临床特征的急性代谢病。包括青草搐搦或蹒跚、麦草中毒、泌乳搐搦及全乳搐搦。多见于放牧的羊。

1. 病因

主要原因是牧草中镁含量缺乏或存在干扰镁吸收的成分。

（1）牧草镁含量不足火成岩、酸性岩、沉积岩，特别是砂岩和页岩的风化土含镁量低；大量施用钾肥或氮肥的土壤，植被含镁量低；禾本科牧草镁含量低于豆科植物，幼嫩牧草低于成熟牧草。幼嫩禾本科牧草干物质含镁量为0.1%～0.2%，而豆科牧草为0.3%～0.7%。

（2）镁吸收减少大量施用钾肥的土壤，牧草不仅镁少，而且钾多，可竞争性地抑制肠道对镁的吸收，促进体内镁和钙的排泄。牧草K/Ca+Mg摩尔比为2.2以上时，极易发生青草搐搦。偏重施用氮肥的牧场牧草含氮过多，在瘤胃内产生多量的氨，与磷、镁形成不溶性磷酸铵镁，阻碍镁的吸收。磷、硫酸盐、锰、钠、柠檬酸盐以及脂类亦可影响镁的吸收。

（3）天气因素据调查，95%的病例是发生在平均气温8～15℃的早春和秋季，降雨、寒冷、大风等恶劣天气可使发病率

增加。

2. 临床表现

(1) 超急性型病畜突然扬头吼叫，盲目疾走，随后倒地，呈现强直性痉挛，2～3 小时死亡。

(2) 急性型病畜惊恐不安，离群独处，停止采食，盲目疾走或狂奔乱跑。行走时前肢高抬，四肢僵硬，步态踉跄，常因驱赶而跌倒。倒地后，口吐白沫，牙关紧闭，轧齿，眼球震颤，瞳孔散大，瞬膜外露，全身肌肉强直，间有阵挛。脉搏疾速，可达 150 次/分，心悸如捣，心音强盛，远扬 2 米之外。体温升高达 40.5℃，呼吸加快。

(3) 亚急性型起病症状同急性型。病畜频频排粪、排尿，头颈回缩，前弓反张，重症有攻击行为。

(4) 慢性型病初症状不明显，食欲减退，泌乳减少。经数周后，呈现步态强拘，后躯踉跄，头部尤其上唇、腹部及四肢肌肉震颤，感觉过敏，施以微弱的刺激亦可引起强烈的反应。后期感觉丧失，陷入瘫痪状态。

实验室检查突出而固定的示病性改变是低镁血症，血清镁低于 0.4 毫摩/升（1.0 毫克/分升），大多为 0.28～0.20 毫摩/升，重者可低于 0.04 毫摩/升；脑脊液镁往往低于 0.6 毫摩/升，尿镁亦减少。常见的伴随改变是低钙血症和高钾血症。由于血镁下降幅度大于血钙，Ca/毫克比值由正常的 5.6 提高至 12.1～17.3。

3. 诊断

在肥嫩牧地或禾本科青绿作物田间放牧的羊，表现兴奋和搐搦等神经症状的，即应怀疑本病。根据血清镁含量降低及镁剂治疗效果卓著，可确定诊断。

应注意与急性铅中毒、低钙血症、狂犬病及雀稗麦角真菌毒素中毒等具有兴奋、狂暴症状的疾病相鉴别。

4. 治疗

单独应用镁盐或配合钙盐治疗，治愈率可达80%以上。

常用的镁制剂有，10%、20%或25%硫酸镁液，及含4%氯化镁的25%葡萄糖液，多采用静脉缓慢注射。

钙盐和镁盐合用时，一般先注射钙剂，成年牛用量为25%硫酸镁5～10毫升、10%氯化钙10～15毫升，以10%葡萄糖溶液100毫升稀释。一般在注射后6小时，血清镁即恢复至注射前的水平，几乎无一例外地再度发生低血镁性搐搦。

为避免血镁下降过快，可皮下注射25%硫酸镁200毫升，或在饲料中加入氯化镁50克，连喂4～7天。

5. 预防

为提高牧草镁含量，可于放牧前喷洒镁盐，每2周喷洒1次。按每公顷35千克硫酸镁的比例，配成2%的水溶液，喷洒牧草。也可于清晨牧草湿润时，喷洒氧化镁粉剂，剂量为每头牛每周0.1～0.2千克。

低镁牧地，应尽可能少施钾肥和氮肥，多施镁肥。

由舍饲转为放牧时要逐渐过渡，起初放牧时间不宜过长，每天至少补充2千克干草，并补喂镁盐。

对放牧羊可投服镁丸（含86%的镁、12%的铝和2%的铜），其在瘤胃内持续释放低剂量镁可达35天。每只羊每2天投服1枚即可达到预防目的。

七、锌缺乏症

锌缺乏症是饲料锌含量绝对或相对不足所引起的一种营养缺乏病，基本临床特征是生长缓慢、皮肤角化不全、繁殖机能障碍及骨骼发育异常。

1. 病因

（1）原发性锌缺乏主要起因于饲料锌不足，又称绝对性锌缺乏。一般情况下，40毫克/千克的日粮锌即可满足家畜的营养需要。市售饲料的锌含量大都高于正常需要量。酵母、糠麸、油饼和动物性饲料含锌丰富，块根类饲料锌含量仅为4~6毫克/千克，玉米、高粱含锌也较少，为10~15毫克/千克。饲料的锌含量与土壤锌尤其有效态锌水平密切相关。我国土壤锌为10~300毫克/千克，平均100毫克/千克，总趋势是南方高于北方。土壤中有效态锌对植物生长的临界值为0.5~1.0毫克/千克，低于0.5毫克/千克为严重缺锌。缺锌地区土壤的pH值大都在6.5以上，主要是石灰性土壤、黄土和黄河冲积物所形成的各种土壤以及紫色土。过施石灰和磷肥可使草场含锌量大幅度减少。

(2) 继发性锌缺乏起因于饲料中存在干扰锌吸收利用的因素，又称相对性锌缺乏。业已证明，钙、镉、铜、铁、铬、锰、钼、磷、碘等元素可干扰饲料中锌的吸收。据认为，钙可在植酸参与下，同锌形成不易吸收的钙锌植酸复合物，而干扰锌的吸收。

2. 临床表现

基本症状是，生长发育缓慢乃至停滞，生产性能减退，繁殖机能异常，骨骼发育障碍，皮肤角化不全，被毛异常，创伤愈合缓慢，免疫功能缺陷以及胚胎畸形。

病羊食欲减退，增重缓慢，皮肤粗糙、增厚、起皱，乃至出现裂隙，尤以肢体下部、股内侧、阴囊和面部为甚。四肢关节肿胀，步态僵硬，流涎。绵羊羊毛弯曲度丧失、变细、乏色，容易脱落，蹄变软、扭曲。羔羊生长缓慢，流泪，眼周皮肤起皱、皲裂。母羊生殖机能低下，公羊睾丸萎缩，精子生成障碍。

实验室检查：健康反刍兽血清锌为9.0~18.0微摩/升，当血清锌降至正常水平的50%时，即表现临床异常。严重缺锌时，在7~8周内血清锌可降至3.0~4.5微摩/升，血浆白蛋白含量减少，碱性磷酸酶和淀粉酶活性降低，球蛋白增加。健康牛和绵羊的毛锌分别为115~135毫克/千克和115毫克/千克。锌缺乏时可分别降至 47 ~ 108 毫克/千克和 67 毫克/千克。组织锌尤其肝锌下降。

3. 诊断

（1）依据日粮低锌和/或高钙的生活史，生长缓慢、皮肤角化不全、繁殖机能低下及骨骼异常等临床表现，补锌奏效迅速而确实，可建立诊断。

（2）测定血清和组织锌含量有助于确定诊断。饲料中锌及相关元素的分析，可提供病因学诊断的依据。

（3）对临床上表现皮肤角化不全的病例，在诊断上应注意与疥螨性皮肤病、烟酸缺乏、维生素 A 缺乏及必需脂酸缺乏等疾病的皮肤病变相区别。

4. 治疗

每吨饲料中添加碳酸锌 200 克，相当于每千克饲料加锌 100 毫克；或口服碳酸锌；或肌肉注射碳酸锌，2 ~ 4 毫克/千克体重，每日 1 次，连用 10 日。补锌后食欲迅速恢复，1 ~ 2 周内体重增加，3 ~ 5 周皮肤病变恢复。

5. 预防

保证日粮中含有足够的锌，并适当限制钙的水平，使 Ca：Zn 比维持在 100：1。

羊可自由舔食含锌食盐，每千克盐含锌 2. 5 ~ 5. 0 克。在低锌地区，可给绵羊投服锌丸，锌丸滞留在瘤胃内，6 ~ 7 周缓释足够的锌，或施用锌肥，每公顷施放硫酸锌 4 ~ 5 千克。

第七节　羊中毒性疾病

一、亚硝酸盐中毒

亚硝酸盐中毒，是富含硝酸盐的饲料在饲喂前的调制中或采

食后的瘤胃内产生大量亚硝酸盐，造成高铁血红蛋白血症，导致组织缺氧而引起的中毒。

临床特点包括：起病突然，黏膜发绀，血液褐变，呼吸困难，神经紊乱和病程短促。

1. 病因

亚硝酸盐是饲料中的硝酸盐，在硝酸盐还原菌（具有硝化酶和供氢酶的所谓反硝化菌类）的作用下，经还原作用而生成的。因此，亚硝酸盐的产生，主要取决于饲料中硝酸盐的含量和硝酸盐还原菌的活力。

饲料中硝酸盐的含量，因植物种类而异。富含硝酸盐的饲料有甜菜、萝卜、马铃薯等块茎类；白菜，油菜等叶菜类；各种牧草、野菜、作物的秧苗和稿秆（特别是燕麦秆）等。即使同一种饲料，其硝酸盐含量在不同地区、不同年份亦有很大变动，受许多因素的影响，主要取决于植物内硝酸盐生成、吸收过程与分解、利用过程之间的平衡。

植物中的硝酸盐，是土壤内的氮素经硝化菌作用而生成的。吸收后，在植物体内由钼、锰等无机盐辅酶催化，经历一系列还原过程，依次变为亚硝酸盐、氢氧化铵以至氨。后者与经光合作用生成的有机酸结合为氨基酸，进而合成为植物蛋白。

因此，凡能促进硝酸盐生成和吸收的因素，如土地肥沃，氮肥过施；凡能妨碍硝酸盐利用和蛋白同化过程的因素，如光照不足、矿物质缺乏、气候急变、除草剂撒布、病虫灾害等，都会使植物中的硝酸盐含量增高。

硝酸盐还原菌广泛分布于自然界，大量存在于瘤胃内，其活性亦受许多因素的影响。外界的硝酸盐还原菌，需要一定的温度和湿度，最适温度为 20～40℃。当白菜、油菜、甜菜、野菜等青绿饲料或块茎饲料，经日晒雨淋或堆垛存放而腐烂发热时，以及用温水浸泡、文火焖煮或靠灶坑余烬、锅釜残热而持久加盖保温时，往往会使硝酸盐还原菌活跃，产生大量亚硝酸盐，导致中毒。瘤胃内的硝酸盐还原菌，自然享有足够的温度和适宜的湿度，但还需要充足的供氢物质和最适的酸碱环境。作为硝酸盐还原菌供氢物质的有乳酸、蚁酸、琥珀酸、苹果酸、柠檬酸、葡萄糖、甘油、甘露醇等糖类的分解产物。作为硝酸盐还原菌活动的最适酸碱环境，则随还原过程的阶段而不同：硝酸盐还原为亚硝酸盐，最适 pH 值为 6.3 ~ 7.0；亚硝酸盐还原为氢氧化胺，最适 pH 值为 5.6；氢氧化铵还原为氨，最适 pH 值为 6 ~ 7。

当日粮中糖类饲料少时，瘤胃内酸碱度在 pH 值 7 左右，硝酸盐还原为亚硝酸盐的过程活跃，而亚硝酸盐还原为氨的过程消沉，容易造成亚硝酸盐的蓄积。

当日粮中糖类饲料多时，瘤胃内的 pH 值低下，硝酸盐还原为亚硝酸盐的过程受到抑制，而亚硝酸盐还原为氨的过程受到促进，亚硝酸盐就被充分利用而难以蓄积。

因此，每当喂给反刍兽大量富含硝酸盐的饲料时，如果日粮中糖类饲料不足，往往会发生亚硝酸盐中毒。

饮用硝酸盐含量高的水，也是造成亚硝酸盐中毒的原因。含硝酸钾 200 ~ 500 毫克/升的饮水即可引起羊的中毒，而过施氮肥地区的田水、深井水以及厩舍、厕所、垃圾堆附近的地面水或水泡水，含硝酸盐很浓，常达 1 700 ~ 3 000 毫克/升，有的甚至高达 8 000 ~ 10 000 毫克/升，极易造成中毒。

2. 临床表现

通常在采食之后 5 小时内外突然起病，除血液褐变、黏膜发绀、高度呼吸困难、抽搐等基本症状外，还伴有流涎、呕吐、腹痛、腹泻等硝酸盐对消化道的刺激症状。且呼吸困难和循环衰竭的临床表现更为突出。整个病程可延续 12 ~ 24 小时。

3. 诊断

应依据黏膜发绀、血液褐变、呼吸高度困难等主要临床症状，特别短急的疾病经过，以及起病的突然性、发生的群体性、与饲料调制失误的相关性，果断地作出初步诊断，并火速组织抢救，通过特效解毒药美蓝的即效高效，验证诊断。必要时，可在现场作变性血红蛋白检查和亚硝酸盐简易检验。

亚硝酸盐简易检验：取残余饲料的液汁1滴，滴在滤纸上，加10%联苯胺液1~2滴，再加10%醋酸液1~2滴，滤纸变为棕色，即为阳性反应。

变性血红蛋白检查：取血液少许于小试管内振荡，棕褐色血液不红转的，大体就是变性血红蛋白。为进一步确证，可滴加1%氰化钾（钠）液1~3滴，血色即转为鲜红。

4. 治疗

小剂量美蓝是亚硝酸盐中毒的特效解毒药，具有药到病除、起死回生的作用。通常用1%美蓝液（取美蓝1克，溶于10毫升酒精中，再加灭菌生理盐水90毫升），即0.8毫升/千克（反刍兽），静脉注射或深层肌肉注射。

亦可用甲苯胺蓝（toluidine），其还原变性血红蛋白的速度比美蓝快37%。剂量为5毫克/千克，配成5%溶液，静脉注射、肌肉注射或腹腔注射。

大剂量抗坏血酸，作为还原剂用于亚硝酸盐中毒，疗效也很确实，而且取材方便，只是奏效速度不及美蓝快。0.5~1克，配成5%溶液，肌肉或静脉注射。

5. 预防

注意改善青绿饲料的堆放和蒸煮办法。青绿饲料，不论生熟，摊开敞放，是预防亚硝酸盐中毒的有效措施。

接近收割的青绿饲料，不应施用硝酸盐等化肥，以免增高其中硝酸盐或亚硝酸盐的含量。

二、含氮化合物中毒

含氮化合物中毒，是由于过食富含蛋白质饲料或其他含氮物质（尿素、胺盐），瘤胃内形成并吸收大量游离氨所造成的一种急性消化不良氨中毒综合征。其临床特征包括瘤胃消化紊乱，内容物碱化，游离氨增多，高氨血症，多尿，脱水以及惊恐、肌颤、痉挛以至抽搐等神经兴奋性增高的症状和短急的病程。

1. 病因

（1）突然大量饲喂富含蛋白质的饲料如黄豆、豆饼、花生饼、棉籽饼、亚麻籽饼、鱼粉、脱脂牛乳、豆科牧草，而可溶性碳水化合物饲料不足，粗纤维饲料缺乏。

（2）在饲喂变质饲料、矿物质饥饿、饲养卫生条件不良等情况下，舐吮粪便污染的墙壁和地面，采食腐败的槽底残饲，多量微生物群落进入瘤胃，腐败过程加剧，生成大量胺类及游离氨。

（3）尿素等非蛋白氮添加剂喂量过大或饲喂不当尿素的添加量，应控制在全部饲料干物质总量的1%以下或精饲料量的3%以下，即日粮中的配合量以成年羊20～30克为宜，且必须逐步增加达到此限量。山羊的尿素适用量、中毒量和致死量非常接近。如体重15千克的山羊每日加喂尿素25克（1.7克/千克），无异常反应；加喂30克（2.0克/千克）出现中毒症状；加喂35～45克（2.5～3.0克/千克）则中毒致死。

（4）误食硝酸铵、硫酸铵（肥田粉）以及氨水等氮质化肥或施用这些氮肥的田水，是造成含氮化合物中毒的又一常见原因。牛、羊等各种反刍动物的铵盐中毒量为0.3～0.5克/千克，最小致死量为0.5～1.5克/千克。

（5）曾有羊因偷吃大量人尿而中毒死亡的。人尿中约含有3%左右的尿素，人尿中毒实质上是尿素中毒，或尿素所致的瘤

胃碱中毒和高氨血症。

2. 症状

含氮化合物中毒的临床表现，取决于其病因类型（蛋白氮抑或非蛋白氮）、氮质摄入量、氨尤其游离氨生成的数量和速度、个体耐受性以及肝脏的解毒功能。

（1）高蛋白日粮所致的含氮化合物中毒采食后数小时至十几小时显症。主要表现胃肠症状和神经症状。病畜鼻镜干燥，结膜潮红，眼窝下陷，不同程度脱水。食欲废绝，反刍停止，瘤胃运动消失，由口腔散发出腐败臭味，常伴有轻度臌气，瘤胃冲击式触诊感液体震荡音，排粥状软粪或恶臭稀粪。初期兴奋性增高，出现肌颤或肌肉痉挛，后期转为精神沉郁、昏睡以至昏迷。

（2）尿素所致的含氮化合物中毒通常在采食过量尿素之后的30～90分钟（绵羊）起病显症。病畜反刍和瘤胃运动停止，瘤胃鼓胀，呻吟不安，表现腹痛。很快出现各种神经症状：兴奋、狂躁，头抵墙壁，攻击人畜，呈脑膜脑充血症状；耳、鼻、唇肌挛缩，眼球震颤，四肢肌颤，步态踉跄，直至全身痉挛呈角弓反张姿势；以后则转为沉郁、昏睡、失明。初期多尿，很快转为少尿或无尿。有些病畜，尤其重症后期，出现心力衰竭和肺充血、肺水肿症状，表现呼吸用力，脉搏疾速，体温升高，自口、鼻流出泡沫状液体，于短时间内死于窒息。

（3）铵盐和氨水所致的含氮化合物中毒通常于采食铵盐或喝进氨水之后的数分钟之内显症。主要表现整个消化道尤其上部消化道的炎性刺激症状，大多于短时间内死于肺水肿和心力衰竭。

检验所见主要包括：瘤胃内容物碱化，水样稀薄、黏稠泡沫状，具腐臭味或氨臭味，pH值增高，可达pH值8.0～9.5；葡萄糖发酵试验产气增多，亚硝酸盐还原试验明显延迟。血液pH值降低（可达pH值7.0）或升高（可达pH值7.5）；高氨血症

(可达1毫克/分升以上)，血清钙、镁含量降低，谷草转氨酶、γ-谷氨酰转肽酶活性增高。尿液 pH 值升高（可达 pH 值 8.0 以上）；尿渣内可见大量磷酸铵镁结晶。

3. 病程及预后

高蛋白日粮所致的瘤胃碱中毒，病程较长，重症可于2～4天死亡。康复病畜可拖延7～10天。尿素所致的瘤胃碱中毒，病程较急，可于1～4小时（绵羊）死亡。铵盐和氨水中毒，重症可于1小时之内死亡。转为慢性的，则出现消化道慢性炎症、中毒性肝病、间质性肾炎、心肌变性等，预后不良。

4. 诊断

含氮化合物中毒，呈现出瘤胃碱中毒的典型症状，结合病史，辅以瘤胃内容物、血液的酸碱度测定和氨测定，容易确诊。

5. 治疗

要点在于制止游离氨的生成和吸收，纠正脱水和高钾血症，调整瘤胃液和血液的 pH 值。

(1) 尿素等非蛋白氮化合物所致的含氮化合物中毒最有效的急救措施是：尽快向瘤胃内灌入10升冷水和1升5%醋酸溶液。

(2) 高蛋白日粮所致的含氮化合物中毒最有效而实用的急救措施是用冷水反复洗胃，然后向瘤胃内注入健康羊瘤胃液0.5升或更多，以加快瘤胃功能的恢复。并持续数日肌肉注射硫胺素制剂，以预防瘤胃内微生物死灭和缓长病程所引起的维生素 B_1 缺乏症（脑皮质软化）。

(3) 静脉注射大量葡萄糖盐水，以纠正脱水，缓解酸、碱血症和高钾血症。

6. 预防

正确使用含氮添加物；注意合理的日粮构成，多采用易消化的糖类饲料和粗纤维饲料；定期清理饲槽内的饲料残渣；保证牛羊自由舐吮食盐；妥善保管氨水、铵盐等化肥；禁止饮用刚施氮肥的田水和泄流的沟水。

三、马铃薯中毒

马铃薯中毒，是大量饲喂其发芽、腐烂块根或开花、结果期茎叶所致的一种中毒病。以出血性胃肠炎和神经损害为其病理和临床特征。

1. 病因

马铃薯的有毒成分包括：全植株的生物碱马铃薯素即龙葵素，茎叶的硝酸（可达4.7%），腐烂、变质块根的腐败素。马铃薯素的中毒量为10～20毫克/千克，在完好成熟的马铃薯块根内含量甚微（0.004%），一般不引起中毒。

全植株内的马铃薯素含量分布差别甚大，主要存在于花、幼芽和茎叶内。花内含0.73%；幼芽，0.5%；茎叶，0.25%；皮，0.01%。贮存马铃薯块根的龙葵素含量明显增多，由新鲜时的0.004%，猛增到0.11%（9个月）乃至1.3%（18个月）。马铃薯发芽、变质、腐烂时，龙葵素含量更高，块根可达1.84%，芽体可达4.76%，极易造成中毒。

2. 临床表现

马铃薯中毒的龙葵素毒性作用主要表现为出血性胃肠炎，中枢神经（延脑和脊髓）损害，肾炎和溶血。

重剧中毒，多取急性经过，主要表现兴奋、狂暴、沉郁、昏睡，痉挛、麻痹、共济失调等神经症状（神经型），一般经2～3天死亡。

轻度中毒，多取慢性经过，主要表现胃肠炎症状（胃肠型）。

绵羊马铃薯中毒除神经症状、胃肠炎症状和皮肤病变外，常显现溶血性贫血和尿毒症。

3. 治疗

无特效解毒药。可采用一般性解毒措施，并针对出血性胃肠炎、狂暴不安等神经症状以及皮肤发疹和坏疽等实施对症处置。因多系累积性食入中毒，洗胃、催吐等排出胃肠内容物的一些抢救措施不必采用，无实际意义。

四、食盐中毒

食盐中毒，以脑组织的水肿、变性乃至坏死和消化道的炎症为病理基础，并以突出的神经症状和一定的消化紊乱为其临床特征。

1. 病因

食盐中毒可发生于下列多种情况：如用含盐分高的泔水、腌菜水、洗咸鱼水以及酱渣等饲喂；误饮碱泡水、自流井水、油井附近的污染水；某些地区不得已用咸水（氯化钠咸水，含盐量可达1.3%；重碳酸盐咸水，食盐量可达0.5%）作为牲畜饮水；干旱季节为节省草料和预防绵羊阉割后发生肾结石，饲喂大量食盐而未让随意饮水；配料时误加过量食盐或混合不匀等。

羊的食盐中毒量和致死量，中毒量（克/千克）：3～6；致死量（成年中等个体）：125～250克。这些数值的变动范围很大，主要涉及饲料中的矿物质组成、饮水数量以及机体总的水盐代谢状态。

饮水充足与否，对食盐中毒的发生具有决定性作用。食盐中毒的关键在于限制饮水。食盐中毒的原因，与其说是食盐过喂，莫如说是饮水不足。如喂给绵羊含2%食盐的日粮并限制饮水，数日后即发生食盐中毒；而喂给含13%食盐的日粮，但让其自由饮水，结果能在相当长的时间内耐受，不出现食盐吸收中毒的神经症状，只是表现多尿和腹泻而已。可见笼统地报道食盐的中毒和致死量而不注明饮水情况，是没有实际意义的。

2. 临床表现

急性食盐中毒主要表现为食欲废绝，烦渴贪饮，呕吐，腹痛，腹泻，粪便混有黏液或血液，亦可出现视觉障碍，不全麻痹，球节挛缩等神经症状，接着卧地不起，多于24小时内死亡。

真正的慢性食盐中毒见于以咸水作饮水的绵羊。主要表现食欲减退，体重减轻，脱水，体温低下，衰弱，有时腹泻，最后多死于衰竭。

3. 诊断

论证诊断依据包括：过饲食盐和/或限制饮水的病史；暴饮后癫痫样发作等突出的神经症状；脑水肿、变性、软化坏死、嗜酸细胞血管套等病理形态学改变。必要时可作血清钠测定和嗜酸粒细胞计数。

为确证诊断，可采取饮水、饲料、胃肠内容物以及肝、脑等组织作氯化钠含量测定。肝和脑中的钠含量超过150毫克/100克，或氯化物含量超过250毫克/100克和180毫克/100克，即可认为是食盐中毒。

4. 治疗

无特效解毒药。治疗要点是促进食盐排除，恢复阳离子平衡和对症处置。

首先应立即停止喂饲含盐饲料及咸水而多次小量地给予清水。切忌猛然大量给水或任其随意暴饮，以免病情恶化。同群未发病的家畜亦不宜突然随意供水，否则，会促使处于前驱期的钠贮留病畜大批暴发水中毒！

为恢复血液中一价和二价阳离子的平衡，可静脉注射5%葡萄糖酸钙液50～100毫升或10%氯化钙液20～40毫升。

为缓解脑水肿，降低颅内压，可高速静脉注射25%山梨醇液或高渗葡萄糖液；为促进毒物排除，可用利尿剂和油类泻剂。

为缓和兴奋和痉挛发作，可用硫酸镁、溴化物等镇静解痉药。

五、氢氰酸中毒

氢氰酸中毒，是采食富含氰甙类植物，体内生成氢氰酸，组织呼吸发生窒息所致发的一种急剧性中毒病。临床特征：起病突然，呼吸极度困难，全身抽搐和闪电型（数十分钟）病程。

1. 病因

采食富含氰甙的植物，是动物氢氰酸中毒的主要原因。

富氰甙植物有，高粱和玉米的幼苗，尤其是刈割或遭灾之后的再生幼苗；木薯，特别是木薯嫩时和根皮部分；亚麻，主要是亚麻叶、亚麻籽及亚麻籽饼；各种豆类，包括豌豆、蚕豆、海南刀豆、箭舌豌豆；许多野生或种植的青草，如苏丹草即苏丹高粱、约翰逊草即宿根高粱、三叶草、绵绒毛草、百脉根、狭叶草藤、水麦冬以及水舌舌茅。动物长期少量采食当地的含氰甙植物，能逐渐产生耐受性，中毒大多发生在饥饿之后猛然大量采食或刚引进的外来牲畜。

亚麻籽饼中所含的氰甙是亚麻苦甙，通过蒸煮可被破坏。如果饲喂前只用热水浸泡或饲喂后饮以大量温水，则亚麻苦甙变成氢氰酸而造成中毒。

误食或吸入氰化物农药如钙腈酰胺或误饮冶金、电镀、化工等厂，矿的废水，亦可引起氰化物中毒。

各种家畜的氢氰酸致死量：1～2 毫克/千克。植物含氢氰酸超过 200 毫克/千克，即每 100 克植物含氢氰酸 20 毫克就能引起中毒。而某些富含氰甙的植物，氢氰酸含量（生成量）高达 6 000 毫克/千克。

羊对氰甙类植物最敏感。这是因为氰甙本身无毒，必须在氰糖酶的作用下生成氢氰酸才能致害。羊的前胃内水分充足，酸碱度适宜，又有微生物的作用，可促进这一过程。

2. 临床表现

通常在采食含氰甙粪植物的过程中或采食后 1 小时左右突然起病。病畜站立不稳，呻吟苦闷，表现不安。可视黏膜潮红，呈玫瑰样鲜红色，静脉血色亦呈鲜艳红色。呼吸极度困难，抬头伸颈，迎风站立，甚而张口喘息。肌肉痉挛，首先是头、颈部肌肉痉挛，很快扩展到全身，有的出现后弓反张和前弓反张。全身或局部出汗，体温正常或低下。

病羊有腹痛，可伴发鼓胀，有时出现呕吐。不久即精神沉郁，全身衰弱，卧地不起，皮肤感觉减退，结膜发绀，血液暗红，瞳孔散大，眼球震颤，脉搏细弱疾速，抽搐窒息而死。病程一般不超过 1~2 小时。中毒严重的，仅数分钟即可死亡。

3. 诊断

根据采食氰甙类植物的病史，起病的突然性，发生的群体性，黏膜和静脉血鲜红、呼吸极度困难、神经机能紊乱而体温正常或低下等综合征以及特急的闪电型病程，不难作出诊断。唯一容易混同的类症，是闪电型急性亚硝酸盐中毒。

鉴别要点是静脉血的颜色：亚硝酸盐中毒时血液褐变，属变性血红蛋白，试管内振荡，血液褐色不退。氢氰酸中毒，病初静脉血色鲜红，末期虽因窒息而变为暗红但属还原血红蛋白，试管内振荡，即生成氧合血红蛋白而转红，不难区分。

确定诊断依据于氢氰酸定量：检样为瘤胃内容物、肝脏和肌肉。肝脏和瘤胃内容物应在死后 4 小时内，肌肉应在 20 小时之内采样，浸泡于 1% ~3% 升汞溶液内，置密封的容器内，以防氢氰酸逸散每毫升肌肉浸液含氢氰酸达 0.63 微克 ，即可断定为氢氰酸中毒。

4. 治疗

本病病情危重，病程特急，且有特效解毒药。在现场，不得拘泥于一般解毒措施而延误抢救时机，应刻不容缓地首先实施特效解毒疗法！

氢氰酸中毒的特效解毒药，常用的有亚硝酸钠、美蓝和硫代硫酸钠。

其作用机理是，亚硝酸钠或大剂量美蓝可使部分血红蛋白氧化成高铁血红蛋白，后者在体内达到一定（20%～40%）浓度后，可夺取与细胞色素氧化酶结合的氰，生成高铁氰化血红蛋白，而使细胞色素氧化酶的活力恢复。但生成的高铁氰化血红蛋白仍能逐渐解离而放出氰离子，必须伍用硫代硫酸钠使之在肝脏中经硫氰酸酶的催化转为无毒的硫氰化物，而随尿排出。否则容易复发。

静脉注射剂量（每千克体重）：1%亚硝酸钠1毫升；2%美蓝1毫升；10%硫代硫酸钠液1毫升。亚硝酸钠的解毒效果比美蓝确实。通常伍用亚硝酸钠和硫代硫酸钠。亚硝酸钠1克，硫代硫酸钠5克，蒸馏水50毫升，成年绵羊一次静脉注射。为阻止胃肠道内氢氰酸的吸收，可用硫代硫酸钠内服或瘤胃内注入（牛用6克），1小时后重复给药。

对二甲氨基苯酚（4～DMAP）是一种抗氰新药——高铁血红蛋白形成剂。按10毫克/千克的剂量，配成10%溶液静脉或肌肉注射，对氢氰酸中毒病畜有急救效果。配伍用硫代硫酸钠，则疗效更加确实。

六、有机磷农药中毒

有机磷农药中毒，是由于接触、吸入或误食某种有机磷农药所致，以体内胆碱酯酶钝化和乙酰胆碱蓄积为毒理学基础，以胆碱能神经效应为临床特征。

1. 病因

有机磷农药不下百种，国内生产数十种，按毒性大小分为3类：剧毒类，包括甲拌磷（即3911）、硫特普（苏化203）、对硫磷（1605）、内吸磷（1059）等；强毒类，包括敌敌畏（DD-VP）、甲基内吸磷（甲基1059）等；低毒类，包括乐果、马拉硫磷（4049，马拉松）、敌百虫等。引起家畜中毒的，主要是甲拌磷、对硫磷和内吸磷，其次是乐果、敌百虫和马拉硫磷。战时敌人施放的毒剂沙林、塔崩和索曼，属于有机磷酸酯类神经性毒剂。

有机磷农药可经消化道、呼吸道或皮肤进入机体而引起中毒。发生于下列情况。误食撒布有机磷农药的青草或庄稼，误饮撒药地区附近的地面水；配制或撒布药剂时，粉末或雾滴沾染附近或下风方向的畜舍、西马场、草料及饮水，被家畜所舔吮、采食或吸入；误用配制农药的容器当做饲槽或水桶而饮喂家畜；用药不当，如滥用有机磷农药治疗外寄生虫病，超量灌服敌百虫驱除胃肠寄生虫，完全阻塞性便秘时用敌百虫作为泻剂，导泻未成，反而吸收中毒；坏人放毒。

2. 症状

由于有机磷农药的毒性、摄入量、进入途径以及机体的状态不同，中毒的临床症状和发展经过亦多种多样。但除少数呈闪电型最急性经过，部分呈隐袭型慢性经过外，大多取急性经过，于吸入、吃进或皮肤沾染后数小时内突然起病，表现如下基本症状：

（1）神经系统症状病初精神兴奋，狂暴不安，向前猛冲，向后暴退，无目的奔跑，以后高度沉郁，甚而倒地昏睡。瞳孔缩小，严重的几乎成线状。肌肉痉挛是早期的突出症状，一般从眼睑、颜面部肌肉开始，很快扩延到颈部，躯干部乃至全身肌肉，轻则震颤，重则抽搐，往往呈侧弓反张和前弓反张，亦有后弓反张的。四肢肌肉阵挛时，病畜频频踏步（站立状态下）或作游泳样动作（横卧状态下）。头部肌肉阵挛时，可伴有耍舌头（舌频频伸缩）和眼球震颤。

（2）消化系统症状口腔湿润或流涎，食欲大减或废绝，腹痛不安，肠音高朗连绵，不断排稀水样粪，甚而排粪失禁，有时粪内混有黏液或血液。重症后期，肠音减弱及至消失，并伴发鼓胀。

（3）全身症状首先在胸前、会阴部及阴囊周围发汗，以后全身汗液淋漓。体温多升高，呼吸困难明显，在猪甚至张口呼吸。严重病例心跳急速，脉搏细弱而不感于手，往往伴发肺水肿，有的窒息而死。

（4）血液中胆碱酯酶活力一般均降到50%以下。严重的中毒，则多降到30%以下。

3. 病程及预后

经过数小时至数日不等。轻症病例，只表现流涎，肠音增强，局部出汗以及肌肉震颤，经数小时即自愈。重症病例，多继发肺水肿或呼吸衰竭，而于当天死亡；耐过24小时以上的，多有痊愈希望，完全康复常需数日之久。

4. 诊断

主要根据接触有机磷农药的病史，胆碱能神经兴奋效应为基础的一系列临床表现，包括流涎、出汗、肌肉痉挛、瞳孔缩小、肠音强盛、排粪稀软、呼吸困难等。

进行全血胆碱酯酶活力测定，则更有助于早期确立诊断。必要时应取可疑饲料或胃内容物作为检样，送交有关单位进行有机磷农药等毒物检验。

紧急时可作阿托品治疗性诊断：皮下或肌肉注射常用剂量的阿托品，如系有机磷中毒，则在注射后30分钟内心率不加快，原心率快者反而减慢，毒蕈碱样症状也有所减轻。否则，很快出现口干，瞳孔散大，心率加快等现象。

5. 治疗

急救原则是，首先立即实施特效解毒，然后尽快除去尚未吸收的毒物。

实施特效解毒应用胆碱酯酶复活剂和乙酰胆碱对抗剂，双管齐下，疗效确实。胆碱酯酶复活剂可使钝化的胆碱酯酶复活，但不能解除毒蕈碱样症状，难以救急；阿托品等乙酰胆碱对抗剂可以解除毒蕈碱样症状，但不会使钝化的胆碱酯酶复活，不能治本。因此，轻度中毒可以任选其一，中度和重度中毒则以两者合用为好，可互补不足，增强疗效，且阿托品用量相应减少，毒副作用得以避免。

（1）胆碱酯酶复合剂常用的有解磷毒（派姆，PAM）、氯磷定（PAM-Cl）、双解磷、双复磷等。解毒作用在于能和磷酰化胆碱酯酶的磷原子结合，形成磷酰化解磷毒等，从而使胆碱酯酶游离而恢复活性。复活剂用得越早，效果越好。否则，失活的胆碱酯酶老化，甚难复活。解磷毒和氯磷定用量为 10 ~ 30 毫克/千克，以生理盐水配成 2.5% ~5% 溶液，缓慢静脉注射，以后每隔 2 ~3 小时注射 1 次，剂量减半，直至症状缓解。双解磷和双复磷的剂量为解磷毒的一半，用法相同。双复磷能通过血脑屏障，对中枢神经中毒症状的缓解效果更好。

（2）乙酰胆碱对抗剂常用的是硫酸阿托品。它能与乙酰胆碱竞争受体，阻断乙酰胆碱的作用。阿托品对解除毒蕈碱样症状效果最佳，消除中枢神经系统症状次之，对呼吸中枢抑制亦有疗效，但不能解除烟碱样症状。再者，阿托品系竞争性对抗剂，必须超量应用，达到阿托品化，方可取得确实疗效。硫酸阿托品的一次用量，羊为 0.5 ~1 毫克/千克，皮下或肌肉注射。重度中毒，以其 1/3 量混于葡萄糖盐水内缓慢静注，另 2/3 量作皮下注射或肌肉注射。经 1 ~2 小时症状未见减轻的，可减量重复应用，直到出现所谓阿托品化状态。

阿托品化的临床标准是口腔干燥，出汗停止，瞳孔散大，心跳加快等。阿托品化之后，应每隔 3 ~4 小时皮下或肌肉注射一般剂量阿托品，以巩固疗效，直至痊愈。

在实施特效解毒的同时或稍后，采用除去未吸收毒物的措施。

经皮肤沾染中毒的，用5%石灰水、0.5%氢氧化钠液或肥皂水洗刷皮肤；经消化道中毒的，可用2%～3%碳酸氢钠液或食盐水洗胃，并灌服活性炭。

切记：敌百虫中毒不能用碱水洗胃和洗消皮肤，否则会转变成毒性更强的敌敌畏！

七、磷化锌中毒

磷化锌，分了式为Zn_3P_2，久经使用的灭鼠药和熏蒸杀虫剂，带闪光的暗灰色结晶，不溶于水，能溶解在酸、碱和油中。在空气中容易吸收水分，放出蒜臭味磷化氢气体，有剧毒，通常按5%比例制成毒饵灭鼠。各种家畜的口服致死量基本一致，为20～40毫克/千克。

1. 病因

最常见的原因是误食灭鼠毒饵，或吃了沾染磷化锌的饲料，亦有个别投毒破坏的。磷化锌在胃内酸性环境下立即释放出剧毒的磷化氢气体和氯化锌，呈强烈的刺激和腐蚀作用，导致胃和小肠的炎症、溃疡和出血。吸收后，主要损害实质脏器和血管壁，造成全身各组织充血、水肿和出血，心、肝、肾变性乃至坏死。剖检时，除上述病变外，胃内容物常散发一种带蒜味的特异臭气，在暗处则可见有磷光（PH_3）。

2. 症状

通常在误食毒物后不久突然起病，首先表现消化道刺激症状，作呕、呕吐、腹痛、腹泻，粪便混有血液，口腔及咽喉黏膜糜烂。呕吐物有蒜臭味，在暗处可发磷光。接着出现全身症状，病畜极度衰弱，呼吸促迫，黏膜发绀，心跳减慢，节律失常，脉搏细弱，有的排血尿。末期则抽搐并陷于昏迷。病程较急，一般持续2～3天，预后大多不良。

3. 治疗

无特效解毒药。实施中毒的一般急救处置。应尽快进行催吐、洗胃和缓泻。催吐常用1%硫酸铜溶液，因能与磷化锌作用生成磷化铜沉淀。洗胃最好用0.1%高锰酸钾液，因可使磷化锌变成磷酸盐。缓泻常用硫酸钠，禁用油类泻剂。此外，可用高渗葡萄糖和氯化钙液静脉注射，并施行补液、强心、利尿等对症疗法。

八、蜂毒中毒

蜂毒中毒是蜂类尾部毒囊分泌的毒液，经蜂螯伤动物皮肤时注入而引起的中毒，也有因食入蜂体而引起中毒的。

蜂属于昆虫纲，膜翅目，种类很多，如蜜蜂、黄蜂、大黄蜂、土蜂、狮蜂等。蜂毒的毒性因蜂的种类而异，蜂毒的毒性较弱，但群蜂螯伤亦可使动物致死，而黄蜂的毒性最弱蜂毒的成分复杂，含有多种活性物质，主要含有组胺、多巴胺、多肽溶血毒素、多肽神经毒素等。

1. 病因

有的蜂巢在灌木丛及草丛中，竹蜂则在竹林或竹筒中。当放牧家畜触动蜂巢时，常造成群蜂飞出并袭击人畜。

2. 症状

病初，螯伤部位及其周围皮下组织迅速出现热痛及捏粉样肿胀，针刺肿胀部位流出黄红色渗出液。由于鼻唇肿胀，呈吸气性呼吸困难，流涎，采食、咀嚼障碍；由于上下眼睑肿胀，眼闭合难睁。同时病畜兴奋，体温升高。病程中有的出现荨麻疹。

后期或重病例，发生溶血，结膜苍白黄染，严重贫血，出现血红蛋白尿，血压下降。甚至出现神经症状，步态踉跄，晃腰乃至斜行，心律失常，呼吸困难，往往由于呼吸麻痹而死亡。

3. 病理变化

螯伤后短时间死亡的病畜常有喉头水肿，各实质器官淤血，皮下及心内膜有出血斑。脾脏肿大，脾髓质内充满巧克力色的血液。肝脏柔软变性，肌肉变软呈煮肉色。

4. 治疗

包括排毒，解毒，脱敏抗休克及对症处理。

病初，对肿胀部位用三棱针行皮肤乱刺，然后用3%氨水、肥皂水、5%碳酸氢钠溶液或0.1%高锰酸钾液冲洗，可达到排毒消肿的目的。以0.25%奴夫卡因加适量青霉素进行肿胀周围封闭，防止肿胀扩散。0.5%氢化可的松溶液100毫升配合糖盐水静脉滴注，以脱敏抗休克。为保肝解毒，可应用高渗葡萄糖、5%碳酸氢钠、40%乌洛托品、钙剂及维生素 B_1 或维生素C等。配合祛风解毒中药，有良好疗效。

5. 预防

在放牧动物时，应避免碰撞蜂窝，以免惹动群蜂而遭到袭击。

第四章　羊的繁殖障碍性疾病

第一节　公畜疾病

一、睾丸炎

1. 病因

（1）由于互相抵斗或意外损伤。配种季节内如果多数公羊同圈，容易发生睾丸炎。

（2）经常舍饲。有时因为缺乏运动或营养好而发生自淫，会引起睾丸、阴茎、鞘膜等部分的严重疾患。

（3）因为放线菌病或其他传染病引起。公山羊常因为患布鲁氏菌病而发生睾丸炎。有时全身感染性疾病（结核病、沙门氏菌病）可通过血行感染而引起睾丸炎。

（4）有时可因交配过度而引起。

2. 临床特征与表现

睾丸肿胀发亮，热而疼痛，触诊时很不安静，甚至用蹄踢人。由病羊交配所生的后代，通常发育不良。

3. 预防

建立合理的饲养管理制度，营养适当，不要使公羊交配过度，尤其要保证足够的运动。

对布鲁氏菌病定期检疫，并采取检疫规定中的相应措施。

4. 治疗

首先应使患羊保持安静，加强护理，供给足量饮水。

治疗方法根据炎症轻重不同而异。

急性病例：可使用悬吊绷带（包以棉花），每隔数小时给绷带上浸以温暖的饱和泻盐溶液或冷水。给以轻泻性饲料或药物。体温升高时，全身应用抗生素或磺胺类药物。并在精索区注射普鲁卡因青霉素溶液（青霉素 40 万国际单位溶于 0.5% 普鲁卡因 10 毫升中），隔日 1 次。

慢性病例：涂搽刺激剂。碘片 0.1 克、碘化钾 5.0 克、甘油 20.0 毫升。先将碘化钾加适量水溶解，然后加入碘片和甘油，搅拌均匀。早晚各涂搽一次。

对睾丸极端肿胀，有脓肿、坏死，甚至出血的，可施行去势手术，摘除睾丸，因为这种羊很难恢复生殖能力。如为传染病引起的，应抓紧治疗原发病。

二、附睾炎

附睾炎是公羊常见的一种生殖器官疾病，大多呈进行性接触性传染，以附睾出现，也可能双侧发病，双侧感染常不育。50% 生殖功能丧失的公羊是由附睾炎造成的，该病常导致公羊死亡。

1. 病因

主要病原是绵羊布鲁氏菌，因此，本病又称绵羊布鲁氏菌性附睾炎。其次是精液放线杆菌。此外，还有羊棒状杆菌，羊嗜组织菌和巴氏杆菌。

公羊同性间性活动经直肠传染是主要传染途径，小公羊拥挤也是传染的主要原因。病原菌既可经血液造成感染，也可经上行途径造成感染。因布鲁氏菌引起流产的母羊在 6 个月内再次出现发情，公羊交配后特别易感。

阴囊损伤可能引起附睾继发化脓性葡萄球菌感染。

2. 临床特征

感染公羊常伴有睾丸炎，呈现特殊的化脓性附睾—睾丸炎。有时单侧感染，有时双侧患病。阴囊紧张、肿大、剧痛，公羊叉腿行走，后肢僵硬，拒绝爬跨，严重时出现全身症状。动情期前后发病者常呈急性，老公羊偶然发病者多呈慢性。布鲁氏菌感染一般不波及睾丸鞘膜，炎性损伤常局限于附睾，特别是附睾尾。精液放线杆菌感染常出现睾丸鞘膜炎，睾丸肿大明显，肿胀部位常破溃，排出大量灰黄色脓汁，肿胀消退后附睾仍坚硬、肿大并粘连，坚硬部位多在附睾尾。

3. 病理变化

急性病例，附睾肿大与水肿，鞘膜腔内含有大量浆液。慢性病例，附睾增大但柔软。白膜和鞘膜可能一处或多处粘连，附睾内一处或多处有精液囊肿，内含黄白色乳酪样液体。睾丸通常正常。进行性慢性附睾炎，白膜和鞘膜有广泛而坚实的粘连，鞘膜腔完全闭塞，附睾肿大而坚实，切面可见多处精液囊肿。萎缩的睾丸可含有钙化灶。

病理组织学检查，慢性附睾炎表现有间质纤维性增生，常出现精细胞肉芽肿。输出小管上皮细胞增生，上皮细胞的皱褶使管腔缩小或闭塞，并形成小的囊肿。管腔阻塞的近侧精子和白细胞聚积成堆。用特殊染色可以看到羊布鲁氏菌。

4. 诊断

附睾和睾丸的损伤可以从外部触诊并结合临床症状作出初步诊断。一般说来，触诊附睾炎所造成的损伤问题不大，困难的是病因的诊断。确诊有以下几种方法。

（1）精液中细菌培养检查。必须连续检查几份精液才能作出诊断。

（2）补体结合实验。此法高度准确，要采集新鲜血清，避免高温。但接种布鲁氏菌疫苗后的羊，在几年内都可能存在抗体，不宜用此法检查。放线杆菌包括许多不同抗原菌株，对精液放线杆菌的检查还缺乏特异性的补体结合抗体。

（3）感染公羊的尸体剖检和病理组织学检查。在布鲁氏菌感染时，渗出物中有白细胞；早期，附睾管上皮形成上皮囊肿并伴有增生，附睾出现空腔并伴有纤维化；附睾管可能破裂，精子外渗形成精子肉芽肿。精液放线杆菌感染时，可将附睾病变组织在羊睾丸细胞上继代培养，检查细胞病理变化，还可将病变组织或组织液在5%羊血琼脂上于38℃下做需氧和厌氧培养。

5. 预防

由于本病治疗效果不确定。控制本病的主要措施是及时发现、淘汰感染公羊和预防接种。小公羊不能过于拥挤，尽可能避免公羊间同性性活动。对纯种群和繁殖种用公羊应于配种前一月进行补体结合实验。引进种公羊应先隔离检查。交配前6周对所有公羊和动情后小公羊用布鲁氏菌19号苗同时接种，对预防布鲁氏菌引起的附睾炎可靠性达100%，但接种后再不能进行补体结合实验检查。

6. 治疗

各种类型的附睾炎试用周效磺胺配合三甲氧氨苄嘧啶（增效周效磺胺）治疗，但疗效不佳，并可能继发睾丸炎症，导致睾丸变化和萎缩，甚至引起羊只死亡。因此，在单侧附睾炎已造成睾丸感染的情况下，如想继续留作种用，应毫不迟疑地将感染侧睾丸切除。手术中如果发现睾丸与阴囊粘连，可将阴囊连带切除，术前可用10毫升1.5%的利多卡因行腰部硬膜外麻醉。淘汰单侧感染无种用价值者及双侧感染者。

三、精液品质不良

精液品质不良是指公羊精液中含有畸形精子、死精子或少精子、无精子以及精子活力不强，达不到使母羊受孕所需要的

标准。

1. 病因

(1) 饲养管理不良。如饲料的喂量不足或产量低劣，营养成分不全，运动不足等。

(2) 繁殖技术不良。人工授精中采精消毒不严、精液处理不当，使精液品质下降。

(3) 配种过度。由于造成性亏损，导致精液量少，精子数量少，并出现异常。

(4) 长期不配种。

(5) 生殖器官炎症及损伤。如睾丸炎、睾丸萎缩、附睾管和输精管闭锁以及阴囊皮肤病等，均可造成死精、少精或无精症。精索静脉曲张时，虽然性欲旺盛，但能造成不射精而成为无精症。

精囊腺、前列腺和尿道球腺等副性腺发炎时，常使精液含有脓汁、血液及絮状物；膀胱颈麻痹时，可使精液中混有尿液，这些均可导致精子死亡。

(6) 患有高热性疾病。破坏细精管上皮而不能产生正常精子。

(7) 可能与遗传有关。如生殖器官先天性发育不良及隐睾等。

2. 症状与诊断

公羊精液品质不良，可以同时造成很多母羊不孕，因而不难发现。怀疑为精液品质不良的公羊，应按人工授精对精液品质的要求标准，进行详细检查。

肉眼观察：带血的精液为粉红色至深红色；带尿的精液为黄色，有时可闻到尿的臭味。

显微镜检查；品质不良的精液可能是无精子、少精子以及精子活力降低或死亡，或者出现各种不同的畸形。在正常情况下，精液中存在一定数量的畸形精子，如畸形精子数不超过10%～20%时，公畜基本具有正常生育力；当畸形精子数达到30%～50%以上时，明显影响生育力。生殖器官发生感染或者有脓性炎症时，可以发现大量白细胞和脓细胞。

公羊患死精症时，有的是精子在射出前全部死亡，有的是采出时尚可活动，但活力甚弱。不久即有一半以上的精子死亡。

精子品质不良的公羊，除了生殖器官的原发病症状以外，一般没有外表可见的症状。饲养管理不良所引起的，有时可见到性欲减退。

由于精子从发生到排出体外通常需要较长时间，因此，在检查和分析结果时要考虑时效因素。另外，需要连续检查几份精液，原发性精子畸形的检查结果相似；由于精子在输精管道中停留时间较短，继发性精子畸形检查结果相关较大。

3. 治疗

饲养管理不良所引起的，应及时改善饲养管理条件，如适当增加饲料的数量、改善饲料品质，增加运动、暂停配种等。

继发性的，应治疗原发病，消除原发病后精液品质往往能够提高。

根据病情，皮下或肌肉注射丙酸睾丸酮30～60毫克，隔日1次，连用2～3次；内服甲基睾丸素0.3～0.6克。肌肉注射绒毛膜促性腺激素1 000～5 000国际单位，间隔1～2天，一般应有2～3次。肌肉注射胎盘组织液24毫升，每天1次，连用5～6次。

由先天性疾病所引起的公羊不育可能属于遗传性的，无治疗必要，也不宜留作种用。

四、绵羊精索静脉曲张

精索静脉曲张只见于绵羊，是以精索内静脉发生球囊状扩张和形成血栓为特征，可发生于任何一侧或两侧精索。

本病可发生于所有品种的公羊，5～7岁较1～4岁者发病率高。1岁的公羊罕见。由致病因素引起疾病需经1年以上的时间。虽然精索静脉曲张不影响精液质量，但是会影响病羊走动、放牧、饮水和交配，最终可导致继发症而死亡。

1. 病因

本病的特有病因尚未确定，根据推测可能与以下因素有关。

(1) 由于蔓状丛最靠近身体，精索内静脉柔弱而管腔内静脉压增高。

(2) 小动脉小静脉的连接发生短路。

(3) 精索静脉近躯体部位瓣膜缺损，显著地增加了静脉血压。

(4) 静脉管壁先天性柔弱，可能是造成这种状态的重要因素。

严重的精索静脉曲张可使公羊食欲减退，营养不良，最终因继发肺炎等疾病而死亡，或因治疗无望而淘汰。

2. 症状

病羊的精索静脉曲张在初期阶段较小时，无明显症状，但到中等程度和较大时，特别是双侧精索静脉曲张，常引起严重的疼痛和机能障碍，在此情况下，患羊行动缓慢或不愿走动，站立时两后肢向前而外展，弓背吸腹。常落于群后，无交配欲。但精液质量良好，体温正常。触摸阴囊引起疼痛，精索有坚实的结节状肿块。

病程可持续1～3年或更久。

3. 病理变化

精索静脉曲张处在蔓状丛的直上方，可能是单侧性的，也可以是两侧性的。左右侧发病率均等，由小结节到7厘米×15厘米的大肿块。精索内静脉呈现卷旋、坚实、黯黑、分叶状、粘连的局限肿块。切面显露出层状血栓，两卷旋间有纤维性粘连和紫色血液。睾丸和附睾可能有充血和轻度水肿。

病理组织学上，受侵犯的静脉扩张，静脉壁很薄。含有大量白细胞、血小板和红细胞的纤维板层形成的血栓，占据血管腔的绝大部分。蔓状丛血窦中常有血栓形成。

4. 诊断

可根据临床检查诊断精索静脉曲张，常规的和系统的阴囊触诊，町查出精索内有不同大小、坚实而分叶的肿块；结合剖检时发现的典型病变可作出确诊。

鉴别诊断需考虑脓肿和肿瘤，但精索内这两种病变罕见。脓肿是一个柔软、弥散、不分叶的肿块，可引起白细胞增多症。肿瘤可能是转移而来，弥散而不分叶。

5. 防治

尚无合理的防治方案。因为患精索静脉曲张的倾向可能有遗传性，因此应借常规体检，检出患羊，予以淘汰。

第二节　母畜、产科及羔羊疾病

一、子宫内膜炎

子宫内膜炎即子宫黏膜的浆液性、黏液性或化脓性炎症。本病是引起不育的重要原因之一，有急性和慢性之分。

1. 病因

（1）分娩时或产后期中，微生物可以通过各种感染途径侵入而引起。

（2）子宫黏膜的损伤及母羊抵抗力下降，可促进本病的发生。

（3）常继发于其他疾病，如分娩异常、流产、胎衣不下、早产、双胎、难产、子宫脱出、子宫弛缓等。

(4) 患布鲁氏杆菌病、沙门氏菌病以及其他许多侵害生殖道的传染病或寄生虫病的母羊也可发生子宫内膜炎。

2. 临床特征与表现

(1) 急性子宫内膜炎产后发生的子宫内膜炎多为急性，病畜可能出现全身症状，如体温升高，精神沉郁，食欲及产奶量明显降低。反刍减弱或停止，并有轻度臌气。病畜频频拱背、努责，从阴门中排出黏液性或黏液脓性分泌物，病重者分泌物呈污红色或棕色。卧下时排出量较多。

阴道检查所见变化不明显，子宫颈稍开张，有时可见胎衣或有分泌物排出。阴门及阴道肿胀并高度充血。子宫探查时，引起患羊高度不安和持续性努责。

直肠检查，感到子宫角比正常产后期的大，壁厚，子宫呈面团样感觉，如果渗出物多则有波动感，子宫收缩反应减弱。

(2) 慢性子宫内膜炎一般病羊的临床症状不很明显，但发情时可见到排出的黏液中有絮状脓液，黏液呈云雾状或乳白色，而且有大量的白细胞。有时同时存在着子宫颈炎。

3. 诊断

一般来说，子宫内膜炎临床诊断时可考虑以下特点：母羊发情周期不正常，屡配不孕；从阴门流出黏液性或脓性分泌物；阴道及直肠检查即可临床确诊。慢性子宫内膜炎可以根据临床症状、发情时分泌物的性状、阴道检查、直肠检查和实验室检查的结果进行诊断。

4. 治疗

子宫内膜炎治疗总的原则是，抗菌消炎，促进炎性产物的排除和子宫机能的恢复。如有胎衣没排出，要先行排出胎衣。

(1) 子宫冲洗疗法在子宫颈开张的情况下可应用温热(42℃) 的消毒液如1%盐水冲洗子宫，利用虹吸作用将子宫内冲洗液排出。反复冲洗几次，尽可能将子宫腔内容物冲洗干净(冲洗排出液体透明)。在子宫内有较多分泌物时，可采用0.1%高锰酸钾溶液、0.1%雷佛奴尔溶液等冲洗子宫后，全身症状即很快得到改善，但应禁止用刺激性药物冲洗子宫。对伴有严重全身症状的病羊，为了避免引起扩散使病情加重，应禁止冲洗疗法。

(2) 子宫内给药由于子宫内膜炎的病原非常复杂，且多为混合感染，宜选用抗菌范围广的药物直接注入或投放，如四环素、氯霉素、庆大霉素、卡那霉素、红霉素、金霉素、氟哌酸等。

(3) 激素疗法在患慢性子宫内膜炎时，使用PGF2α及其类似物，可促进炎症产物的排出和子宫功能的恢复。在子宫内有积液时，还可用雌激素、催产素等。

二、生产瘫痪

生产瘫痪是母羊分娩后突然发生的一种严重的代谢性疾病，又称产后瘫痪、乳热症、产后低血钙症和产后癫痫，本病的特征是低血钙、全身肌肉无力、四肢瘫痪及知觉丧失或抑制。

1. 病因

生产瘫痪的发病机理目前还不十分清楚，但50多年前人们就发现引起本病的主要原因是产后血钙浓度急剧下降，并知道用静脉注射钙剂的方法进行治疗。其次，生产瘫痪的临床表现过程与大脑皮质缺氧有极大的相似性，因而有人认为生产瘫痪是由大脑皮质缺氧所致。

2. 临床特征与表现

奶山羊的生产瘫痪多发生于产后1~3天，泌乳早期容易发生本病。其症状基本与牛相似，但多数呈非典型症状。病初通常是食欲减退。病羊反刍、瘤胃蠕动及排粪排尿停止，泌乳量降低。精神沉郁，不愿走动，后躯摇摆，后肢交替负重。行走时共济失调，易摔倒。有的病羊敏感性增高，表现短暂的不安，出现摇头、磨牙、伸舌、惊慌，四肢肌肉震颤。皮温降低，鼻镜干燥，脉搏无明显变化。

后期反射及知觉下降、但不消失。病羊精神沉郁，卧地不起，个别可挣扎着站起，体温一般正常。卧地时头颈姿势不自然，由头部到鬐甲部呈倒S状弯曲。

3. 诊断

根据发病时间（分娩后不久），出现特征的瘫痪姿势，知觉丧失，血钙降低（一般在0.08毫克/毫升以下）。如果用钙剂及乳房送风疗法有良好疗效，便可作出诊断。

4. 治疗

大部分病例经治疗后预后良好，少数严重者或继发其他病时预后不良。

（1）钙剂疗法静脉注射钙制剂，是治疗本病的基本方法，一次静脉注射后半数病例症状会得到明显改善。治疗羊生产瘫痪时，可静脉注射10%葡萄糖酸钙50～100毫升。

（2）乳房送风法其目的是使乳房膨胀，内压增高，限制泌乳，减少钙、磷从乳中排出。乳房送风器，见下图，其治疗操作步骤如下：将病羊侧卧，挤净乳房中的积奶并将乳头消毒，然后将消毒过而且在尖端涂有少许润滑剂的乳导管插入乳头管内，注入少量抗生素（青霉素10万单位及链霉素0.25克，溶解于20～40毫升生理盐水中）。连接乳房送风器，分别将4个乳区打满空气，用绷带系住乳头，防止气体逸出。

向乳房中打气时，逐一进行，打入的气体量不足，影响疗效，打入的气体过多，易引起乳腺腺泡损伤。打入的气体量以乳房皮肤紧张、乳区界限明显，轻敲乳房呈现鼓音为宜。系乳头的绷带应该在1小时左右解除。

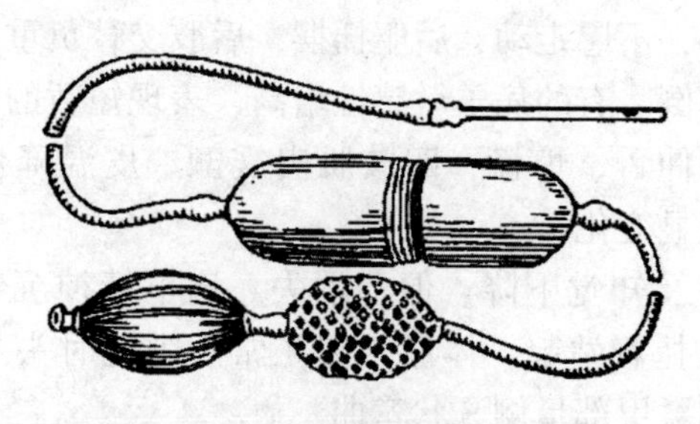

图　乳房送风器

（3）其他疗法治疗本病时可适量补充磷、镁及肾上腺糖皮质激素等，同时配合高渗葡萄糖和2%～5%碳酸氢钠注射液。

5. 预防

干奶后给羊用低钙高磷日粮，这样可充分激活甲状旁腺功能，提高机体动用骨钙的能力。分娩后立即将日粮钙量提高。还可在分娩后或产前1～2天静脉输钙，也能达到预防目的，产后口服钙剂也有一定预防作用。分娩前7天还可肌注维生素D，临产时重复一次，或产后3天内，不要将奶完全挤净，也有一定预防作用。

三、胎衣不下

母羊产出胎儿后，胎衣在正常的时间范围内未能自行排出就叫胎衣不下（也叫胎衣滞留），羊产后排出胎衣的正常时间为4h。

胎衣不下易引起子宫内膜炎，导致产后子宫复旧不全、发情延迟及不孕。

1. 病因

引起胎衣不下的原因较为复杂，胎衣不下与季节、营养状态、胎次、遗传因素等均有一定关系，单一因素可引起胎衣不下、多种因素综合作用也可引起胎衣不下，但直接引起胎衣不下的主要原因是产后子宫收缩无力和胎盘炎症。

（1）产后子宫收缩无力饲料单一，缺乏维生素、矿物质，过肥、过瘦、老龄可导致产后子宫收缩无力；分娩时间过长、难产、流产；缺乏运动也可引起子宫收缩无力。

（2）胎盘炎症胎盘炎症可以导致胎盘结缔组织增生，使母体胎盘和胎儿胎盘发生粘连，从而导致胎衣不下。布氏杆菌、衣原体以及其他一些细菌、病毒等都可引起子宫内膜及胎盘发炎。

2. 临床特征与表现

根据胎衣在子宫内滞留的多少，可分为胎衣全部不下和胎衣部分不下。

胎衣全部不下是指整个胎衣滞留于子宫内，外观仅有少量胎膜垂于阴门外，或看不见胎衣。

胎衣部分不下是指胎衣大部分垂于阴门外，少部分与母体胎盘粘连而未排出；也有大部分脱落，仅有少部分滞留于子宫内者，这只有通过检查脱出的胎衣缺损才能发现。

发生胎衣不下时，初期一般表现拱背、努责，从阴道中排出污红色恶臭液体，卧下时排出的数量增加，其中，含有胎衣碎片。随着胎衣不下时间延长，病羊可发生急性子宫内膜炎，胎衣腐败产物被机体吸收后会出现全身症状。

3. 治疗

胎衣不下的治疗原则是抑菌、消炎、促进胎衣排出。

（1）药物疗法。

①子宫内投药：为了防止胎衣腐败、延缓腐败物溶解吸收，可向子宫内直接投注抗生素。可取土霉素 1 克或金霉素 0. 5 克，溶于 125 毫升生理盐水中，一次灌注，隔日一次；也可用其他抗生素或选用市售的治疗子宫内膜炎的专用药物进行子宫内投药治疗。

为了促进胎盘绒毛脱水收缩、促进母体胎盘和胎儿胎盘分离，还可向子宫中灌注10%氯化钠溶液。

②注射促进子宫收缩药物：为了加强子宫收缩能力，促进母体胎盘和胎儿胎盘分离、促进胎衣排出，可在产后的早期注射促进子宫收缩的药物进行治疗。例如，皮下或肌肉注射催产素5～20单位，2小时后重复一次。除此之外还可选用麦角碱、浓盐水、氯前列烯醇等进行治疗。

③注射抗生素：肌肉注射抗生素类药物也是胎衣不下时防止子宫感染的一种常用措施。当出现全身症状时，也可将肌肉注射改为静脉注射，并配合相应的支持疗法。

（2）手术剥离胎衣。采用手术剥离的原则是：易剥离者则剥，不易剥离者不要硬剥；剥离过程中严禁损伤子宫黏膜；对患急性子宫内膜炎和体温升高的病羊，不要进行剥离；剥离完胎衣后要向子宫内灌注抗生素。

4. 预防

产前7天注射维生素AD注射液，或临产前对体弱或有胎衣不下病史的动物补糖、补钙可起到预防作用。产后注射催产素对胎衣不下亦有一定预防作用。

四、流产

流产又称怀孕中断，是指各种原因所致的母羊妊娠中断，包括胚胎被母体吸收及产出死胎与未足月胎儿等。山羊发生流产较多，绵羊少见。

1. 病因

根据发生原因的不同，可以将流产分为两类：

一类是传染性流产，这类是由于传染性原因所引起，常见于细菌病，如布鲁氏菌病、沙门氏菌病、李氏杆菌病、毛滴虫病、弯杆菌病、衣原体病；病毒病，如口蹄疫、蓝耳病、边界病等；寄生虫病，如弓形虫病、住肉孢子虫病、蜱传热、蜱性脓毒血症。

另一类是非传染性因素引起的流产，通常称为散发性流产。这类引起的流产原因复杂，常见于以下三方面：一是生殖器官及胎儿异常，如子宫畸形、胎膜炎、胎盘出血、胎儿畸形等；二是母体生理异常，如母体营养不足、中毒、气胀、肾炎等；三是外界作用，这是最为常见的流产原因，如外力致胎盘脱落、药物刺激、惊吓刺激、食用发霉或冰冻饲料、缺乏微量元素或运输拥挤等都可以导致流产。

2. 临床特征与表现

流产特征因怀孕周期长短而异，但流产一般情况下都在胎儿死亡后三日以内发生。通常，怀孕初期的母羊流产，常发生突然性流产，由于胎儿及胎盘体积小、重量轻，与子宫黏膜还未结合牢固，故流产迅速，往往没有特征性临床表现即流产告终。怀孕中后期，表现出来的症状近似正常分娩，可以见到乳房膨大、乳头充血等症状。如果是发生在泌乳期，泌乳量会骤减，乳汁呈初乳形态。身体指标如体温、脉搏、食欲较为正常，但表现出举动不安等症状，逐渐会出现阴户流血，有丝状黏液留下，最后胎儿排出，胎衣脱落排出。如果是外伤引起的流产，胎儿不能及时排出体外，自行溶解与母体子宫内，将于几小时或几天内排出母体外。

3. 诊断

通常根据母羊的病史、临床症状即可作出初步诊断。若要进一步确诊病原，可采取流产胎儿的为内容物和胎衣，做细菌镜检和培养；或者采用凝集反应、补体结合反应等血清学试验检查。

4. 预防

由于导致流产的原因很多，所以在实际过程中，通常都是通过加强饲养管理来预防该病。

（1）要防止怀孕母羊摔倒，防止与其他羊发生冲撞低斗，保证充足生活和饲喂空间，饲养员尽量降低噪音，防止孕羊受到惊吓。

（2）防止给孕羊饲喂霉烂、劣质的饲料，禁止让孕羊接触冰水或雪。

（3）更换圈舍或者饲喂方式时，不能太过突然，要逐步进行，防止母羊因不适应而出现意外情况。

（4）防止孕羊过度放牧，剧烈运动，放牧时间要固定，不宜过长，选择地势平缓地方进行，防止孕羊过度疲劳。

5. *治疗*

（1）首先发现有流产征兆时，可以尝试采用保守性疗法。如发现阴户有流血或有黏液流出时，应立即将母羊单独饲养，让你自由行动，减缓不适感。对有流产先兆的母羊，可肌肉注射1次黄体酮约15毫克。久产不下时，可以注入植物油，帮助产出。当已经发生流产，通常胎衣滞留不下，后期应加强饲养管理。对于流产过的母羊，要等到其完全恢复后，再进行配种，间隔时间不宜过短。

（2）如果胎儿已经发生尸化，母羊不能及时排出，可以采取肌肉注射脑垂体后叶素1～2毫升或皮下注射孕羊（6～8个月）的新鲜尿25.0～30.0毫升，通常在注射后2～4天，胎儿即被排出。

（3）如果胎儿已发生腐败，首先应给子宫腔内注入高锰酸钾溶液（1∶5 000）100毫升然后灌入植物油，使胎儿和子宫壁分离。以后用产科钩或产科套拉出胎儿，亦可用纱布条绑住颈部或用钳子夹住下颌骨骨体向外拉。

五、难产

难产是母羊分娩期中较为常见的产科疾病，母体原因和胎儿原因都可引发难产，故通常把分娩期疾病称为难产。

1. 病因

难产的病因很多，通常情况下可归结为母羊异常和胎儿异常导致难产发生。通常情况下，母羊过肥或者瘦弱，发生难产的可能性较高。母羊异常引起的难产主要有：阵缩及努责微弱、阵缩及努责过强、骨盆狭窄和产道狭窄等。胎儿异常引起的难产主要有：胎势不正、胎位不正、胎向不正、胎儿过大、双胎难产和胎儿畸形等。

2. 临床特征与表现

（1）母羊异常引起的难产。

①阵缩及努责微弱：羊只分娩时，常常发生阵缩及努责微弱，其特征是子宫肌内收缩的时间短促，而且强度不够，以致无法将胎儿排出。

根据在分娩过程中发生的时间，可以把阵缩及努责微弱分为两种：在子宫开张时发生者，称为原发性阵缩及努责微弱；由于子宫及腹壁长时间的收缩无效，而使其力量衰竭时，称为继发性阵缩及努责微弱。当一个个胎儿排出的间隔延长时，也可以叫做阵缩及努责微弱。

②阵缩及努责过强：阵缩及努责过强是指羊的努责过于强烈，或者努责的时间过长，在两次努责之间停歇的时间很短，或者根本没有间歇（子宫痉挛）。

努责的次数很多而无明显的间歇时，叫做痉挛性阵缩。如果间歇完全消失而子宫在很长的过程中不断收缩者，称为强直性阵缩。

③骨盆狭窄：在分娩过程中虽然产道已完全开张，但大小和姿势正常的胎儿仍不能通过骨盆时，即认为是骨盆狭窄。

④产道狭窄：软产道狭窄包括 3 个部分（阴门、阴道及子宫颈管）的扩张不全，因此，胎儿即无法排出。在实际工作中最常遇到的是子宫颈管狭窄，阴道狭窄较少，阴门狭窄更少。

（2）胎儿异常引起的难产

①胎势不正：头颈姿势不正又称胎头弯转，是造成难产最常见的原因。弯转可以有各种情况，如胎头侧弯（弯向一侧）胎头下弯或胎头后仰。绵羊羔及山羊羔都可发生。

②胎位不正：在正常的分娩过程中，胎儿的背部向上。胎位不正通常是指胎儿的背部向下或者向着母羊的左侧或右侧而造成的难产。

③胎向不正：在正常分娩时。胎儿的方向与母羊一致，都是前后方向，彼此平行。但在反常情况下，胎儿可以变成横向（胎儿横卧在子宫内，其纵轴与母体纵轴左右垂直），也可以变成竖向（与母体纵轴上下垂直）。而且有时是腹部向着产道（腹部前置），有时是背部向着产道（背部前置）。这些难产形式虽然比较少见，但在助产时都是比较麻烦的。

④胎儿过大：胎儿过大是指胎儿体积太大，不能通过其母亲的骨盆。常常是由于杂交所引起，尤其是种公羊头大而母羊骨盆小的时候，容易造成这种后果。有时怀孕期延长或胎儿的内分泌（垂体、甲状腺）反常也能造成胎儿绝对过大。单胎公羔常因为头大而无法产出。常易发生于体格小的头胎羊。

⑤双胎难产：羊怀双胎时，在正常分娩的情况下都是先排出一个胎儿，经过半小时到1小时之后又排出一个。如果间隔时间超过1小时以上，就可以认为是难产，应该及时进行产道检查，确定胎儿的状态。

⑥胎儿畸形：胎儿畸形是各式各样的，但不一定都造成难产。能够造成难产的畸形，常见的是脑积水和裂体畸形（腹壁裂开，腹内器官露出体外），其次是胎儿水肿（全身水肿或局部水肿）及双头畸形等。

3. 诊断

难产的症状因难产种类的不同而有区别，根据母羊的症状和

胎儿的形态、位置即可判定难产原因。如母羊在预产期，表现出了连续努责、子宫颈口张开、产道有胎水排出等分娩迹象，但仍排不出胎儿，这些就是难产的表现。对于疑似难产的母羊，一般应在胎水排出后的40分钟后做产道检查予以确诊；或当母羊阵缩超过4小时，仍未见胎儿或胎囊排出时，应进行产道检查。通常产道的检查方法是将母羊后躯干垫高，消毒外阴部和手臂，将手臂伸入产道检查。

4. 预防

导致难产的因素很多，但难产在预防方法大体相同，一般情况下都是加强饲养管理加以预防。通常要防止孕羊过肥，要分群饲养，一般情况下一头孕羊要保证1.5平方米的空间，保持圈舍干燥、通风良好。防止在母羊成熟前进行交配，尤其是在公、母羊混群饲养时应加强重视。孕羊通常在清晨和傍晚分娩较多，应注意让有经验的专人值守。

5. 治疗

不同原因导致的难产治疗方法不同，通常情况下要进行助产。

（1）对于比较轻微的产道开张不全、胎势异常和产力不足及胎儿稍大等情况，助产者在修剪磨光指甲，用2%的来苏儿溶液洗净手臂，涂抹润滑剂后，用手或器械配合母羊努责向外牵引胎儿。

（2）对于因产力不足或努责、阵缩微弱而引起的难产，可给母羊皮下注射垂体后叶素、麦角碱注射液1～2毫升。还可在羊努责时，双手搂住羊腹，配合努责，随着母羊努责的频次按压腹部，以增加羊努责的力量。

（3）对于因胎向、胎位、胎势异常而引起的难产。助产人员可用消毒过的手或器械，在子宫内将胎儿矫正后牵引帮助产出。

(4) 对于胎儿畸形或过大、胎儿矫正困难，子宫颈扩张不全或子宫颈闭锁，胎儿不能产出，或骨骼变形，致使骨盆腔狭窄，胎儿不能正常通过产道者，应进行剖腹产手术帮助母羊产出胎儿，优先保证母羊存活。

六、羔羊脐病

脐病又称脐炎，是由于羔羊脐部受到细菌感染而发生炎症。由于病羔的前膝和飞节发生脓肿，故又称关节病。

1. 病因

由于环境不洁而造成脐部受细菌污染。

羔羊出生后，断脐之初新鲜的脐部暴露，给细菌提供了侵入门户。一旦受到感染，细菌会沿脐血管上升，进而感染肝脏，可能发生血液中毒，也可通过血液扩散到关节，引起“关节病”。

2. 症状

病羔脐部发红、肿胀、疼痛，食欲减退。如果引起关节病，则前膝和飞节肿大。常见的是，在患病数周之后关节肿胀变为明显。

3. 预防

应特别重视产羔期的卫生，为此应给处产羔羊铺以新鲜蓐草。刚断脐后，应给脐部涂擦碘酊，并进行包扎。次日解除包扎，每日涂擦碘酊 1 ~ 2 次，直到干黑为止。

4. 治疗

及时注射抗生素，并对脐部彻底清洗、消毒、除痂、排脓，每日涂擦碘酊数次，一般可以治愈。如果关节损坏严重，无治愈希望，可考虑放弃治疗，淘汰病羔。

七、羔羊缺奶

1. 病因

羔羊缺奶主要是由于羔羊不能自主吃奶和母羊缺乏奶水所

致。饲养管理不到位，如母羊与羔羊分离、未及时清洗泌乳母羊乳房周围的粪球等都会导致羔羊缺奶。

2. 临床特征与表现

体外检查：可见羔羊体弱乏力，叫声小。一般情况下，短时间缺奶羔羊可以小范围行走，缺奶时间长则往往卧地不起，全身消瘦。

触诊检查：可见腹内空虚，严重者可见体温降低。

3. 诊断

根据饲料管理情况及母羊和羔羊症状可以作出诊断。

4. 预防

对于羔羊缺奶通常情况下可通过加强母羊饲养管理进行预防。定期对母羊乳房进行检查，防止发生乳房炎；在母羊临产前应注意剪掉乳房周围的长毛，定期进行清洁；对母羊不认羔羊的情况，要通过人工将母羊与羔羊单独单间饲养，促进认羔，通常24小时内即可纠正。

5. 治疗

羔羊缺奶，大多通过人工帮助恢复。

（1）寄养羔羊。针对母羊产后死亡、奶不足等情况，可以通过在夜晚将羔羊分批给其他正常泌乳母羊代养。

（2）分批哺乳。针对一胎产出多头羔羊情况，可以将羔羊分批进行轮流哺乳。分批哺乳要注意两个问题，一是分批的羔羊要保证数量和体质相近；二是要保证哺乳母羊的营养水平，做好哺乳母羊的补饲工作。

（3）人工喂养。人工喂养的前提是羔羊吃过母羊初乳，通过短时间的人工喂养可以解决母乳不足和羔羊自身吃奶不足的问题。人工喂养物可用鲜鸡蛋1～2个、鱼肝油3～5毫升、食盐1～3克加入温开水100～150毫升一起搅拌均匀饲喂。初生几天的羔羊，每日应补饲3～6次，每次50～100毫升，以后逐日递增，喂量可增加到0.8～1千克。在羔羊20日龄后逐渐开始训练吃草料，鱼肝油用量递减。

八、羔羊胎粪不下

通常羔羊在出生后一天内不排粪，并伴有腹痛等症状，就可以判定为胎粪不下。胎粪不下又名胎粪滞留或者胎粪秘结。通常见于山羊羔和绵羊羔。

1. 病因

通常情况下都是因为母羊缺奶，还有就是羔羊自身体质瘦弱，肠道蠕动无力或者发生肠套迭所致，还有的因为母羊初乳不足，导致羔羊摄乳量不足，或者初乳质量不良。另外，人工喂奶也要保证湿度温度，注意定时、定量。

2. 临床特征与表现

羔羊前期通常表现为精神不安，排粪表现出拱背、努责、摇尾，行走摇摆，有的表现出卧地呻吟，尿少或者不排尿。后期腹痛加剧，严重者腹部发胀，腹痛不安，卧地不起，后腿伸直，发出哀叫声。腹部听诊，肠音减弱或停止。腹部触诊，可摸到硬条状的肠段，细摸时有颗粒状感觉。如果发生肠套迭，即完全排不出粪，病的发展较快，预后不良。

3. 诊断

根据母羊缺奶或无奶，羔羊未吃上初乳，生后一天未见胎粪排出，并出现临床症状，即可作出初步诊断。

4. 预防

（1）加强母羊怀孕后期的营养，增强羔羊体质，提高乳的质量，避免发生缺奶现象。

（2）人工喂奶时，必须做到定时、定量、定温。

5. 治疗

（1）对于未吃初乳的初产羔羊，应尽快人工喂服食用油左

右或者用温肥皂水深部灌肠，加以辅助按摩腹部，促使排便，通常几小时内羔羊即可排便。

（2）如诊断为肠套迭，可用手术方法整复。

九、羔羊营养不良

营养不良是指由于缺乏生长发育所需的各种营养物质而导致的身躯瘦小、被毛粗硬，精神迟钝，全身衰弱等症状。

1. 病因

（1）母羊方面。母羊体质衰弱、患病是引起羔羊营养不良的主要原因。怀孕母羊平时日粮中维生素及钙、磷等摄入不足时，就会影响到胎儿的营养摄入量，导致胎儿发育不良。母羊产多胎常引起羔羊营养不良，多见于山羊。近年来，发现母羊近亲繁殖也是导致羔羊营养不良的原因之一。

（2）羔羊方面。多见于羔羊自身吃奶不足、人工喂食营养不足或疾病。

2. 临床特征与表现

羔羊全身衰弱、消瘦，行动迟缓，体躯矮小，被毛粗乱无光泽，皮肤缺乏弹性。呼吸无力，心律不齐，肠蠕动弱，常有下痢表现。营养不良的羔羊多并发维生素缺乏症、白肌病等，因此常表现出食欲减退、发育停滞、不能直立行走或卧地不起症状。

3. 诊断

根据饲养管理情况和母羊、羔羊症状即可作出诊断。

4. 预防

（1）加强饲养管理，保证供应母羊充分营养的全价饲料，尤其是怀孕后期母羊的饲料，要定期检查，保证蛋白质、维生素、碳水化合物、饲草的充分供应。

（2）让有经验的饲养员负责应选种、交配等重点环节工作，防止近亲繁殖、母羊未成熟繁殖。

5. 治疗

对营养不良的羔羊，必须采取综合治疗，才能取得良好效果。

(1) 清洗或更换圈舍，及时给予初乳或者全乳，配以鱼骨粉、食盐、维生素、适量鱼肝油，按照量少、多次的原则进行饲喂。

(2) 为增强羔羊的抵抗力，可在奶中增喂有利于羔羊消化机能的嗜酸菌乳，有助于提高羔羊对奶和饲料的利用能力，而增强其抵抗力，每天2次或3次即可。

(3) 为了改善新陈代谢，可以利用母羊血对羔羊进行输血，增强羔羊机体的免疫能力。剂量一般情况下为每千克体重10～15毫升，3～5天一次，共注射2～3次即可。

十、羔羊消化不良

本病是初生羔羊在哺乳期的常发疾病。羔羊的消化器官尚未达到充分发育，最容易发生消化不良。其特征为出现异嗜、食欲减损或不定期下痢等现象。这些消化机能的紊乱会进而降低机体的防御机能，故时间一长，便会引起肝脏、心脏、泌尿和呼吸器官陷于病理状态，而发生不良的后果。

根据疾病经过和严重程度的不同，可以区分为单纯性消化不良和中毒性消化不良两种；前者的病因如不能及时消除，往往可转为后者，而引起羔羊死亡。

(一) 单纯性消化不良

单纯性消化不良是指对饲料的消化和吸收能力降低，食欲紊乱，并伴发下痢的疾病。最常见于生后1～3周的羔羊。

1. 病因

(1) 怀孕母羊的饲养不良怀孕母羊的营养不良，必然会影

响胎羊的生长发育，尤其是怀孕后期胎羊的生长发育增强时更为显著。除了直接影响胎羊以外，营养不良母羊的初乳蛋白质及脂肪的含量均减少，维生素、溶菌酶及其他营养物质缺乏，因而乳汁稀薄，乳量减少，乳色发灰，气味不良。吸吮这种初乳就会引起消化不良。

（2）羔羊的饲养和护理不当

2. *症状*

病初食欲减少或废绝，被毛蓬乱，喜卧。可视黏膜稍见发紫，病羊精神委顿。继而频频排出粥状或水样稀便，每日达十余次。粪带酸臭，呈暗黄色。有时由于胆红素在酸性粪便中变为胆绿质，可以见到粪呈绿色。在腐败过程占优势时，粪的碱性增强，颜色变暗，内混黏液及泡沫，带有不良臭气。

由于排粪频繁，大量失水，同时营养物未经吸收即排出，故使患羔显著瘦弱，甚至有脱水现象。

本病常可转为胃肠炎，而使症状恶化，体温可升高至40～41℃。

3. *治疗*

（1）首先隔离病羔，给予合理的饲养与护理。如为发酵性下痢，应除去富含糖类的饲料；若为腐败性下痢，应除去蛋白质饲料，而改给富于糖类的饲料。

（2）为了减少对胃肠黏膜的刺激和排出异常产物，应绝食8～12小时，只给以生理盐水、茶水或葡萄糖盐水，每日3～4次，每次100毫升左右。温度应和体温相当。

（3）对于较轻的病例，根据情况可内服盐类或油类泻剂，同时用温水灌肠。对于食欲差而粪便稍稀的，可以用：龙胆酊25毫升，稀盐酸10毫升，番木别钉10毫升，胃蛋白酶20克，复方维生素B片50片，常水加至500毫升。用量为：10天龄以内的羔羊，每次5～6毫升；11～20天龄的，每次8～10毫升；21～30天龄的，每次12～15毫升。每日2～3次。

(4) 对严重病例，应用磺胺类药物或抗生素，抑制肠道细菌的发育繁殖和防止中毒，同时加用收敛保护药物。

(5) 对长期消化不良而习惯性拉稀的，输血治疗有较好效果。可取母血30~50毫升，输给羔羊。

(二) 中毒性消化不良

中毒性消化不良，大部分是因为单纯性消化不良治疗不及时，胃肠内容物发酵、腐败分解的产物被吸收，而使羔羊发生急性或慢性中毒。其特征是食欲减退，发生呕吐和下痢，同时伴有神经症状。生后不久的羔羊最容易发生，2~3月龄的发生较少。

1. 病因

(1) 主要原因与单纯性消化不良相同，只是由于治疗失时或不正确，发展到羔羊中毒。

(2) 饲养管理不合乎卫生要求，如舔食不洁的物体及饲具，吃了腐败发霉的饲料，饮了不清洁的水，都可能使腐败菌或化脓菌进入胃肠道而染病。此时，肠道中的大肠杆菌亦有致病作用，协同地使机体发生中毒。

(3) 所有能够降低机体抵抗力的因素，都能使外源性细菌或肠道内原有细菌加速繁殖，而引起中毒，例如，天气过热，营养不良，羊群密集等。

(4) 在消化紊乱而细菌作用的同时，消化道的机能发生反常，吸收了饲料分解所产生的有毒物质（如吲哚、粪臭质等），就更加剧了中毒的程度。

2. 症状

病初食欲减损或废绝，精神委顿，被毛粗乱，皮肤缺乏弹力，可视黏膜苍白而带有淡黄色。羔羊喜卧，鼻镜及四肢发凉，对周围环境的影响缺少反应，有时发生痉挛。病的后期可发生轻瘫或瘫痪。

初期体温正常或稍高，发生肠胃炎时可升高到40.5～41.0℃，心音无力，脉搏微弱；呼吸急促，次数增加。下痢剧烈，粪便呈水样灰色，有时呈绿色，并带有黏液和血液，具有恶臭。如发现体温降低及脉搏加快，则为将死之兆。

3. 治疗

首先应隔离病羔，消毒圈舍和饲具，将病羔的粪便集中一处进行发酵处理。然后参照单纯性消化不良的疗法，采取以下治疗措施。

（1）初期病例，可用茶水或生理盐水，每日4次，停止喂奶。以后给予嗜酸菌乳或溶菌酶。溶菌酶的制备法为：给新鲜蛋白内加入5倍0.5%氯化钠，充分混合后，再加入5%的柠檬酸钠。

（2）严重病例，因为水盐代谢障碍引起了中枢神经系统的抑制和酸中毒，可应用下列解毒剂：5%葡萄糖氯化钠5毫升；2%碳酸氢钠50毫升；母羊血浆25毫升，将以上3种配成溶液，分为两次静脉注射，每日1次。心脏衰弱时，可注射安息香酸钠咖啡因。对于急性血痢，可用阿片酊0.2～0.3毫升，加水10毫升内服。

（3）如发现黏膜发绀，心音低沉，呼吸微弱，瞳孔散大，不时惊厥时，应速按休克和脑水肿治疗。于输液的同时，肌注硫酸阿托品0.01～0.04毫克/千克体重，轻症者每隔1～1.5小时一次，重症者30分钟一次，直至黏膜发绀减轻，症状好转为止。

（4）如果输液后尿量增加，却发现有肌肉发软和腹胀等症状时，可以肌注10%氯化钾溶液1毫升，每日1次；亦可静脉输入母羊血40～50毫升。

（三）消化不良的预防

1. 母羊方面

保证怀孕母羊良好的饲养管理，尤其是怀孕后期更为重要。

饲养方面：在怀孕的最后20天，日粮中应该加入富含红萝卜素的饲料，以增加维生素A和E的供应。如果显著感到维生素的给量不足，还可以肌内注射维生素A和D的制剂。日粮中亦应加入适量的微量元素，管理方面：每日驱使孕羊进行室外运动，尤其是在冬季。这样可以促进血液循环及消化道的活动。

2. 羔羊方面

饲养方面：除给予科学的日粮外；应常供给清洁的饮水。3月龄前用接近于体温的温水（39℃左右），以后用15℃左右的水。嗜酸菌乳不但有预防作用，而且可以用作治疗。在常发生胃肠疾病的羊群，于羔羊生后第一次饲喂之前，最好内服土霉素0.02克/千克体重。管理方面：应该建立一套科学的饲养管理制度。例如对于给饲时间、运动时间和圈舍清洁卫生等，都应订入羊群饲养管理规程，并保证执行，以增强羔羊的抵抗力。

十一、僵羔

白肌病在绵羊羔及仔山羊都可发生，其特征是心肌与骨骼肌发生变性，受病严重的骨骼肌呈灰白色，病羊步态僵硬，故有些地区又称为僵羔。本病常在春夏之间呈地方流行性，沙土或沼泽地区发生较多，1~5周龄的羔羊及仔山羊最易患病。死亡率有时可达40%~60%。

1. 病因

本病既非传染病，又非遗传性疾病，目前，一般认为主要是由于缺乏维生素E和微量元素硒所引起。当饲料中硒的含量低于0.1毫克/千克和维生素E不足时，就可能发生硒一维生素E缺乏病。

2. 症状

绵羊羔：病羔营养状况较差者居多，但发育良好者亦不少见。羔羊常于放牧及采食时突然倒地死亡，或者在典型症状出现后 1 ~2 天内死亡。病羔体温正常，胃肠蠕动无显著变化；心跳节律不齐，呈显著的传导阻滞和心房纤维颤动；病程较长者，最初精神沉郁，离群，不愿行动，食欲减少或废绝，以后卧地不起，颈部僵直而偏向一侧；如果强迫起立，轻者走路摇摆，肢体强硬；重者站立不稳或举步跌倒；少数病羔有腹泻症状。

仔山羊：在发病初期，外部并无任何可见症状，仅仅是听诊时心跳无节律或有间歇。以后表现精神沉郁，被毛竖立而粗乱，食欲略减或废绝。有时不表现症状即突然死亡。但事实上能够从症状上发现病羊时，已经达到垂危阶段。在羊群中发病的最初阶段，可以见到约有 1/3 的病羊起立不便，喜卧、跛行，行走困难。站立时肌内颤抖，特别发现在肩臂部和股部肌内，严重时对周围刺激反应迟钝。在发病的后一阶段，不易看到运动器官发生障碍。大多数病羊表现呼吸粗粝，次数增多；结膜潮红，边缘稍黄；体温一般正常，唯有并发症时，可以升高到 40 ~41.3℃；听诊时，心跳加快，节律不齐，有间歇，部分病例还有舒张期杂音。少数病羊伴有顽固性下痢。

3. 病理变化

绵羊羔：尸体有时消瘦，有时营养良好。主要病变是肌内发生对称性病变，即身体两例的同种肌内发生病变，其后腿最为明显。病变肌内呈弥散性或局限性的浅黄色或灰黄色，有时为白色，肌组织干燥，表面粗糙不平；少数病例肌内硬化，有钙盐浸润。肌内钙含量增加至 14% ~15%，而正常者仅为 2%。心包中有透明的或红色液体，心肌带灰色，较柔软，有时有出血点。心室扩大。

仔山羊：

(1) 心脏极度扩张，心肌厚薄不均，颜色谈。心肌变性，心内膜下（尤其是右心内膜下）心肌和乳头肌周围有灰黄色条纹，顺着肌纤维方向存在，状似虎斑。将病变部切开时，可见心肌纤维粗糙、色淡，其结构如木质纤维。在严重的病例，整个心内膜都布满有上述病变。

（2）骨骼肌变性，尤其是前后肢肌内（冈下肌、肩胛下肌、下锯肌、臂二头肌、臂三头肌、半腱肌、股直肌）和背最长肌变性比较明显，肌纤维粗糙，颜色淡白，其中，夹杂着颗粒性增生物，并有淤血小点。

（3）肠系膜淋巴结肿胀，柔软，切面多汁，压之有大量乳白色液体流出；切面上有小粒状突出物。

（4）第四胃发炎、出血；十二指肠、空肠、回肠和部分盲肠黏膜呈紫红色，充血或出血，其内容物呈红色粥状。大部分病例的肠壁滤泡肿胀。

4. 诊断

（1）病羔死后的剖检所见，可作为诊断的主要依据。最明显者为肌内有灰白色条纹存在，尤以后肢最为多见。显微镜下最清楚，在尸僵发生之前亦可在镜下观察其变化。

（2）病羔的血清谷草转氨酶超过 200 单位/毫升，血清肌酸、磷酸转移酶和乳酸脱氢酶均有增加，补加维生素 E 到不全价的日粮中，可以降低乳酸脱氢酶的含量，并可防止与一羟基巴比土酸对红细胞的溶解作用。

（3）尿中含有大量肌酸，也可作为临床诊断的重要根据之一。

5. 预防

（1）应用 0.2% 亚硒酸钠皮下法射，预防效果良好。具体方法如下。

①注射年龄：1～2 月出生的羔羊，在日龄 20 天左右注射，一般不要晚于 25 天龄；3 月及以后出生的羔羊，一般在出生后半月大时注射，尤其是 3 月份以后出生的羔羊，最晚不能超过 20 天龄，过迟了就有发病的危险。

②注射次数：一般进行两次预防注射，第一次注射后，间隔

20 天，再进行第二次注射。如果羔羊在 40～50 天大时，天气连阴多雨，干草质量不好，青草又不能正常供应时，还可以进行第三次预防注射。

③注射剂量：应用 0.2% 亚硒酸钠溶液，每只羊第一次 1 毫升，第二、第三次各 1.5 毫升，作颈侧皮下注射。

（2）在分娩之前给母羊皮下注射亚硒酸钠一次。用量为 4～6 毫克。

（3）供给孕羊维生素 A、D、E 及磷酸盐：在冬季可喂给豆科干草（干苜蓿最理想）、胡萝卜、大麦芽子与骨粉。如在产后才发现产前饲料中缺乏维生素 A 和维生素 E，可以及早同时肌内注射维生素 A 和维生素 E。

当仔羊群中已经发病，应在治疗病羊的同时，给未发病羊注射治疗量的维生素 A 和 E，或者用青苜蓿制作饲料膏，或者在饲料中拌入棉籽油。

6. *治疗*

可将病羊放于宽敞通风的畜舍中，限制活动。然后按照以下方法治疗。

（1）给日粮中增加燕麦或大麦芽子，补给磷酸钙，亦可拌入富含维生素 E 的植物油，如棉籽油、菜油等。

（2）用 0.2% 亚硒酸钠溶液一次皮下注射。我们曾用此法治疗大批发病羔羊，效果良好。用量为 1.5～2 毫升。亚硒酸钠对局部有刺激性，用药后部分羊苦叫不安，或有 1～2 次食欲减少，少数羊注射部位溃烂脱皮，都是正常现象；不必惊怕。

（3）皮下或肌内注射维生素 E，剂量为 10～15 毫克，每天 1 次，连续应用，直到痊愈为止。

主要参考文献

[1] 陈溥言．兽医传染病学（第五版）．北京：中国农业出版社，2006.
[2] 丁伯良．羊病诊断与防治图谱．北京：中国农业出版社，2004.
[3] 蒋金书．动物原虫病学．北京：中国农业大学出版社，2007.
[4] 马学恩．家畜病理学（第四版）．北京：中国农业出版社，2007.
[5] 农业都畜牧兽医局译．陆生动物诊断试验和疫苗标准手册．OIE，2004.
[6] 钱存忠，刘永旺．新编羊场疾病控制技术．北京：化学工业出版社，2009.
[7] 王建辰，曹光荣．羊病学．北京：中国农业出版社，2002.
[8] 王永．现代肉用山羊健康养殖技术．北京：中国农业出版社，2012.
[9] 王泽洲．农家常见羊病防治．成都：四川科学技术出版社，2009.
[10] 杨光友．动物寄生虫病学．成都：四川科学技术出版社，2004.
[11] 张乃生，李毓义．动物普通病学（第二版）．北京：中国农业出版社，2011.